名家名著

博碩文化

我輩程式人

— *Robert C. Martin* —

回顧從Ada到AI這條程式路
程式人如何改變世界的歷史與未來展望

We, Programmers: A Chronicle of Coders from Ada to AI

Robert C. Martin Series

We, Programmers
A Chronicle of Coders from Ada to AI

Robert C. Martin

王寶翔 (Alan Wang) 譯

作　　者：Robert C. Martin
譯　　者：王寶翔 (Alan Wang)
責任編輯：盧國鳳

董 事 長：曾梓翔
總 編 輯：陳錦輝

出　　版：博碩文化股份有限公司
地　　址：221 新北市汐止區新台五路一段 112 號 10 樓 A 棟
　　　　　電話 (02) 2696-2869　傳真 (02) 2696-2867

發　　行：博碩文化股份有限公司
郵撥帳號：17484299　戶名：博碩文化股份有限公司
博 碩 網 站：http://www.drmaster.com.tw
讀者服務信箱：dr26962869@gmail.com
訂購服務專線：(02) 2696-2869 分機 238、519
（週一至週五 09:30～12:00；13:30～17:00）

版　　次：2025 年 7 月初版一刷

博碩書號：MP12502
建議零售價：新台幣 850 元
I S B N：978-626-414-231-1
律師顧問：鳴權法律事務所 陳曉鳴律師

商標聲明

本書中所引用之商標、產品名稱分屬各公司所有，本書引用純屬介紹之用，並無任何侵害之意。

有限擔保責任聲明

雖然作者與出版社已全力編輯與製作本書，唯不擔保本書及其所附媒體無任何瑕疵；亦不為使用本書而引起之衍生利益損失或意外損毀之損失擔保責任。即使本公司先前已被告知前述損毀之發生。本公司依本書所負之責任，僅限於台端對本書所付之實際價款。

著作權聲明

Authorized translation from the English language edition, entitled WE, PROGRAMMERS: A CHRONICLE OF CODERS FROM ADA TO AI, 1st Edition, by MARTIN, ROBERT C., published by Pearson Education, Inc, Copyright © 2025.
All rights reserved. No part of this book may be reproduced or transmitted in any form or by any means, electronic or mechanical, including photocopying, recording or by any information storage retrieval system, without permission from Pearson Education, Inc.
CHINESE TRADITIONAL language edition published by DRMASTER PRESS CO LTD, Copyright ©2025.

本書著作權為作者所有，並受國際著作權法保護，未經授權任意拷貝、引用、翻印，均屬違法。

國家圖書館出版品預行編目資料

我輩程式人：回顧從 Ada 到 AI 這條程式路，程式人如何改變世界的歷史與未來展望 / Robert C. Martin 著；王寶翔 (Alan Wang) 譯. -- 新北市：博碩文化股份有限公司, 2025.07
　　面；　公分
譯自：We, programmers : a chronicle of coders from Ada to AI
ISBN 978-626-414-231-1（平裝）

1.CST: 電腦科學 2.CST: 電腦程式設計 3.CST: 歷史

312.2　　　　　　　　　　　　114007260

Printed in Taiwan

歡迎團體訂購，另有優惠，請洽服務專線
(02) 2696-2869 分機 238、519

Praise for We, Programmers

齊聲讚譽

「我和 Uncle Bob 一樣，大半人生都在當顧問、教師和參加電腦研討會。這點的重要性在於，我得以見到這本書提到的許多人物。所以這本書其實是關於我的專業領域朋友，我也能告訴你這些故事十分忠實。事實上，本書的寫作跟研究水準都甚為出色——當年的事情真的就跟書裡說的一樣。」

—— 摘自 Tom Gilb 替本書撰寫的後記

「我想不出還有哪本書能對早期程式設計史寫下如此包羅萬象的概述。」

—— Mark Seemann

「《我輩程式人》是電腦與程式設計史的迷人導覽，美妙地一窺一些傳奇人物的人生。我們也得以甘之如飴地讀著 Uncle Bob 講述自己的程式設計生涯。」

—— Jon Kern，敏捷軟體開發宣言（Agile Manifesto）共同作者

「在《我輩程式人》中，Bob 成功串起饒富趣味的程式設計師史，帶給我們豐富的歷史脈絡跟人性化的故事，並對我們這一行的開山祖師們提出令人眼界大開的啟發，附帶份量剛剛好的底層細節。Bob 身為這段豐富歷史的小角色之一，在當中穿插著自己的相關觀察與批判。我們這回甚至能讀到 Bob 自身的完整故事，以及他本人對未來的想法。令人愉快的輕鬆小品。」

—— Jeff Langr

獻給提摩西・麥可・康拉德（Timothy Michael Conrad）

Foreword

推薦序

> vim .

在終端機上打出這簡單的五個字元，就能啟動我最愛的程式編輯器。不只是隨便哪個文字編輯器，而是 NeoVim。現今的 NeoVim 提供快捷鍵、語言伺服器協定（LSP）、語法醒目標示、編輯器內的錯誤診斷，不及備載。但有這麼多客製化功能，NeoVim 只要幾毫秒時間就能啟動，讓編輯檔案感覺像眨眼間就能完成的事。而就算專案有上千個檔案，NeoVim 也能很快報告專案狀況，並將錯誤載入快速修復選單，讓你立刻找到來源。我只要按幾個鍵就能編譯和啟動專案，或是執行測試。

而且我的電腦能用 AI 將簡單的英文轉換成程式碼！同樣的 AI 甚至能在我寫程式時協作，瞬間吐出大量（不太可靠）的程式碼結果。這一切聽來都很不可思議。使用 NeoVim 的體驗很美妙、流暢又快如閃電。但許多人認為使用 NeoVim 很原始，有些人甚至視之為褻瀆。「不長進的傢伙！」有些人大叫，認為明明有配備齊全的開發環境存在，幹嘛有人偏要用 NeoVim 和花時間修改自己的編輯器。他們說，IntelliJ 編輯器支援的功能超神，我的 NeoVim 金魚腦根本無法理解！

我告訴你們這些，是因為這種心態實在很嚇人。不是因為我選擇用別人口中的老古董技術，也不是軟體工程師怎麼戰個人喜好——這些都只是常態而已。真正讓我訝異的是，編輯器這種極為強大的力量，對我們工程師來說卻是平凡

無奇,就只是寫程式、開會跟傳 Slack 訊息的無聊日常的一小部分而已。文字編輯功能司空見慣,而自動完成、語法醒目標示跟(偶爾)可靠的說明文件,都是我們期望中必然存在的東西。可是在出現文字編輯器之前,工程師花了數十年寫低階語言,而且有更長的時間沒有語法醒目標示。他們甚至有整整七十年幾乎沒有語言伺服器來提供任何語言的自動完成和重構工具。用這個角度來想,文字編輯器真的是人類的傑作。

我除了喜歡透過文字編輯器活在過去,也喜歡讀歷史。以前那些「正牌程式設計師」會衡量程式碼的執行速度,好在磁鼓記憶體(drum memory)上實現最佳讀取速度。我最遺憾的就是無緣目睹這些偉大的行內專家實際工作的樣子。也許這只是懷舊感使然,但從前的那些冒險感覺更偉大,新發現感覺更重要,工作也似乎更有意義。我在《我輩程式人》這本書就有機會體驗這段過往,就近觀察計算機歷史每一段重大進展的發明者。我彷彿能親眼看到查爾斯·巴貝奇舉辦的晚宴,他拿差分機打動和嚇壞他的客人,這台巨大的機械怪物會喀噠作響變出數字,在當時想必就跟魔法一樣。當時的人目睹差分機運作的感受,說不定就和現在我們第一次試著對大型語言模型(LLM)下提示,或是看到 Copilot 吐出的自動完成結果很像。我敢說你在讀這本書時,彷彿能聽到晚宴客人宣稱「機器真的會思考」。

或者我讀到那些團隊日以繼夜趕工,亟需改進第二次世界大戰關鍵的計算過程時,我能實際體會到他們的巨大壓力。這些人可沒有 Herman Miller 人體工學椅跟精美的站立工作桌,甚至沒有螢幕跟鍵盤呢!然而,他們卻實現了超乎想像的成就,改變了歷史進程。《我輩程式人》就是一本最扣人心弦的計算機歷史。

要是現在有哪位程式設計師還沒聽過 Uncle Bob 是誰,或者不熟悉他的作品,我會覺得很訝異。他在我們這一行極為多產。多年來我只聽過他的大名、看過他的 Twitter 頭像,還有讀過他對 Clean Code(無瑕的程式碼)跟敏捷開發的

重要著作。在我心目中，他根本就是 Java 類別 AbstractBuilderFactory 的化身。後來有一天，我們開始在 Twitter 上互動，這一切就改變了——我們開始通信跟通電話，我甚至請到他上播客。Robert C. Martin 本人的深度遠比我的大學課程讓我以為的更多；他是個務實的人，有必要也願意讓步。在我們的播客播出期間與播出之後，人們最常留下的評論差不多都是「他好愛笑！」這證明了他有很棒的人格跟充實的人生。他是如假包換的軟體工程師，也是我們每個人都能學習的對象。

我個人已經厭倦了在 X 平台上用短短 280 個字永無止境爭論空格、文字編輯器或者物件導向跟函數式程式語言誰比較好。真正讓我感興趣的，是在這些爭執背後創造出這些技術的人，深深影響了我們好多人。《我輩程式人》帶來比網路爭論多好多倍的意義，一段與過去的連結和對未來的展望；而 Uncle Bob 或許正是這段紛爭歷史的最佳仲裁者。

—— ThePrimeagen[1]

---

[1] 【譯者註】本名 Michael B. Paulson 的軟體工程師兼直播主。

Translator's Preface

譯者序

會讀這本書的人，大概都有自己初次發現程式設計之妙的那個驚奇時刻。而我的就剛好和 Uncle Bob 一樣，發生在我十二歲那年。

我不想長篇大論，所以這裡只簡單概述；我在小學畢業的那個夏天（1996 年）打定主意要學寫程式，因為我發現 MS-DOS 5.0 作業系統——當時家裡的電腦在 DOS 5.0 上跑 Windows 3.1——內附一個叫做 Qbasic.exe 的編輯器，可以拿來寫 Quick BASIC 語言。我也在書店找到了一本書。那時我已經知道怎麼用 DOS 寫批次檔來產生一個很像選單的介面，按個鈕可以執行某個事先定義的指令或程式。我很想知道，真正的「寫程式」到底會是怎樣？

就在那個夏天，我寫出我的第一批程式，也剛好和 Uncle Bob 一樣，寫出一個 Nim 撿石子遊戲，只差我那時不知道它叫做 Nim 而已（我記得是從數學課本上看到的）。

我輩程式人
回顧從 Ada 到 AI 這條程式路，程式人如何改變世界的歷史與未來展望

我多年前用軟碟機重新讀出那些程式碼，也看得出來寫得很爛；當時沒有人帶我入門（當時應該沒有人想到有十二歲小孩會想要學寫程式），而我看的書大概也是從更古老的教材移植過來的，用了很多糟糕的習慣，並忽略了很多語言功能。但當我開始意識到我能「設定」電腦的行為，不再只是被動使用者的時候，那個震驚感真的一輩子無法忘懷。

我只做過短暫的程式設計師，幾乎所有軟體開發的東西都是出社會後透過工作學習或自學。身為一個理科成績不好的人，寫程式是我意外擅長的理科或工科（誰說數學不好就寫不好程式？）。我當然不算頂尖，因為十幾年下來，我見過不少表面不起眼、底子卻強到爆炸的工程師；我不會沒事鑽研程式，但我喜歡研究用程式做出東西的可能性。

我也一直對「早期」電腦跟硬體很感興趣；YouTube 上有好幾個頻道，會介紹微電腦跟早期個人電腦時代各種佚失在時光中的產物和技術。但仍然比較少人願意深入討論更早期繼電器、真空管時代電腦的設計起源。大部分的教科書都直接從圖靈機或馮紐曼架構講起，彷彿它們是憑空被想出來的。但背後的來龍去脈並不只是這樣。

這本書用了比較不同也更生動的「列傳」講述這些早期歷史，串起電腦（計算機）的發展歷程、誕生自數學的根源，以及在這些機器上「寫」程式的面貌是如何抽離硬體。我當然有注意到，Uncle Bob 寫這本書的真正用意，或許還是想將自己的個人生涯和整個計算機發展史產生更深的連結；他畢竟也是人，他的觀點不是每個人都會同意。但我認為這些個人故事還是很有趣，看得出他當初踏入這一行的熱情和投入。你不得不承認，他確實花了大量的心力研究過文獻。

Uncle Bob 這本書帶給我的另一個意外收穫，是我第一次聽說 WaTor 這個遊戲演算法。我以前一直對細胞自動機很感興趣，實作過康威生命遊戲（Conway's Game of Life）。所以我在翻譯的休息空檔寫了一個 Python 版的 WaTor，並自己想出辦法把它的時間複雜度壓在 O(n)。

就這樣，我的講古部分結束啦。接下來請 cue Uncle Bob……

Preface

前言

我準備告訴各位一個故事,關於這一切是怎麼發生的。這段峰迴路轉的故事講的是一群傑出人士的生活與難關、他們生活的神奇時代,以及他們精通的神奇機器。

但在我們一頭跳進這些內容各異的曲折故事之前,先來點預覽似乎比較適當——就只是要讓你開開胃口而已。

必要也許是發明之母,但沒有任何事情比戰爭更能帶來必要性。我們這個產業的動力誕生自戰爭的突發性,尤其是第二次世界大戰。1940 年代,戰爭科技超出了我們運算資源能承受的程度,就算有一整軍營的人類操作桌面計算機,也應付不了戰爭各領域的計算需求。問題就在於你需要做大量加減乘除來推算砲彈從火砲發射後的大致落點;這種問題不可能用 $d = rt$ 或 $s = ½at^2$ 之類的簡單公式算出,而是得把時間和空間切割成數千個小區間,然後一段段去模擬和求出近似砲彈軌跡。這種模擬需要運用研究所等級的數學做極為大量的暴力法計算。

在之前幾個世紀,這類計算都仰賴一大批配備紙筆的人類,直到最後一個世紀這些人才得到加法機來協助工作。而在管理計算過程和負責計算的團隊上,也

是艱鉅之舉[1]。對這種團隊來說，計算問題本身可能得花上幾星期，甚至幾個月才能完成。

人們早在 1800 年代就夢想用機器實現這種壯舉，甚至有人造出了幾個貧乏的原型機，但頂多是玩具和珍奇玩意，拿來在晚宴上對菁英人士炫耀。沒什麼人會把它們當成值得使用的工具──特別是因為它們成本高昂。但二次大戰改變了這一切，需求迫在眉睫，成本不再是問題。於是那些早期夢想化為現實，人們開始打造巨大的計算機器。

那些設定和操作這些機器的人，就是我們這領域的先驅。他們一開始被迫接受最原始的條件：程式指令真的是用「打」的，一次打出一個孔，弄成一長條紙帶給機器讀取和執行。這種寫程式方式極度費力、瑣碎得可怕，而且對錯誤毫不留情。甚至，這種程式的執行可能為時好幾個星期，需要縝密的監看和持續介入。比如，若想在程式執行迴圈，方式就是在每次重複迴圈時手動重新調整紙帶的位置，然後靠人工檢查機器的狀態，檢查是否需要終止迴圈。

隨著歲月進展，電磁計算機被電子真空管計算機取代，後者儲存資料的方式是把它們轉成長長水銀管內移動的音波。紙帶被換成打孔卡，最後儲存在電腦自身。正是這些早期先驅推動了這些新科技，促使進一步的發明問世。

1950 年代早期的第一批程式編譯器，只比組合語言程式強一點，靠著特殊關鍵字來載入和執行事先寫好的子程序──有時存在紙帶或磁帶上。稍後，編譯器開始採用實驗性的運算式和資料型別，但依然很原始和緩慢。但到了 1950 年代晚期，約翰‧巴科斯（John Backus）的 FORTRAN 和葛麗絲‧霍普（Grace

---

[1] 如果想觀看這種過程的實際進行，我建議看 2024 年圓周率日慶祝活動的影片，數百名配合度極佳的參與者花一星期徒手算出圓周率超過一百個小數位。參閱 YouTube 的「The biggest hand calculation in a century! [Pi Day 2024]」，由 Stand-up Maths 發布於 2024 年 5 月 13 日。www.youtube.com/watch?v=LIg-6glbLkU。

Hopper）的 COBOL 帶來了全新思維。程式設計師以往只能徒手撰寫二元程式碼，現在卻可以換成抽象文字，並由電腦程式來解讀和產生二元碼。

1960 年代早期，戴克斯特拉（Dijkstra）的 ALGOL 進一步提高了語言抽象程度。幾年後，達爾（Dahl）和奈加特（Nygaard）的 SIMULA 67 使之更上一層樓。結構化程式設計和物件導向語言都是發展自這些早年源頭。

同時，約翰・凱梅尼（John Kemeny）和他的團隊在 1964 年創造了 BASIC 跟分時系統，讓大眾得以接觸電腦。BASIC 是幾乎任何人都能理解和使用的語言，分時系統則讓許多人能便利地同時操作一台昂貴電腦。再來是肯・湯普遜（Ken Thompson）和丹尼斯・里奇（Dennis Ritchie），他們分別在 1960 年代末和 70 年代初創造了 C 語言及 Unix 系統，大大開啟了軟體開發領域的大門。程式設計的競賽就此展開。

1960 年代的大型主機電腦革命，後面接續的是 70 年代的小型電腦革命，以及 80 年代的個人微電腦革命。個人電腦在 1980 年代席捲業界，後面很快跟著物件導向革命、網際網路革命，然後是敏捷開發革命。軟體開始成為一切的主宰。

九一一事件和 dotcom 泡沫化把我們拖慢了幾年，但接著 Ruby/Rails 革命出現，然後是行動裝置革命。網際網路變得無所不在，社群網路先是如雨後春筍興起，接著在 AI 冒出來威脅到這一切時再度衰退。這便將我們帶回到現在，並連結到對未來的預想。

以上這一切，以及更多內容，就是我們要在這本書講述的故事。所以如果你準備好，就坐穩啦——因為這會是一趟驚奇之旅。

Timeline

時間表

本書故事中描述的人與事件，呈現在以下時間表中。各位可以在這裡比對你在故事中讀到的事件，以便理解事件的脈絡。例如，你會可能會覺得很有趣，FORTRAN 的出現跟蘇聯的史波尼克號衛星發射剛好發生在同時，或者，早在戴克斯特拉說 GOTO 敘述有害之前，啟發 C 語言的肯‧湯普遜就已經加入了貝爾實驗室。

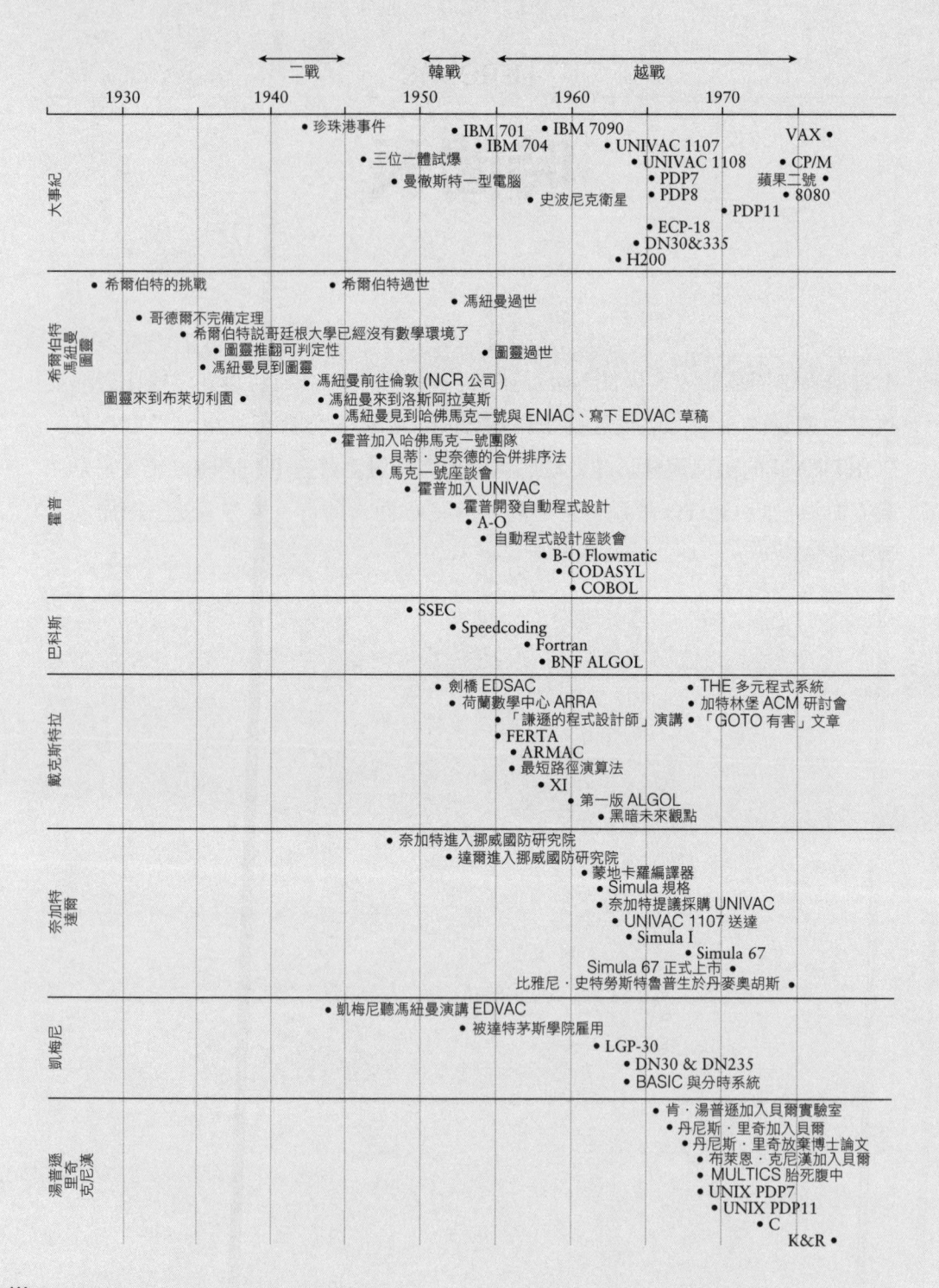

我輩程式人
回顧從 Ada 到 AI 這條程式路，程式人如何改變世界的歷史與未來展望

	1930	1940	二戰	1950	韓戰	1960	越戰	1970

大事紀
- 珍珠港事件
- 三位一體試爆
- 曼徹斯特一型電腦
- IBM 701
- IBM 704
- 史波尼克衛星
- IBM 7090
- UNIVAC 1107
- UNIVAC 1108
- PDP7
- PDP8
- ECP-18
- DN30&335
- H200
- VAX
- CP/M
- 蘋果二號
- 8080
- PDP11

希爾伯特 馮紐曼 圖靈
- 希爾伯特的挑戰
- 哥德爾不完備定理
- 希爾伯特說哥廷根大學已經沒有數學環境了
- 圖靈推翻可判定性
- 馮紐曼見到圖靈
- 圖靈來到布萊切利園
- 希爾伯特過世
- 馮紐曼前往倫敦（NCR 公司）
- 馮紐曼來到洛斯阿拉莫斯
- 馮紐曼見到哈佛馬克一號與 ENIAC、寫下 EDVAC 草稿
- 馮紐曼過世
- 圖靈過世

霍普
- 霍普加入哈佛馬克一號團隊
- 貝蒂·史奈德的合併排序法
- 馬克一號座談會
- 霍普加入 UNIVAC
- 霍普開發自動程式設計
- A-0
- 自動程式設計座談會
- B-0 Flowmatic
- CODASYL
- COBOL

巴科斯
- SSEC
- Speedcoding
- Fortran
- BNF ALGOL

戴克斯特拉
- 劍橋 EDSAC
- 荷蘭數學中心 ARRA
- 「謙遜的程式設計師」演講
- FERTA
- ARMAC
- 最短路徑演算法
- XI
- 第一版 ALGOL
- 黑暗未來觀點
- THE 多元程式系統
- 加特林堡 ACM 研討會
- 「GOTO 有害」文章

奈加特 達爾
- 奈加特進入挪威國防研究院
- 達爾進入挪威國防研究院
- 蒙地卡羅編譯器
- Simula 規格
- 奈加特提議採購 UNIVAC
- UNIVAC 1107 送達
- Simula I
- Simula 67
- Simula 67 正式上市
- 比雅尼·史特勞斯特魯普生於丹麥奧胡斯

凱梅尼
- 凱梅尼聽馮紐曼演講 EDVAC
- 被達特茅斯學院雇用
- LGP-30
- DN30 & DN235
- BASIC 與分時系統

湯普遜 里奇 克尼漢
- 肯·湯普遜加入貝爾實驗室
- 丹尼斯·里奇加入貝爾
- 丹尼斯·里奇放棄博士論文
- 布萊恩·克尼漢加入貝爾
- MULTICS 胎死腹中
- UNIX PDP7
- UNIX PDP11
- C
- K&R

時間表

```
                                      ←―― 阿富汗戰爭 ――→
                     ←→          ←― 伊拉克戰爭 ―→
                    波灣戰爭
  1980         1990          2000          2010          2020         2030
                   • OODB   • Netscape   • 敏捷開發   • CLOJURE
  • Usenet        • 布區架構圖    • XP        • SCALA      • Swift
    • MP/M       • Sparc    • Scrum                • Go
    • PC                                                • Dart   • Rust
  • 8086   • Mac       • 全球      • Java     • C#    • F#       • Elm
                • C++   資訊網   • Ruby              • Rails
        • OBJ-C       • Python   • UML/RUP
                              • Javascript
```

• C 語言加上類別

About This Book
關於本書

在我們開始之前,我想讓讀者了解這本書以及作者的幾件事:

- 在我寫這本書時,我當程式設計師已經六十年,但我十二到十六歲這段時間或許不能算數。不過,我從 1964 年至今參與了「電腦年代」的大部分,親眼目睹和體驗過這一行許多重要甚至意義重大的事件。各位下面讀到的內容,便是出自這領域「一個不大且日益縮小的早期旅人圈子」的其中一個成員的現身說法。這個圈子雖然不能自稱是最早的旅人,**我們倒能宣稱我們傳承了他們的薪火**。

- 本書內容橫跨兩世紀,許多人或許會對故事中提到的人名和概念感到陌生——這些很多已經消失在時間的陰影裡。因此,本書結尾會包括「詞彙表」及「演出配角陣容」。

- 「詞彙表」包含書內提到的大多數硬體名詞。如果你讀到某個你不認識的電腦或裝置,可以試試看去那裡查。

- 「演出配角陣容」是接下來會提到的非主角人名的列表。這個列表蠻長的,但某方面來說仍太短,只有點出一部分對電腦程式設計產業有直接或間接影響的人物。有些本書提到的人早已佚失在時光中,落在網際網路引擎搜尋不到的迷霧裡。只要看過這些人名,你會很訝異能在這裡找到誰。然後再看一次,你會發現這名單只是龐大冰山的一角。最後再看一次這些人過世的日期,你會注意到許多人其實直到最近才離開。

xxi

Acknowledgments

致謝

我想再一次感謝 Pearson 出版社的人們努力不懈地出版這本書：Julie Phifer、Harry Misthos、Julie Nahil、Menka Mehta 和 Sandra Schroeder。此外也感謝製作團隊協助改進本書內容：Maureen Forys、Audrey Doyle、Chris Cleveland 等人。和這些人合作永遠是我的榮幸。

謝謝 Andy Koenig 和布萊恩·克尼漢（Brian Kernighan）幫忙牽線認識人脈。

特別感謝比爾（Bill）和約翰·里奇（John Ritchie），對於他們的兄弟「親愛的老 DMR」（丹尼斯·里奇）提供好多美妙的見解。

感謝 Michael Paulson（又稱 ThePrimeagen）替我寫的優秀推薦序。

感謝湯姆·吉爾布（Tom Gilb）的好客招待跟見解，以及我這輩子讀過最有趣的後記之一。

感謝葛來迪·布區（Grady Booch）、馬丁·福勒（Martin Fowler）、Tim Ottinger、Jeff Langr、Tracy Brown、John Kern、Mark Seemann 和 Heather Kanser 在本書仍處於粗糙許多的階段時審閱過草稿。他們的幫助令這本書變得更好。

而一如以往，我想謝謝我出色又美麗的妻子，我的人生摯愛，以及我四位令人驚嘆的孩子跟十位同樣令人讚嘆的孫兒女。他們才是我的人生。寫關於軟體的書只不過是消遣罷了。

最後，我必須感謝我有個完美的人生——因為我正活在天堂裡。

About the Author

關於作者

Robert C. Martin（Uncle Bob）於 1970 年開始了他的程式設計師生涯。他是 Uncle Bob Consulting, LLC 的創辦人，與兒子 Micah Martin 共同創立了 Clean Coders, LLC。他在各種國際期刊上發表過數十篇文章，並經常在國際會議與展覽會上發表演說。他出版並審校了多本書籍，包括：

- *Designing Object-Oriented C++ Applications Using the Booch Method*
- *Patterns Languages of Program Design 3*
- *More C++ Gems*
- *Extreme Programming in Practice*
- *Agile Software Development: Principles, Patterns, and Practices*（《敏捷軟體開發：原則、樣式及實務》）

- *UML for Java Programmers*
- *Clean Code*（《無瑕的程式碼──敏捷軟體開發技巧守則》）
- *The Clean Coder*（《無瑕的程式碼──番外篇──專業程式設計師的生存之道》）
- *Clean Architecture*（《無瑕的程式碼──整潔的軟體設計與架構篇》）
- *Clean Agile*（《無瑕的程式碼 敏捷篇：還原敏捷真實的面貌》）
- *Clean Craftsmanship*（《無瑕的程式碼 軟體工匠篇：程式設計師必須做到的紀律、標準與倫理》）
- *Functional Design*（《無瑕的程式碼 函數式設計篇：原則、模式與實踐》）

身為軟體開發業界的領導者，Uncle Bob 曾在 C++ Report 當了三年的總編輯。他也是 Agile Alliance（敏捷聯盟）的第一任主席。

About the Translator
關於譯者

王寶翔（Alan Wang）

技術寫手、譯者。

alankrantas.github.io

Contents

目錄

齊聲讚譽 i
推薦序 v
譯者序 ix
前言 xiii
時間表 xvii
關於本書 xxi
致謝 xxiii
關於作者 xxv
關於譯者 xxvii

PART I　準備舞台

Chapter 1　我們是誰？ 003
　　　　　　　我們為何在此？ 006

PART II　偉人

Chapter 2　巴貝奇：第一位電腦工程師 013
　　　　　　　見見主人翁 013
　　　　　　　數學表 015

　　　　製作數學表...016
　　　　有限差分法...018
　　巴貝奇的夢想...025
　　差分機..025
　　機械標記法..027
　　　　派對把戲...028
　　差分機之死..029
　　　　科技論點...030
　　分析機..031
　　　　符號..034
　　愛達：勒芙蕾絲伯爵夫人...034
　　真的是史上第一位程式設計師？....................................039
　　　　好人不長命...040
　　好壞參半的結尾...040
　　　　差分機二號的實現..041
　　結論..043
　　參考資料...043

Chapter 3　希爾伯特、圖靈和馮紐曼：第一批電腦架構師 045

　　大衛・希爾伯特...046
　　　　哥德爾...049
　　　　烏雲罩頂...052
　　約翰・馮紐曼...053
　　艾倫・圖靈..057
　　圖靈—馮紐曼架構...060
　　　　圖靈機...060
　　　　馮紐曼的旅程...065
　　　　彈道研究實驗室...066
　　　　NCR 機器..067
　　　　洛斯阿拉莫斯：曼哈頓計畫....................................067
　　　　馬克一號和 ENIAC...069

　　　　三位一體 070
　　　　超級 071
　　　　EDVAC 草稿 073
　　參考資料 074

Chapter 4　葛麗絲・霍普：第一位軟體工程師 077
　　戰火與 1944 年的夏天 078
　　紀律：1944 至 1945 年 083
　　子程序：1944 至 1946 年 088
　　座談會：1947 年 089
　　UNIVAC：1949 至 1951 年 092
　　排序法與編譯器的誕生 098
　　酒癮：約 1949 年 098
　　編譯器：1951 至 1952 年 099
　　A 型編譯器 102
　　語言：1953 至 1956 年 103
　　COBOL：1955 至 1960 年 106
　　我的 COBOL 牢騷 109
　　徹底的成功 110
　　參考資料 111

Chapter 5　約翰・巴科斯：第一種高階程式語言 113
　　見見約翰・巴科斯本人 113
　　催眠人的七彩燈光 116
　　Speedcoding 語言和 IBM 701 118
　　極速快感 121
　　　　分工合作 126
　　　　我的 FORTRAN 牢騷 127
　　ALGOL 與其他一切 129
　　參考資料 131

xxxi

Chapter 6	艾茲赫爾‧戴克斯特拉：第一位電腦科學家 133
	見見主人翁 133
	ARRA：1952 至 1955 年 136
	ARMAC：1955 至 1958 年 141
	戴克斯特拉演算法（Dijkstra's Algorithm）：
	最短路徑 142
	ALGOL 與 X1：1958 至 1962 年 143
	愁雲慘霧：1962 年 148
	科學的興起：1963 至 1967 年 149
	科學 150
	semaphore（號誌） 151
	結構 152
	證明 153
	數學：1968 年 153
	結構化程式設計：1968 年 157
	戴克斯特拉的論點 158
	參考資料 160

Chapter 7	奈加特和達爾：第一個物件導向語言 163
	克利斯登‧奈加特 163
	奧利—約翰‧達爾 165
	SIMULA 與物件導向 166
	SIMULA I 172
	參考資料 180

Chapter 8	約翰‧凱梅尼：
	第一個「大眾」程式語言── BASIC 183
	見見約翰‧凱梅尼 183
	見見另一位：托馬斯‧卡茨 186
	絕世點子 187

不可能的壯舉 188
BASIC 語言 190
分時系統 191
電腦小子 192
逃避 193
盲眼先知 194
　　共生關係？ 195
　　預言 195
猶在鏡中 200
參考資料 200

Chapter 9　茱蒂・艾倫 203
ECP-18 204
茱蒂・舒茲 205
燦爛生涯 209
參考資料 210

Chapter 10　湯普遜、里奇與克尼漢 211
肯・湯普遜 211
丹尼斯・里奇 214
布萊恩・克尼漢 219
　　Multics 221
　　PDP-7 與星際旅行 223
Unix 227
PDP-11 230
C 語言 232
K&R 236
　　施加壓力 238
　　軟體工具 239
結論 240
參考資料 240

PART III 轉折點

Chapter 11　六〇年代 **247**
ECP-18 251
人父的職責 254

Chapter 12　七〇年代 **255**
1969 年 255
1970 年 260
1973 年 263
1974 年 267
1976 年 272
原始碼控制 275
1978 年 276
1979 年 277
參考資料 279

Chapter 13　八〇年代 **281**
1980 年 281
系統管理員 283
pCCU 283
1981 年 285
DLU/DRU 285
蘋果二號 287
新產品 287
1982 年 288
全錄之星 290
1983 年 290
深入麥金塔 291

BBS	292
泰瑞達的 C 語言	292
1984 至 1986 年：VRS	293
磁芯大戰	294
1986 年	294
工匠派遣系統（CDS）	295
欄位標記資料	296
有限狀態機器	296
物件導向（OO）	297
1987 至 1988 年：英國	298
參考資料	299

Chapter 14 九〇年代 301

1989 至 1992 年：清晰通訊	301
Usenet	302
Uncle Bob	303
1992 年：C++ 報告	304
1993：瑞理	304
1994 年：ETS	306
C++ 報告專欄	309
設計模式	309
1995 至 1996 年：	
第一本書、研討會、類別與 Object Mentor	310
原則	311
1997 至 1999 年：C++ 報告、UML 及網際網路公司	312
第二本書：設計原則	313
1999 至 2000 年：極限程式設計	313
參考資料	316

Chapter 15　千禧年 317
　　2000 年：極限程式設計領導權 317
　　2001 年：敏捷開發與（各種）崩塌 319
　　2002 至 2008 年：在荒野流浪 320
　　　　無瑕的程式碼 320
　　2009 年：SICP 和綠幕 321
　　　　拍影片 322
　　　　cleancoders.com 323
　　2010 至 2023 年：影片、工匠及專業 324
　　　　脫軌的敏捷開發 324
　　　　更多著作 325
　　　　COVID-19 疫情 326
　　2023 年：停滯期 326
　　參考資料 327

PART IV　未來

Chapter 16　語言 331
　　型別 333
　　LISP 335

Chapter 17　AI 337
　　人腦 337
　　神經網路 340
　　打造神經網路不是寫程式 341
　　大型語言模型（LLM） 342
　　大型 X 模型帶來的破壞 350

Chapter 18　硬體 353

　　摩爾定律 354
　　　　核心 355
　　　　雲端 355
　　　　停滯期 355
　　量子電腦 356

Chapter 19　全球資訊網 359

Chapter 20　程式設計 363

　　航空學的比喻 364
　　原則 364
　　方法論 365
　　紀律 365
　　倫理 366
　　參考資料 366

Afterword 後記 367

　　對本書內容的反思 367
　　個人軼事或故事 368
　　對本書內容的反思（二）...............................377
　　後記作者的觀點 377
　　對未來趨勢的討論 378
　　號召行動，或最後的想法 381
　　參考資料 381

Glossary of Terms 詞彙表 383

Cast of Supporting Characters 演出配角陣容 411

PART I

準備舞台

我們這些程式設計師究竟是什麼人,又為何在此?我們花這麼多力氣嘗試主宰的機器又到底是什麼?

第 1 章

我們是誰？

我們這群程式設計師，就是跟電腦溝通、讓它們能運作的人。我們賦予了電腦生命，進而對經濟與社會賦予生命。這世上發生的任何事都少不了我們。我們──是──世界的主宰！

其他人自認為主宰了世界，但又把統治規則交給我們。我們則把這些規則寫進主宰一切的機器裡。

不過，我們並不是一直都處在這種有其必要和優越的位置。在程式設計的最初歲月，程式設計師是邊緣人。人人只關注電腦跟它們的無限潛能，真正優越和令人印象深刻的是這些機器，以及那些打造機器的人。程式設計師只是負責讓機器動起來而已，沒有人在乎他們。我們當時差不多就跟壁紙沒兩樣。

戴克斯特拉（Dijkstra）在提到這些早期年代時[1]說：

> 「由於每台電腦都是獨一無二的機器，程式設計師非常清楚他的程式只能在某台機器上有意義。此外機器壽命很明顯極為有限，所以這人也知道他的工作價值不會維持太久。」

1　《謙遜的程式設計師》（*The Humble Programmer*），ACM 圖靈演講，1972 年。

我們在那段時間做的事也很難算得上職業或學科，甚至不是明確的工作內容。從我們的存在動機跟目的來看，我們全都是小精靈（gremlin）[2]。面對這些不可靠、脾氣暴躁、昂貴到嚇死人的巨獸，擁有慢吞吞的處理速度跟超級有限的記憶體，我們居然還是能找到辦法讓它們發揮功用——至少有時候可以。而且我們是用最醜陋、最痛苦的辦法做到的。戴克斯特拉對此也說：

「在那個年代，許多聰明的程式設計師會因為想出妙招、好在他的機器限制裡擠出不可能的任務，進而獲得極大的智力滿足感。」[3]

程式設計師的形象改變得很慢，在整個 1960 和 70 年代甚至還惡化。我們從後面房間裡那些穿著白色實驗室外套的傢伙，變成龐大辦公隔間農場裡的藍領阿宅。程式設計師一直到比較近代才重新提升到白領階級。即使到了現在，我們的文明也仍未意識到它有多麼依賴我們，而我們也尚未理解自己其實握有多大的力量。

我們這些人多年來都是必要之惡；公司主管和產品經理夢想著能丟掉程式設計師的那天到來，他們也當然有理由如此寄望，因為機器的威力和能力一直在增長。不是一點一滴變多，而是一口氣跳幾百倍。

可是程式設計師絕跡的社會一直沒有成真，對這種人的需求也從未減少——為了跟上新機器的威力，你需要更多人來管理機器。程式設計師非但沒有變得更多餘和技能更低，反而變得必要和講求更多技能。程式設計師跟醫生一樣開始發展出特定專業；如今你雇用程式設計師時還得挑對領域。儘管人們努力消滅

---

[2] 【譯者註】二十世紀初傳說會惡搞機器的小妖精，二次大戰時的英國皇家空軍成員相信他們和敵軍的飛機莫名故障都是小精靈的傑作。1984 年的電影《小精靈》借用了一部分這種概念。

[3] 同前。

對程式設計師的需求，這些需求不減反增，而且還更趨多元。現在大家認為 AI 是取代工程師的解答；但請相信我，結果只會是一樣的。當機器的威力變得更強，程式設計師的需求跟地位只會繼續提升。

程式設計師從邊緣人轉變成重要角色的過程，可以在當時的熱門電影裡看出端倪。《原子鐵金剛》（*Forbidden Planet*, 1965）的機器人羅比（Robbie）是個嚴肅的英國管家，把機器當成一個角色，但幾乎沒人提到它的程式是一個瘋狂科學家寫的。《太空迷航》（*Lost in Space*, 1965）的機器人也差不多，表面上是由史密斯博士設定，但它是獨立的人物，是個機器角色。

《二○○一太空漫遊》（*A Space Odyssey*, 1968）的 HAL 9000 電腦是中心角色，這台機器在被斷線之前唱起〈黛西貝爾〉（Daisy Bell）時，有提到一次它的程式設計師是坎德拉博士（Dr. Chandra）。這種模式開始不斷重複：《巨人：福賓計畫》（*Colossus: The Forbin Project*, 1970）的主人翁是台機器，其程式設計師是無助的受害者，最終淪為奴隸。《霹靂五號》（*Short Circuit*, 1986）的主角也是台機器，其程式設計師在嘗試幫忙時經常受騙、倒楣又笨手笨腳。

我們在《戰爭遊戲》（*WarGames*, 1983）終於開始看到轉變：電腦「喬夏」（Joshua，或者「戰爭操作計畫回應系統」（WOPR））是一個角色，但其程式設計師會幫忙解決它的問題。唯獨這位程式設計師只是次要角色，片中真正的英雄是一個青少年。真正的轉變則發生在《侏儸紀公園》（*Jurassic Park*, 1993），片中的電腦很重要，可是不是角色。管理電腦的主任程式設計師丹尼斯・納德利（Dennis Nedry）才是角色——他同時也是片中的反派。

天哪，時代變化真大。2014 年八月時，我去斯德哥爾摩的 Mojang 公司（《*MineCraft*》的開發者）對程式設計師演講。演講結束後，我們全部人去喝杯啤酒，坐在一個被樹籬包圍的漂亮啤酒花園裡。街上有個大概十二歲的小男

孩跑到樹籬旁邊，對其中一個程式設計師說：「你是 Jeb 嗎？」長頭髮、戴眼鏡、網路上人稱 Jeb 的遊戲設計師延斯・伯根斯坦（Jens Bergensten）泰然點點頭，給了那孩子簽名。

如今程式設計師變成了年輕一輩的英雄，他們長大後也想要成為我們這樣的人。

我們為何在此？

我們這些程式設計師為何在此？我們為什麼存在？

這種問題可能存在主義太強了。好，我換個方式問：人們為何需要我們？為什麼有人付錢要我們做我們擅長的事？他們為何不自己動手？

你可能以為是因為我們很聰明。這當然沒錯，但不是真正的原因。你也許認為是因為我們是科技宅，這同樣很對，但不是答案。真正的解答會讓你訝異，很可能跟你猜想的不一樣──其實這出自我們人格的一部分，而你一旦接受這明顯的事實，說不定還會瑟瑟發抖一下。

因為我們熱愛細節。我們沉醉於細節，我們喜歡在細節之河逆流而上，我們會在細節沼澤與泥濘中奮力跋涉。我們愛死了這樣，細節就是我們的生命，我們心甘情願替它賣命。我們是……細節管理大神。

但這還是沒有回答為何人們需要我們。解答這點的關鍵在於：社會少了行動電話就無法運作。

電話。我們幹嘛叫它電話？它們才不是電話！現在的電話跟最初的電話毫無關聯。亞歷山大・格拉漢姆・貝爾（Alexander Graham Bell）可不會指著一隻 iPhone，承認這就是他跟華生發明的有線通訊工具的後代。這種東西不是電

Chapter 1　我們是誰？

話，而是手持超級電腦。它們是通往各種資訊、八卦、娛樂和⋯⋯一切的窗口。我們沒辦法想像少了手機的生活，我們若無法滑手機，就會極度憂鬱到只能縮在被窩裡。

是啦，我是在開玩笑，但我根據的事實一點也不假。如果某天手機通通停止運作，我們的文明就會即刻滅亡。

好吧，那這又跟我們有什麼關係呢？我們幹嘛需要管理手機的所有細節？為啥大家不能管自己的細節？

我敢說你一定認識過某個傢伙，想出殺手級應用的點子，跑來拜託你幫他們寫出來。他們知道自己會靠這點子賺翻，也很樂意用八二分帳的方式跟你分這筆財富。你唯一要做的就只是寫程式。沒錯，就這樣；只要寫程式就好，沒啥大不了。但為什麼他們不自己寫？這畢竟是他們的主意。他們幹嘛不直接寫程式就好？

最明顯的答案是他們不會寫，但事實並非如此。他們是有能力的。他們能明確地描述他們想要的行為，只差用詞比較抽象而已。那麼，他們為何沒辦法把這些抽象點子轉成真實結果呢？

我們設想有個熱情的創業家吉米，有個他深信不疑的妙計，只要在螢幕上畫一條紅線就能賺進大把鈔票。先假設這樣就好。我是說，誰不想要看到螢幕上有條紅線？那麼，吉米要怎麼進行呢？

吉米看著他的手機，只看到上面有一塊方形的玻璃，有小小的隆起、凹陷和坑洞。他該死的要怎麼理解這種東西？他當然需要一位程式設計師，因為只有程式設計師懂這類東西。

但是等等，你拿手機的時候有沒有對著它打過噴嚏？你有看過水珠滴在螢幕上時，它們怎麼放大螢幕細節嗎？這些水珠哪怕多麼短暫，都會映出底下的光點。

沒錯，**彩色光點**：紅、綠和藍色光點以看似矩形網格的方式排列。因此吉米打了噴嚏和注視這些光點，立刻領悟到：他的紅線要用這些紅點畫出來！

若他再讓自己多想一下，就會發現這三種顏色的光點可以合併。他繼續思考，則會意識到一定有某種方式能控制各個光點的亮度，以便創造出各種色彩。喔，他可能不曉得什麼是 RGB 三原色，但隨便哪個小學生都知道你能混合顏色來創造別的顏色，所以這種概念並沒有多難。

吉米若再繼續多思考一會兒，會想到矩形網格的存在表示光點有座標。喔，他也許不記得初級代數或笛卡兒座標，但小學生都懂矩形網格的概念。我是說，老天爺啊，你撥電話的時候號碼鈕不就是照矩形網格排列的嘛！

好啦，我知道現在已經沒有人會手動撥電話號碼了，也沒有人記得為什麼要用撥（dial）這個動詞。但先別管這個。吉米只要花一點寶貴的時間動腦筋，就會想到他可以讓一排直線的紅點發亮，藉此畫出紅線。

「可是要怎麼畫呢？」吉米心想。他會記得古老的線性函數 $y = mx + b$ 嗎？可能不會。但若他再多想一下，則自然會發現他這條紅線上的紅點距離會有固定的寬高比。他可能沒想到自己正在重新發明微積分的起源，但這沒關係。爬坡率本來就不是那麼難懂的概念。

若吉米繼續思索，會想到他之所以能看到光點，是因為他的鼻涕水珠沾在螢幕上時，變成了雷文霍克（Leeuwenhoek）發明的顯微鏡。所以這些光點一定超級小！這也意味著他得在很多紅光點上畫線，這些座標也得依循他的寬高比公式延伸。他要怎麼做到這種事呢？不僅如此，要是他只畫一條紅線，線條會非常細，甚至根本有可能看不到！所以他得讓他的紅線具有一定的**厚度**。

到這裡為止，吉米的自我思考時間已經花掉了一小時左右，他意識到他這段時間已經停止思考那條紅線可以賺進多少財富，反而只專心想著光點。他說不定

也意識到，他目前只碰到問題的表面而已，畢竟他不知道要怎麼叫手機控制光點。他不懂如何命令手機一再做某件事，好讓他能打開那堆該死的紅色光點！

最重要的是，他已經想到膩了！他想要回去思考那條紅線會如何替他賺進白花花的銀子，還有要怎麼在 X 平台宣傳他的紅線……所以去他的光點，吉米會找幾個程式設計師來擔心這種事。他自己可不想思考這麼底層的細節。

但我們就願意！這是我們的人格缺陷，但也是我們的超能力。我們愛死了這堆細節。我們樂於搞懂如何在螢幕上把一堆光點組成紅線。我們不太在乎紅線本身意味著什麼。我們熱愛的是挑戰，如何將這些小不隆咚的細節組合成螢幕上的一條紅線。

所以，為何別人需要我們這種人？因為社會需要喜歡鑽研這些細節的人。這些人——我們——讓社會得以把腦袋空出來去思考其他事情，比如拍下自己的冰桶挑戰、玩《憤怒鳥》或者在等看牙醫的時候玩接龍。

只要社會的多數人都選擇逃避細節，他們就會需要我們這種人去追求細節。這就是我們的本色：我們是全世界的細節之神。

PART II

偉人

「我們有很漫長的計算機歷史，但我們很常遺忘和忽略它。事實是，正是那些在我們之前出現的偉人們給了我們典範，告訴我們如何在這個行業依循道德行事。」

——肯特・貝克（Kent Beck），2023 年
（在提到最近過世的貝瑞・德沃拉茨基（Barry Dwolatzky）時）

我在第二部準備對各位講述其中幾位偉人的故事；這些故事講的是這些締造了某種壯舉的程式設計師，他們對我們的產業帶來了深遠的影響。這些故事會談到他們面對的難關——有些來自技術，有的來自個人人生。我的目的是讓各位在更私人、更貼近技術脈絡的層面下認識這些了不起的人物。

故事的私密部分會說服你，這些人跟你我一樣都是凡人，他們會體驗到同樣的痛苦與快樂，會犯類似的錯，也一樣能克服難關、享受成就。技術部分則是考量到你也是個程式設計師，而只有程式設計師能懂這些人面對過何等技術挑戰。我的目的是讓你從更深的層面對這些個人的成就感到敬佩——只有一位同行程式設計師能夠體會這點。

有很多昔日開路先鋒，我沒有納進這部分，不是因為他們不夠偉大或不夠有價值，只是時間和空間有限，我不得不做出抉擇。但願我的選擇是合適的。

第 2 章

巴貝奇：第一位電腦工程師

程式設計師和電腦愛好者之間經常流傳說，查爾斯・巴貝奇（Charles Babbage）是史上第一位通用電腦之父，而愛達・金・勒芙蕾絲（Ada King Lovelace）則是史上第一位程式設計師。人們分享了許多多采多姿、虛構或半虛構的故事，但是一如往常，事實比傳說有趣多了。

見見主人翁

查爾斯・巴貝奇於 1791 年 12 月 26 日生於英國薩里郡的沃爾沃思（Walworth）。他身為事業有成的銀行家之子，屬於十九世紀早期英國上流階級的一員，而且也繼承了可觀的財富[1]，使他得以自由追求興趣——一大堆興趣。

巴貝奇一生寫了六本書和 86 篇科學或其他領域的論文，包括數學、西洋棋、撬鎖、稅收、壽險、地理學、政治、哲學、電學與磁力、儀器、統計學、鐵路、工具機、政治經濟學、潛水裝備、潛水艇、領航、旅行、語言學、密碼學、工業藝術、天文學和考古學——這還只是當中一小部分。

---

[1] 一座價值十萬英鎊的莊園，使他自身十分富有，並在資助自己的科學研究的同時仍能保持家人溫飽。

最重要的是，巴貝奇是個會動手做的人——他是各種機械裝置的發明家。他發明一種能強制對流的暖氣系統，一種眼科用的檢眼鏡，一套運用纜車的郵遞系統，一台能玩井字棋的機器，以及其他一堆激發他想像力的裝置。不過打造了這麼多東西，他從來沒有做出能賺錢的成果。他大多數發明也只停留在草稿，從未離開過他的草稿桌。

巴貝奇也是隻社交花蝴蝶，是說故事的大師跟傑出的娛樂家。他自己辦過許多晚宴，別人也會大力邀請他出席派對。在1843年的某個月，他的社交日曆上每一天都有十三場邀請，星期日也不例外[2]。他的社交友人包括查爾斯·狄更斯、查爾斯·達爾文、查爾斯·萊爾（Charles Lyell）、查爾斯·惠斯登（Charles Wheatstone）（好多個查爾斯）、喬治·布爾（George Boole）、喬治·比德爾·艾里（George Biddelll Airy）、奧古斯塔斯·笛摩根（Augustus De Morgan）、亞歷山大·馮·洪保德（Alexander von Humboldt）、彼得·馬克·羅傑特（Peter Mark Roget）、約翰·赫雪爾（John Herschel）與麥可·法拉第（Michael Faraday）。

他一生也累積了大量的認可：他在1816年被選為英國皇家學會院士，1824年則因為發明我們下面即將討論的計算機器，而獲頒皇家天文學會的第一面金質獎章。他在1828年獲得劍橋大學的盧卡斯數學教授榮譽席位（Lucasian Chair in Mathematics），並擁有這席位直到1839年。（歷任盧卡斯教授包括艾薩克·牛頓（Isaac Newton，1669–1702）、保羅·狄拉克（Paul Dirac，1932–1969）、史蒂芬·霍金（Stephen Hawking，1979–2009）等人。）

這樣應該已經足以說，巴貝奇這傢伙是個交友廣闊的社交名流。

---

[2] Swade, p. 173.

但雖然在社會上頗受歡迎，也受到同儕推崇，巴貝奇並不怎麼成功，絕大多數的努力也都無疾而終。他更不是別人喜歡合作的對象；同時代的人認為他任性又壞脾氣，經常自私地暴怒和口出惡言──一個暴躁天才[3]。他喜歡出版自己痛斥當權者的信件，但又會向同一批人索求研究計畫的贊助。我們姑且能說，文雅的謹慎並非巴貝奇的主要美德之一。

最後就連英國首相羅伯特・皮爾爵士（Sir Robert Peel）都問：「我們到底要怎麼做，才能擺脫巴貝奇先生跟他的計算機器？」

數學表

查爾斯・巴貝奇成為程式設計師的故事，始於 1821 年夏天。巴貝奇和他的終生好友約翰・赫雪爾合作查驗兩組要給皇家天文學會使用的數學表，由兩個獨立團隊製作。如果兩組人馬的計算都正確，那麼兩組表應該會完全相同。巴貝奇和赫雪爾逐一比較，好找出並解決不一致之處。這裡頭有上千個數字，每一個都有超過十幾位數。兩人花費好幾小時進行乏味、費力又高度專注的工作，對彼此引述數字和確認是否相同。每次有寫錯或讀錯的位數，他們就得停下來再次檢查，要嘛解決問題，要嘛把不一致處標起來。這種工作令人麻痺、挫折和疲累不已。

最後巴貝奇喊道：「老天爺，我真希望這些計算可以靠蒸氣執行！」[4]

---

[3] 《暴躁天才》（*Irascible Genius*）是 Maboth Moseley 在 1964 年針對巴貝奇寫的書。參閱 archive.org/details/irasciblegeniusl00mose/mode/2up。

[4] Swade, p. 10.

這話燃起了巴貝奇的程式設計師魂。不到一年，他就雇用幾位藝術家打造零件，組裝出一台能做計算的小型機器，這乃是他後來更大、龐大得多的型號的迷你原型。這台機器能夠執行計算數學表這種令人嫌惡的苦差事。

製作數學表

對於數學表的需求無所不在：數學家、導航員、天文學家、工程師、測量師都需要它。他們需要對數表、三角學表、彈道表、潮汐表，種類永無止境。不僅如此，他們也需要這些表既準確又精密。表格裡的每一欄數字都必須準確，而且得精密到至少幾個小數位以下。

這種表格是怎麼製作的？你要怎麼計算幾萬個對數到小數位以下六、八或十位？對於一個角度內的一個個弧秒，你要怎麼把它們的 sin、cos 和 tan 函數值算到這麼細？第一眼看下來，這似乎是不可能的任務。

但儘管實際上看來不可能，人類可是很聰明的東西。事實上還真有個撇步。

妙招的第一步是把這些「超然」境界拉回地表。對數、sin 和 cos 函數都是超越函數（transcendental functions），意思是你不能用多項式函數或方程式來計算它們。可是它們可以用多項式來趨近之。

來看一個 sin 函數波形在笛卡兒座標平面上的曲線，在 y 軸的正負 1 之間波動，而在 x 軸有 2π（π 為圓周率）的週期：

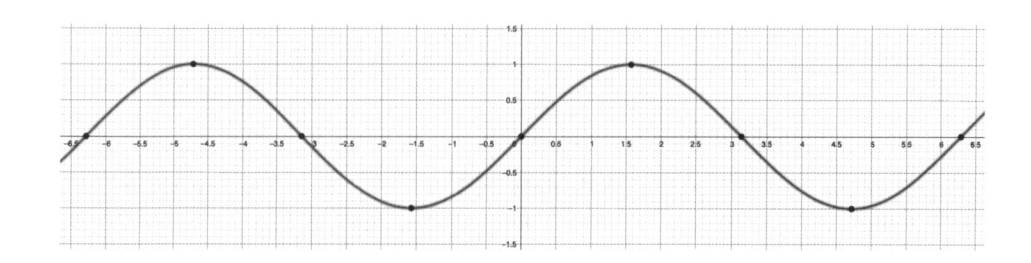

現在看 y = -0.1666x³ + x 多項式的軌跡疊在 sin 曲線上的樣子：

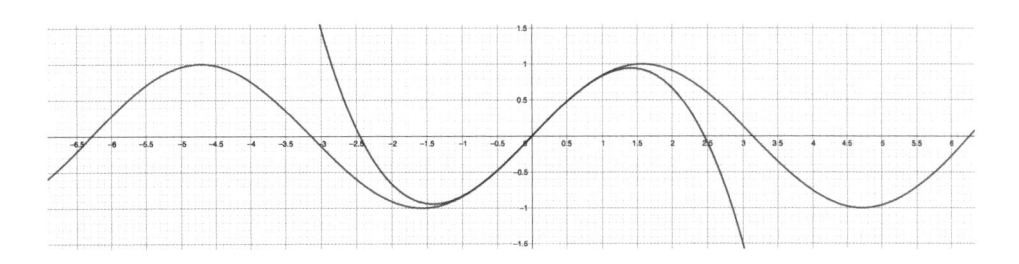

當 x 逼近 0 時，近似效果蠻好的，但還可以更好。現在來看 y = 0.00833x⁵ - 0.1666x³ + x：

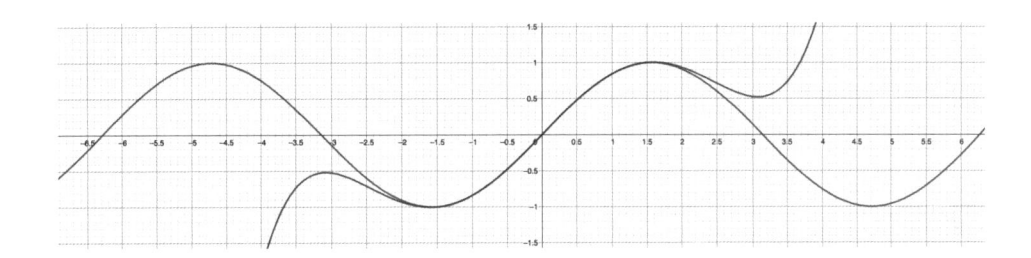

哈！我們從原始人進步到已知用火了！但我們來更進一步，看以下多項式：

y = -0.0001984x⁷ + 0.00833x⁵ - 0.1666x³ + x

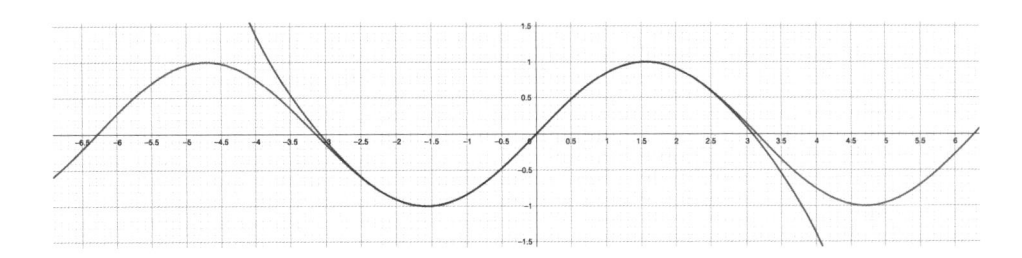

哇塞！現在我們在 -π/2 到 π/2，這個區間已經非常、非常接近了。事實上，該多項式在 -π/2 的值是 -1.00007（而 sin 曲線是 -1），已經精確到小數位下四位。

當然，我是用下面這個簡單的泰勒級數（Taylor expansion）來求出這些有趣的係數：

$\sin(x) = x - x^3/3! + x^5/5! - x^7/7!...$

好，既然我們已經把 sin 函數拉出超越疆域，我們要怎麼計算這堆難搞的多項式，而不至於弄到自己恍神和發瘋？我是說，姑且假設我們想替 0 到 $\pi/2$ 之間的每個弧度建立 sin 值對照表，這個範圍有 324,000 個弧度，每個弧度的值為 0.000004848136811 弳（圓周弳為 2π）。你真的想拿這種數字算出它的三次方、五次方和七次方，分別除以 6（3! 或 3 階乘）、120（5 階乘）和 5,040（7 階乘），彼此加來減去——而且重複三十二萬四千次嘛？

幸好，這件事還有一種更棒的辦法：有限差分法（finite difference）。

有限差分法

現在想像有個簡單的多項式，比如 $f(x) = x^2 + 3x - 2$。我們來衡量 x 值從 1 到 5 的結果。

x	x^2+3x-2
1	2
2	8
3	16
4	26
5	38

再來看這些值的一階差（first difference, d1）：

x	x²+3x-2	d1
1	2	
2	8	6
3	16	8
4	26	10
5	38	12

然後是二階差（d2）：

x	x²+3x-2	d1	d2
1	2		
2	8	6	
3	16	8	2
4	26	10	2
5	38	12	2

啊哈！二階差維持在 2。其實，對於任何最高為 n 次方的多項式，其 n 階差一定會保持相同。

好，所以若 x = 6 時，我們的函數會得到多少？先別急著用多項式去算，注意到 f(6) 的一階差會是 14，因為我們只要把二階差加到前一個一階差（2 + 12）。這下我們把新的一階差加到 f(5) 的函數值（14 + 38），就會得到正確答案 52。只要做兩次加法！

這可以繼續下去：f(7) = 68，因為 2 + 14 = 16，然後 16 + 52 = 68；f(8) = 86，因為 2 + 16 = 18，而 18 + 68 = 86。如果我們想要列出 f 函數的所有值，只要連加兩個數字就能產生數字表的下一列。不用乘法或減法，就兩個簡單的加法！

這招對計算 sin 值有用嗎？假設我們想以 0.005 的間隔產生 0 到大約 $\pi/2$ 的 sin 值，並使用七次方的泰勒級數多項式。我們只需要算出前八個值，然後應該就能靠第七階差算出剩下的表。所以我們來計算 x = 0.005 的多項式結果：

$$0.005 - 0.005^3/3! + 0.005^5/5! - 0.005^7/7!$$

為了避免讓分數的小數點無限延長和有損精確度，我們盡量把分數保留到最後一刻：

$$0.005 - 0.000000125/6 + 3.125E^{12}/120 - 7.8125E^{17}/5040$$
$$\downarrow$$
$$5/1000 - 125/6000000000 + 3125/1200000000000000000 - 78125/5040000000000000000000000$$
$$\downarrow$$
$$1/200 - 1/48000000 + 1/384000000000 - 1/645120000000000000000$$
$$\downarrow$$
$$322558656001679999/645120000000000000000$$

最後一個分數表示成小數（精確到 12 位內）就是 sin(0.005) 的值：

0.004999979166692708

但我們現在注意到一個重點：這些分母很大，導致最後一個分母有很多位數（18 位）。這表示我們都得努力算到最後一刻，才不會讓分數喪失精準度。

Chapter 2　巴貝奇：第一位電腦工程師

從很大的分母算一堆小數，感覺沒有比直接算泰勒級數簡單到哪去。所以我們來嘗試另一招，把這堆分數乘以 10^{30}，把這堆分母簡化成單純得多的東西。第一個值會變成：

3149986875016406240234375000000/63

如果讓以上數字相除和忽略小數位，就得到整數 49999791666927083178323 41269，和前面的 sin(0.005) 乘上 10^{30} 非常接近。因此只要如此簡化分母，我們就可以在沒有損失太多精準度的前提下忽略小數位。

我們來用這種技巧算出接下來八個 sin 值（總共九個值，因為我們需要算出兩個七階差來證明它會維持穩定）：

3149986875016406240234375000000/63
6299895000524998750000000000000/63
9449645628986673925781250000000/63
12599160016799840000000000000000/63
15748359426268768310546875000000/63
18897165127572266250000000000000/63
22045498400731801337890625000000/63
25193280537579520000000000000000/63
28340432843725947568359375000000/63

然後算出八個一階差：

3149908125085925097656250000000/63
3149750628461698642578125000000/63
3149514387813142607421875000000/63
3149199409468928310546875000000/63
3148805701303497939453125000000/63
3148333273159535087890625000000/63
3147782136847718662109375000000/63
3147152306146427568359375000000/63

我輩程式人
回顧從 Ada 到 AI 這條程式路，程式人如何改變世界的歷史與未來展望

再來算出二、三、四、五、六、七階差，七階差則會一如預期維持常數：

二階差
-1574970468938671875000000/63
-2362406485560351562500000/63
-3149783442142968750000000/63
-3937081654303710937500000/63
-4724281439628515625000000/63
-5511363118164257812500000/63
-6298307012910937500000000/63

三階差
-787436016621679687500000/63
-787369565826171875000000/63
-787298212160742187500000/63
-787199785324804687500000/63
-787081678535742187500000/63
-786943894746679687500000/63

四階差
59060039062500000000000/63
78744421875000000000000/63
98426835937500000000000/63
118106789062500000000000/63
137783789062500000000000/63

五階差
19684382812500000000000/63
19682414062500000000000/63
19679953125000000000000/63
1967700000000000000000/6

六階差
-19687500000000000000/63
-24609375000000000000/63
-29531250000000000000/63

022

七階差
-4921875000000000/63
-4921875000000000/63

所以第一個值和前七個階差為：

3149986875016406240234375000000/63
3149908125508592509765625000000/63
-1574970468938671875000000000/63
-787436016621679687500000000/63
5906003906250000000000/63
1968438281250000000000/63
-19687500000000000/63
-4921875000000000/63

和之前一樣，既然分子這麼大、分母很小，我們應該可以忽略分數的小數位，只考慮整數部分，因為那麼低的循環小數位在做加法時不太可能造成影響。因此以上各階差可以轉成以下整數：

4999979166692708317832341270
4999854167473956364707341270
-24999531252994791666667
-12498984390820312500000
93746093750000000000
3124505208333333333
-312500000000
-78125000000

然後我們唯一要做的就是把這些整數相加，一行行填完數學表。這使得我們得以產生出一個漂亮的表，呈現 sin 值乘以 10^{30} 的結果。

0.005　4999979166692708317832341270
0.01 　9999458361508950489831349206
0.015　14998437621944664015997023807

```
0.02    1999679200503515944320436507l
0.025   2499439658963306502666170632 8
0.03    2999112647965666006324404757 3
0.035   3498685680708430197482638879 9
0.04    3998146273513783776661706333 0
0.045   4497481946138914048549107115 4
0.05    4996680222087828630332341225 6
0.055   5495728628923063785032241995 1
0.06    5994614698577275567336309421 7
```

這基本上便是自動計算機發明之前製作數學表的方式。當時負責產生這類表的數學大師會研究出最能趨近超越函數的多項式，再委託給五六個技巧純熟的數學家，後者會把這個函數切割成較小的範圍、算出各自範圍的階差表。最後這群人把階差表交給好幾十位有能力做簡單加減法的個人——稱為「計算員」（computers）[5]——透過無盡的加法將完整範圍的表格生出來。這群人得算出成千上萬行，針對數不完的空格做成千上萬個加法。這差事報酬低、極度乏味，而且全部只能靠紙筆[6]。

通常「計算員」會分成兩組，各自做一樣的任務。如果兩組人都拿出完美表現，那麼兩個結果就會相符。這便是巴貝奇和赫雪爾在 1821 年夏天那個影響深遠的日子所要檢查的結果。

---

[5] 在 1800 年代初，這些計算員很多是失業理髮師，因為他們的顧客搞丟了腦袋。（【譯者註】作者或許是拿法國大革命後很多人被砍頭的事開玩笑。其實，當時理髮師失業的主因是貴族式的假髮風潮在大革命後被拋棄。法國數學家 Gaspard de Prony 在 1791 年替法國政府組織了一個約 60 至 80 人的計算團隊，大多由前理髮師組成，計算 sin、tan 等函數從 1 至 20 萬的對數，用於精確丈量法國土地。）

[6] 美國第一間鉛筆工廠開設於 1861 年。鉛筆當然在這之前就發明，但直到大規模生產後才使它成為常見家居用品。

巴貝奇的夢想

現在各位對於巴貝奇衝口而出、想靠蒸氣做計算的那句話，應該可以理解其意了。要是「計算員」能夠換成可靠的機器，那麼他和赫雪爾就再也不必交叉檢查「計算員」的結果。

但不僅如此，巴貝奇預見到未來的可能性：計算機器的運用將會對科學發展至關重要。

1822 年，在他那句「怒氣騰騰」的抱怨後，他頗有先見之明地寫下：

> 「我雖不敢貿然預測，但我認為將來某個時候，數學方程式算術應用所大量累積的勞動力──一種持續的拖延力量──最終將阻礙科學的有益發展，除非這個東西（註：巴貝奇自己的差分機構想）或某種類似的計算方式被設計出來緩解數學細節的壓倒性障礙。」

對於巴貝奇很不幸的是，這個未來要等到超過一個世紀之後。但它總歸來了，我們也會在之後的章節看到，這個未來將會勢不可擋。

差分機

巴貝奇原始構想的機器是一台龐大的加法機──外加一點「轉變」。它的設計有六個暫存器，每個能記錄二十個小數位，代表六個階差，這表示它能計算最高六次方的多項式。機器每一次運算週期（手柄轉一圈）會讓第六個暫存器把其數字加在第五個暫存器，第五個再加到第四個，如此下去。就只是不斷做加法而已。它會有兩萬五千個獨立零件，而且應該會高八呎、長七呎、寬三呎、重約四噸。

為什麼加法會這麼困難？為什麼它需要工業等級的機器才能實現？

這個問題有兩面。首先。機器本身必須夠精確；任何可移動的零件只有在必要時才應該移動，其他時候則不該動，不能讓震動、摩擦力或任何連動效應讓零件意外移動。因此，巴貝奇加上了許多機制來鎖死與釋放零件，好在機器用手轉動的上千個週期裡能保持計算完整性。

第二個問題是小學生就會學到的「進位」。當一個數字的 9 變成 0 時，我們會對左邊那位數加 1。當時的傳統機械計算裝置會用一個轉盤表示一個位數，而每個轉盤有一個連動桿，好在前一個轉盤從 9 轉到 0 時帶動下一個轉盤。這導致轉動轉盤所需的力量取決於它會連續帶動多少轉盤。想要從 1 加到 999999999999 可是需要很大的力氣；高力量負載容易引發誤差和磨損，而且既然機器得用手轉，可憐的操作員的手臂就會承受變化很大的施力負擔。

於是巴貝奇想出一個非常巧妙的機構來記憶進位，然後在轉動週期的不同階段一個個加回去。這種「記憶」是透過跟每個轉盤搭配的小槓桿來實現，這些槓桿能記錄兩種狀態：有進位或無進位。一組推桿會經過這些槓桿，看它們是否處於有進位狀態。如果有，推桿會推動槓桿和對轉盤加 1，並令槓桿回復到無進位狀態。這些推桿以螺旋階梯狀排列，這樣每個進位都會在前一個進位完成後才發生。真是太聰明了。

巴貝奇是個程式設計師。他寫的程式是用槓桿、轉盤、齒輪和旋轉手柄組成，但仍然是個程式設計師無誤。他的機器會執行一個美妙的連續加法小程序。若我們用今日的程式語言來寫，可能會像這樣：

```
(defn crank [xs]
    (let [dxs (concat (rest xs) [0])] (map + xs dxs)))
```

沒錯，兩行程式碼，大約 74 個字元，就能取代四噸重的兩萬五千個機械零件。但這樣也許不公平；我是在一台 MacBook Pro 上跑這段程式，這台筆電只重一兩磅，卻比巴貝奇可憐的差分機先進太多了。

附帶一提，你或許有注意到前面的 sin 範例的某些階差是負值，但巴貝奇的機器只能記錄正值。他要怎麼應付那種計算呢？

我不知道巴貝奇實際是怎麼做的，但我能用 9 補數來做到。如果你只能記錄 20 位數，然後忽略第 20 位的進位，那麼你其實可以用「9 減」的方式來在這些位數內表示負值。

舉個例，在這二十位數裡，1 的 10 補數是 99999999999999999999。把這兩個值相加和忽略最後的進位，你就得到 0。所以 1 的 10 補數效果上就等於 -1。標準做法是用 9 去減每個位數，讓對應位數變成 9 補數。等你處理完全部的位數後，再對最低位加 1，使之變成 10 補數。

以數字 31415926535887932384 為例，我們產生 9 補數的方式是用 9 去減它的每一位，變成 68584073464112067615。我們再給它加 1 變成 10 補數，即為 68584073464112067616。若把它跟原始數字相加和忽略最高進位，你就會得到 0。因此，9 補數和 10 補數是用正數表示負數的有效辦法，並能把減法變成加法。

機械標記法

巴貝奇身為程式設計師的另一個證據是，他面臨的問題規模之大，是其他機械工程師從未面對過的：動力學。他機器裡的零件會以複雜的方式和間隔移動，也會以同樣複雜的方式離合。這種規模的機械複雜度是全新的，需要用某種方式來表示。

於是巴貝奇替他機器裡的動力學建立了一種符號式標記法，包括時間表、邏輯流程表以及各種符號慣例，來代表會移動、不移動跟其他必要的狀態，好描述他的意圖。巴貝奇把這種表示法視為互動零件的「通用抽象語言」（universal abstract language），也深信它能套用在任何形式的互動上，不管是不是機械裝置。

他如此描述這種標記法[7]：

「要將一部複雜機器所有同時跟連續的動作記在腦中很困難，而要替已經存在的動作衡量正確時間則更加困難。這使我尋求一種方式，使我看一眼任何特定的零件，就能知道它在任何時間的狀態、動作或休止，和機器其他任何零件的動作有何關聯，而且必要時能透過一連串的狀態追溯其動作回到其動力來源。」

許多人說，巴貝奇未能意識到他的機器處理的數字也可以當成其他標記法的符號。但我們在此看到巴貝奇相當自然地發明了一整套新的動力學符號標記法，這其實表示他對符號控制並不陌生。

派對把戲

另一個證明巴貝奇是程式設計師的跡象是，他能設定他的差分機原型，好對他的宴會客人玩把戲。

對於這些惡作劇，我們來舉一個假想的例子。假設一群倫敦富商名流聚在他的客廳裡，圍在那台小小的原型機旁邊，他會給他們看最高位暫存器上的數字是0，然後轉動手柄，使0增加到2。他會問客人，他再轉手柄會讓數字變成多少，而猜測4的人會很驚喜他們猜對了。他繼續問下去，大家也會接著猜6、8、10。但在大家開始感到無聊之前，下一個數字居然變成了42。

---

[7] Swade, p. 119.

你只要理解差分機的運作原理，就知道設計這種把戲就不難：畢竟，數列 0、2、4、6、8、10、42 之間存在一系列階差，只要往上加就能產生這種數列。但巴貝奇接著會告訴他的客人，機器會遵照只有他自己曉得的秘密法則運作，又說產生 42 的「奇蹟」就相當於摩西分開紅海或耶穌治好病人。因為你瞧，上帝本人就是一位程式設計師，用只有他自己知曉的秘密法則打造了世界[8]。

差分機之死

1823 年，身為皇家天文學會跟倫敦皇家學會聲譽良好的會員、又在國會裡有支持者的巴貝奇，設法弄到一筆政府贊助的傭金來打造他的機器。

這個贊助決策頗有爭議，有些人認為他的裝置會有用，有人則認為其好處不值得花這麼多錢，因為失業理髮師也會做加法，雇用成本又沒有那麼貴。但巴貝奇是個熱切的鼓吹者和魅力十足的演講者，經常拿差分機的好處和其神奇威力來娛樂他人。他甚至自稱連他也不完全懂這些威力。他光靠熱情和演說的抑揚頓挫，就能讓聽眾如癡如醉。

而且當然，一想到只要對機器施力、機器就能做出以往屬於思考領域的事，的確是很神奇。當時就和現在一樣，一台會思考的機器對所有人來說都是奇觀。巴貝奇憑著這些努力，加上他朋友跟支持者力挺，順利取得了贊助的承諾。資金一開始是 1,500 英鎊，然後隨著時間提高到 17,000 英鎊。巴貝奇也自掏腰包投入了一筆不小的錢。

計畫一開始很順利，有原型機製作出來。他接下來十年生產了許多零件，並讓機器做小型展示。但裝置規模太大，巴貝奇很容易分心，合作時又太難搞。他

---

[8] Swade, p. 79.（【譯者註】這也呼應國外有句諺語「God works in mysterious ways」。）

敏感又高傲，任何怠慢跟侮辱都會記仇一輩子，也惹火了一些大人物。十年下來，這些延誤、與承包商的糾紛、工作停頓和成本嚴重超支終於斬斷了他的經費。起先挺他的朋友和支持者，都對他到頭來的失敗感到氣餒和丟臉。花了這麼大一筆公眾的錢，卻什麼展示也拿不出來。這些人大概再也不會站在他這邊了。

所以巴貝奇的差分機從來沒有做成（但後面會提到後人將它實現了）。喔，其中一部分當然有問世；他用來娛樂賓客的機器，就是拿本來要用於全尺寸機器的零件做成的。但最後在皇家天文學家喬治・比德爾・艾里的建議下，政府拒絕繼續提供資助。首相辦公室的信寫道[9]：

> 「巴貝奇先生的計畫顯然毫無節制地昂貴，最終成果有太多變數，花費也太過龐大又全然無法計算，政府已無正當理由承擔進一步的義務。」

於是十年下來花費 17,000 英鎊後，這個計畫被放棄了。

以我個人的淺見，雖然巴貝奇很可能會否認以下的觀點，我認為他最終失敗是因為他的注意力經常被拉到更有野心的構想上。對巴貝奇而言，替點子收尾根本比不上想出新點子那麼有趣。

科技論點

有人說差分機之所以無法完成，是因為十九世紀初的金屬加工技術無法給零件做出需要的精準度。但沒有證據能支持這種論點；保存下來的零件其實都非常精準，也有原型機仍然能維持運作。

---

[9] Swade, p. 176.

要是巴貝奇有意願、專注力和資源完成這台機器，你完全可以相信它能照設計的方式運作。不過我們將看到，讓機器能實際運作，跟單純打造機器是兩碼子事。

分析機

「……然吾可於躍動的線路中操控未來或然性無限之增量流，得見終有一日一部偉大電腦將現身，吾將不配計算其運作參數，但設計它卻將是吾之宿命。」

——深思，《銀河便車指南》
(*The Hitchhiker's Guide to the Galaxy*)

究竟是什麼讓巴貝奇分了心，遲遲無法完成差分機呢？

想像有一台機器跟火車頭一樣大，上面的暫存器不是六條、每條二十位數，而是有一千條、每條五十位數。它有一個機械式匯流排，能把這些暫存器的值轉到「磨坊」（the mill）的兩條輸入器。「磨坊」可在單精確度（50 位）或雙精確度（100 位）下對這些數字做加減乘除，然後匯流排會把結果存回有一千個數字的儲存庫中。

想像這台機器是靠一連串指令驅動，指令寫在像鏈條一樣串起來的打孔卡上，就像雅卡爾織布機用的那種（下圖）。這些指令會要匯流排從儲存庫中特定某條暫存器取出數字，透過匯流排寫入「磨坊」的輸入器。指令可以要「磨坊」對匯流排傳來的數字做運算，然後要匯流排把數字存回儲存庫。指令能對儲存庫存入常數，把數字印在印表機上或畫成曲線圖，或是單純敲響一個鈴。更重要的是，要是最後一個「磨坊」的運算結果溢位，那麼卡片還可以指示讀取機往前或往後跳 N 張卡。

這就是現代電腦的架構，只有兩個地方除外：程式是存在卡片而不是那一千條暫存器上，此外機器完全是機械式的，靠著——你猜對了——蒸氣驅動。

巴貝奇花費了極大的力氣改良「磨坊」的效率，讓它能超越差分機。最後他估計五十位數字可以在一秒內完成加減。他也把「磨坊」設計成使用移位相加法（shift-and-add）來做乘除，於是就算是處理雙精確度數字，乘除也能在一分鐘內做完[10]。

想像這台蒸氣龐克式的怪獸動起來，內部器官嘎嘰、鏗鏘、隆隆作響，靠著讀卡機噠噠刮過的卡片驅動。想像你看著數字從儲存庫取出、穿過匯流排到「磨坊」再回來。你能親眼看到數字移動！想像「磨坊」裡的齒輪移位和相加、移

---

[10] Swade, p. 111.

位和相加，以刺耳的銼磨聲吐出乘積，或鏗鏘作響著丟回商數和餘數。想像你看著程式跑啊跑個不停，機器在儲存庫跟「磨坊」之間挪動數字，偶爾印出一個值、移動繪圖機上的筆，或是敲響一個鈴。

你怎麼有辦法轉開視線？

巴貝奇沒辦法。他在腦中見到這台機器的運作，理解到它意味著什麼。他說：「整個算數過程現在看似已可由機械實現」[11]。他推論，機器甚至可以被設定來下西洋棋[12]。他在1832年於《哲學家的一生》（The Life of a Philosopher）寫道：「所有講究技巧的遊戲都有可能被自動機器取代。」

當然，這台分析機從未建造出來。巴貝奇做過小型的「磨坊」原型機，也打造過各種他想要證明可行性的機械，但深知自己永遠沒辦法找到近乎無限的所需資金、時間和精力來打造這台巨獸。

到頭來，他這些修修補補和改良促使他回頭檢視差分機的缺點，並設計了差分機二號，零件只有原始機的三分之一、速度變三倍、儲存容量更多上一倍。摩爾[13]的精神早在那時就站穩了。當然，巴貝奇也從未做出差分機二號，但倫敦科學博物館的人們在二十世紀末選擇實現的也正是這台機器[14]。

---

[11] Swade, p. 91.

[12] Swade, p. 179.

[13] 高登・摩爾（Gordon Moore），摩爾定律的發明人，預測積體電路密度每年都會加倍。

[14] Swade, p. 221.ff.

符號

我們得再次反駁常見的說法,也就是巴貝奇沒有意識到他的機器可以處理符號(symbol)。首先,他想到分析機可以設定來下西洋棋,這就顯示他能把棋盤、棋子和棋步想像成符號。

巴貝奇也想到他的機器若有適當的程式,說不定能拿來處理符號代數。他自己這麼說[15]:

> 「今天我頭一次有個籠統但非常模糊的構想,讓一台機器能夠推導代數。我的意思是機器無須參照符號所代表的值。」

巴貝奇確實是個程式設計師;他理解符號跟數字之間的關聯,而且任何機器若能處理數字,那麼也同樣能處理符號。

愛達:勒芙蕾絲伯爵夫人

倘若於邪惡之日倒於邪惡之言下,密爾頓被迫求助復仇之神「時間」......[16]

或許喬治·戈登·拜倫(George Gordon Byron)誕生的那天就是個邪惡之日。他是天賦異稟和多產的作家兼詩人,在英國數一數二。他寫下《唐璜》(*Don Juan*)和《希伯來語旋律》(*Hebrew Melodies*)等傑作,而且在十歲時繼承羅奇代爾(Rochdale)的勛爵頭銜,變成拜倫勛爵。

---

[15] Swade, p. 169.

[16] 【譯者註】出自拜倫《唐璜》的獻詞,讚美《失樂園》作者約翰·密爾頓(John Milton)即使屈服於惡勢力也原則始終如一。這篇獻詞可能因為攻擊太多同時代詩人與公眾人物,在他生前被壓下來沒有出版。

Chapter 2　巴貝奇：第一位電腦工程師

拜倫不是受歡迎的人——他是壞脾氣的好色之徒，到處留下私生子，跟包括瑪麗·雪萊（Mary Shelley）的繼姊[17]和自己的同父異母姊姊奧古斯塔·瑪麗亞·李（Augusta Maria Leigh）都有染。

為了緩解他累積的債務壓力，他開始尋覓合適結婚人選。他的眾多目標中有一位安娜貝拉·謬班奇（Annabella Milbanke）[18]，有可能成為其富裕舅舅的女繼承人。她一開始雖然拒絕，後來同意在1815年一月嫁給拜倫勳爵。拜倫唯一的合法孩子來自她，這孩子——奧古斯塔·愛達·拜倫（Augusta Ada Byron）——於同年十二月出生。拜倫對女兒的誕生大感不悅；他本來期待的是個「美麗的兒子」。他用情人兼同父異母姊姊的名字給女兒取名，不知道是出於侮辱還是致敬，但拜倫總是喊她愛達。

拜倫的一位傳記家[19]把這段和安娜貝拉的婚姻形容成歷史上最惡名昭彰的悲慘故事[20]。拜倫舉止殘暴，繼續跟同父異母姊姊、還有許多其他女性上床，當中包括不少知名女演員。拜倫也有四次試圖硬上安娜貝拉，所以安娜貝拉要僕人把她的房門上鎖。拜倫繼續酒後施暴，最後甚至嘗試把安娜貝拉逐出家門。安娜貝拉認為他已經瘋了，就毅然帶著五個星期大的愛達離家。

這是天大的公開醜聞，倫敦社會鬧得沸沸揚揚。拜倫在四月逃到歐洲大陸，再也沒有回國，自然也沒有再見過女兒愛達。但大眾對愛達的反應跟對她父親的

---

[17]　瑪麗·雪萊在1816年夏天造訪拜倫在瑞士日內瓦湖附近的家。那年稱為「無夏之年」，全球因前一年印尼坦博拉火山爆發而陷入災難性的火山冬天。在那些雨下不停的日子跟夜晚，他們和一群菁英朋友坐在營火邊讀鬼故事，拜倫也挑戰他們每個人各寫一篇出來。這件事啟發了雪萊寫下《科學怪人》。

[18]　本名安娜·伊莎貝拉·謬班奇（Anne Isabella Milbanke）；安娜貝拉是她的小名。

[19]　Benita Eisler：《拜倫：激情之子，名聲弄臣》（*Byron: Child of Passion, Fool of Fame*）。

[20]　Swade, p. 156.

冷漠全然相反——人們愛死她了。她立刻成為名人，而她跟出名的放蕩父親的關聯也總是成為目光焦點。

安娜貝拉學習過數學，用她受的訓練把愛達的興趣從父親和他的失心瘋轉開。愛達很有天賦，也愛上數學，說不定程度更勝母親；但她仍一直對父親抱持興趣，最後還將自己的孩子以父親的名字命名，並要求讓自己葬在父親的墓旁。

愛達對父親的記憶的執迷，或許也被安娜貝拉經常不在身邊、顯然也缺乏情感的表現進一步放大。安娜貝拉提到愛達時，有時會用「它」這個代名詞，而且經常把愛達丟給外婆[21]照顧，後者寵愛她和幾乎是獨力養大她。

愛達從小體弱多病，會頭痛和視線模糊。她青少女時感染麻疹而癱瘓，臥床了大半年。但她繼續學習數學，可能還學得太好了——她十七歲時逃家，試圖跟其中一位家教[22]私奔。不過，她的另一名老師瑪麗・薩默維爾（Mary Somerville）把她介紹給當時許多重要的數學家與科學界人士，當中就包括查爾斯・巴貝奇。

這使得愛達在巴貝奇眾多晚宴的其中一場裡看到差分機的原型，對其運作方式很感興趣。她於是經常拜訪巴貝奇，好見識和討論他的機器，以及他的偉大計畫。巴貝奇告訴她分析機能實現的更崇高目的，這當中的複雜性與可能性則令她心醉不已。

她迷住了；她成了程式設計師。

---

[21] The Hon. Judith Lamb Noel.

[22] William Turner。愛達宣稱這段關係沒有走到上床那步。

愛達十九歲時嫁給威廉・金（William King），第八任奧坎（Ockham）男爵和第一任勒芙蕾絲（Lovelace）伯爵，使她成為勒芙蕾絲伯爵夫人。儘管疾病纏身、又有傳宗接代和家務事的重擔，她仍然繼續研究數學和巴貝奇的構想。她請巴貝奇推薦一位老師，後者安排了奧古斯塔斯・笛摩根（Augustus De Morgan）[23]出任。

不久後，巴貝奇收到數學家喬瓦尼・普拉納（Giovanni Plana）的邀請，讓他在義大利杜林的義大利數學家大會展示他的分析機概念。巴貝奇欣喜如狂同意了。這會是他第一次和最後一次對公眾介紹這個偉大點子。

演講頗受好評，普拉納也保證針對會議出版一份報告。結果巴貝奇一等就是將近兩年。這延誤可能是出於普拉納的個人生活困難，也有可能是他就是沒有表面上那麼感興趣。所以最後普拉納把這工作委託給三十一歲的工程師路易吉・梅納布雷（Luigi Menabrea），這人也有出席那場會議。這份用法文寫的報告最終於1842年出版在一份瑞士期刊上。

愛達和巴貝奇的共同朋友查爾斯・惠斯登[24]讀了報告，提議說他和愛達應該合作把它翻譯成英文和出版在《科學回憶錄》（Scientific Memoirs）[25]。愛達同意了。在惠斯登的密切監督下，愛達運用自己熟練的法文和對分析機的深刻了解，完成翻譯並當作驚喜送給巴貝奇——以朋友的身分替他付出的努力。

巴貝奇很高興，但對愛達說她有十足的能力對這個主題寫原創論文，然後又建議她運用這些能力對翻譯加上一些附註。對於這種發展感到振奮的兩人，於是

---

[23] 對，就是那位笛摩根，笛摩根定律（De Morgan's laws）的提出者。你知道的：非 (A 且 B) = (非 A 且非 B)。

[24] 沒錯，就是那位惠斯登；惠斯登電橋（Wheatstone bridge）的發明者。

[25] 專門刊登外國科學論文的期刊。

展開了狂熱的合作關係，牽涉到相互拜訪、信件往來以及互捎訊息。愛達確實「工作時帶有瘋狂的精力，這種特質也轉變成嚴苛、霸道、愛賣弄風情和暴躁」[26]。她越投入工作，興致就越高昂。

但事情在這裡出現了奇怪的轉折。愛達——勒芙蕾絲伯爵夫人——自己有種精神不太正常的特質。她有次在給母親的信中，對於自己寫下狂熱到詭異的描述，包括以下摘錄片段[27]：

> 「我認為我身懷最奇特的特質組合，組合得剛好能讓我在很大程度上成為自然界隱藏現實的發現者。」
>
> 「……拜我的神經系統的某些特點之賜，我能察覺某些事物，但沒有別人做得到……」
>
> 「……我龐大無邊的推理能力……」
>
> 「……我不僅有種能力能把我的整個精力和存在投入我想要之處，亦能承擔任何主題或思想，就像個由各式各樣看似無關的來源構成的龐大器具。我能從宇宙的任何角落投出射線，射入一片龐大的焦點……」

在這封信中，她最後說她寫的附註雖然看似瘋狂，卻其實是「我相信我這輩子寫過最有邏輯、腦袋最清醒、最冷靜的作品；這乃是最為準確、實事求是的深思和研究。」

看到這裡，不妨來看愛達在發狂地寫作附註時，寫給巴貝奇的信件的一些摘錄。她有時會在這些信屬名你的仙女夫人（*Lady Fairy*）敬上：

---

[26] Swade, p. 161.

[27] Swade, p. 158.

> 「我研究得越多,我的天才就對這件事變得更加貪得無厭。」
>
> 「我不相信我父親身為(或倘若曾真的身為)詩人的程度,能堪比我身為分析師(以及形上學者)的程度。」

最後她總共寫了七段附註,標題 A 至 G,加起來是原始文章的三倍長。這些傑作在 1843 年出版,而且確實熱情洋溢。比如她在附註 A 寫道:

> 「分析機並不屬於概念上普通的『計算機器』。它全然自成一格,而它暗示的動機在本質上極為有趣。它允許機械與通用符號結合。」

基於這句話,以及附註中其他地方提到分析機能使用符號而不是只有純數字,愛達因而經常被稱為是「史上第一位程式設計師」(The First Programmer)。

真的是史上第一位程式設計師?

如果你讀過愛達・勒芙蕾絲的那些附註,就會發現她是個程式設計師無誤。她了解機器,也確實為機器所傾倒。她能設想機器的運作方式和執行流程。要是她能親手碰到機器,很可能會徹底摸透它。想像一下,你知道——深知——那台機器能做什麼,但又曉得你永遠看不到它運作——這輩子都無緣——是多麼令人挫折的喜樂參半感受。偉大的夢想參雜著絕望的期望。

但能力卓越的勒芙蕾絲伯爵夫人愛達並不是第一位程式設計師。巴貝奇顯然啟發得比她更早,也同樣看出了機器能表示符號的本質。沒有什麼重大見解能證明巴貝奇並未看出這點、但是愛達有。

是沒錯,那些附註極為出色,她也正式描述了分析機能執行的程式[28]。她雖然有對其中一支程式做除錯,那些程式不是她寫的——作者是巴貝奇。不僅如此,她也明顯不是這些附註的唯一作者。她和巴貝奇的合作是如此密切,不可能全都由她獨力完成。

但由於這段合作,我們或許可換個方式宣稱。愛達——勒芙蕾絲伯爵夫人——或許不是史上第一位程式設計師,但愛達和巴貝奇幾乎肯定是史上**第一雙結對**(pair)程式設計師。

好人不長命

僅僅九年後,在承受了漫長的身心煎熬下,愛達年僅三十六歲便因子宮頸癌過世。她依遺願被葬在拋棄她的父親身邊。

好壞參半的結尾

到頭來,巴貝奇與勒芙蕾絲的努力結果好壞參半。他們有生之年毫無斬獲;愛達再也沒有出版過作品,巴貝奇則未更進一步推廣他的點子。這個偉大夢想頹靡了一個世紀。

我們會很想主張,這對閃耀的結對程式設計師是點燃資訊時代的火花——超過一個世紀後出現的先驅是受到這兩人的作品與理想啟發。但很可惜,事實並非如此。這些稍後到來的先驅就算有提到這兩人,也是事後諸葛,不然就是跨過時間的鴻溝向所見略同的英雄致敬。

---

[28] 【譯者註】愛達的附註 G 是一段針對分析機設計的遞迴式白努利數計算指令,被認為是第一個公開發表的電腦演算法。

巴貝奇自己則在 1851 年捎了一份訊息給後世來回應這些致敬。這訊息隱約透露了他知道自己的宏大點子被同儕忽視，因此深感難過和失望：

> 「當一個人曉得，將來必有一個年代能修補當今的不公不義，也知道他的知識離構想之日越遙遠，他超越同世代人士成就的距離就越大，憑這點便能支撐他挺過無知之人的嘲笑，或是競爭對手的忌妒。」

如我們將在後續章節會看到的，後代先驅對巴貝奇和勒芙蕾絲甚為崇敬。我們甚至能在霍華德・艾肯（Howard Aiken）和葛麗絲・霍普身上看到類似他們的合作關係重演，這兩人分別打造和設定了巴貝奇分析機的電磁機械版——哈佛馬克一號（Harvard Mark I）。但要說這些先驅受到巴貝奇和勒芙蕾絲的重大影響或引導，那就太過牽強了。

巴貝奇不是有始有終的人。他給差分機、差分機二號和分析機起了頭，拿零件東拼西湊，甚至組裝出一部分，但從未完成任何機器。同時代人士抱怨他會熱情地給他們看一個點子，然後換上一個又一個更棒的點子，並拿它們當藉口，說這就是為何之前的點子無法完成。

要是巴貝奇真的完成第一個差分機計畫，誰知道會發生什麼事？我們知道它一定能用。它的成功是否會帶出其他更大規模的機器？他到頭來是否真能看到分析機以某種形式實現？

差分機二號的實現

如果巴貝奇真的做出第一台差分機，他一定會發現他忘了設計機器組裝時的除錯和測試辦法。

1980 年代末到 1990 年代初，倫敦科學博物館的人們打造了一台可運作的差分機二號，一台以黃銅和鋼構成的閃亮金屬框架[29]。當你旋轉手柄時，弱不禁風的「紡錘」會歡樂地轉圈圈將它們的分數加總。看起來真是非常神奇。但根據打造者的說法，這台機器做起來可是令人挫折萬分。

機器組裝完成後，手柄轉個一兩度就直接卡住。每個零件都得配合機器的運作時機完美對齊，巴貝奇也沒針對這點留下容錯空間。我們不知道他為何沒有料到這種問題。他們花了十一個月緩慢地除錯、對齊和修理機器，有時只是把手柄稍微轉一下，然後把螺絲起子或鉗子伸進機器戳一戳，看哪邊過度咬合或咬合不足。有時他們得故意弄壞零件，看阻力的來源在哪。有時他們甚至得微調機器的設計。

倫敦科學博物館的計算機策展人多倫・斯瓦德（Doron Swade），也是整個差分機計畫的主持人，如此形容巴貝奇的設計：

> 「巴貝奇沒有提供除錯方式。沒有簡單的辦法能把差分機的一部分獨立出來，好把卡死機器的來源範圍縮小。整台機器就是『焊死的』單體單元；驅動桿和連結處會永久釘死或鉚接，一組裝好就難以拆解。」

但最後在對齊全部四千個零件、安裝所有的小幅度改良後，機器得以完美運作。網路上有些令人著迷不已的影片能示範機器的運作，我推薦各位上 YouTube 找找。（如「電腦歷史博物館的巴貝奇差分機二號」（The Babbage Difference Engine #2 at CHM），由電腦歷史博物館發表於 2016 年 2 月 17 日。）

---

29 【譯者註】這是 H. G. 威爾斯在《時光機器》中對時光機的描述。

結論

巴貝奇是發明家、實踐家、夢想家⋯⋯以及一位程式設計師。很不幸,他和我們許多人一樣犯了「至善者,善之敵」[30]的錯誤。他對自己的設計過度自信,幾乎沒有考慮到漸進主義(漸進地改進問題)。他會對一個點子深感興奮,快快樂樂想出八成內容,卻無法維持熱忱完成剩下的兩成,偏偏這兩成卻佔了實現點子的八成力氣。

愛迪生有句話說,發明是一分的天才加上九十九分的努力。巴貝奇對那百分之一非常在行,但一直撐不過那百分之九十九。他喜歡思考,甚至喜歡打造一點小玩意,喜歡談論它們和示範他做出的一點成果。但每當面臨真正需要下苦功付諸實現時,他反而只對「下一件大事」(the Next Big Thing)感興趣。

參考資料

- 道格拉斯・亞當斯(Adam, Douglas),1979:《銀河便車指南》(*The Hitchhiker's Guide to the Galaxy*)。Pan Books 出版。
- Beyer, Kurt W.,2009:《葛麗絲・霍普和資訊年代的發明》(*Grace Hopper and the Invention of the Information Age*)。MIT Press 出版。
- Eisler, Benita,1999:《拜倫:激情之子,名聲弄臣》(*Byron: Child of Passion, Fool of Fame*)。Knopf 出版。
- Jollymore, Amy,2013:「愛達・勒芙蕾絲,一股間接和互惠的影響力」(Ada Lovelace, an Indirect and Reciprocal Influence)。刊登於 O'Reilly Media, Inc.,2013 年 10 月 14 日。www.oreilly.com/content/ada-lovelace-an-indirect-and-reciprocal-influence。

---

[30]【譯者註】典出伏爾泰:如果什麼事情都等力求完美才開始,就永遠不會做了。

- Moseley, Maboth，1964：《暴躁天才：查爾斯‧巴貝奇的一生》（*Irascible Genius: The Life of Charles Babbage*）。Hutchinson 出版。

- Scoble, Robert：「查爾斯‧巴貝奇的差分機展示」（A Demo of Charles Babbage's Difference Engine）。2010 年 6 月 17 日發表於 YouTube。

- Swade, Doron，2000：《差分機》（*The Difference Engine*）。Penguin Books 出版。

- 聖安德魯斯大學，「早期計算機史｜Ursula Martin 教授（課堂 1）」（The early history of computing | Professor Ursula Martin (Lecture 1)」。2020 年 2 月 26 日發表於 YouTube。

- 維基百科：「查爾斯‧巴貝奇發明的分析機之草圖，L. F. 梅納布雷著，由勒芙蕾絲伯爵夫人愛達‧奧古斯塔翻譯及附註」（Sketch of the Analytical Engine Invented by Charles Babbage, L. F. Menabrea, translated and annotated by Ada Augusta, the Countess of Lovelace）。en.wikisource.org/wiki/Scientific_Memoirs/3/Sketch_of_the_Analytical_Engine_invented_by_Charles_Babbage,_Esq.。

- 其他重要來源，包含維基百科關於巴貝奇、差分機、分析機、愛達‧勒芙蕾絲、拜倫勛爵等的頁面。

第 3 章
希爾伯特、圖靈和馮紐曼：第一批電腦架構師

巴貝奇的分析機有個重點在於，指令（instructions）和資料（data）是分開存放的：資料儲存在巴貝奇用旋轉式計數器做的暫存器內，指令則以打孔的方式記在一連串木板卡上。

這種將指令和資料分離的做法，從哲學或務實角度來看都十分合理。指令是動詞，資料則是名詞。資料會在執行過程改變，但指令不會，所以兩者的本質跟用意天差地遠。或許更重要的是，當時要做出可更換的記憶體很昂貴，但使用打孔的木卡片就很便宜。由數百張卡構成的程式只需要少量原料跟機構就能運作，但上百個數字的儲存器卻需要大量昂貴又複雜的機械。

因此，把指令和資料存在同一個記憶體的概念，在電腦發展之初就出現，這點著實相當神奇。事實上，早在有人做出運用這個點子的機器之前，它就已經冒出來了。艾倫・圖靈（Alan Turing）想出結合指令和資料的電腦架構，但他是受到約翰・馮紐曼（John von Neumann）的影響才採納這種架構。

這兩人和他們的點子如何協同作用的故事，值得在營火邊慢慢分享。而在營火的煙霧上方，則飄著大衛・希爾伯特（David Hilbert）的鬼魂。

大衛・希爾伯特

二十世紀計算機科學的興起，可以追溯自某人的落魄失敗——大衛・希爾伯特。

在所有二十世紀早期的數學家中，大概沒有人比希爾伯特更受推崇。從 1895 年起一直到納粹黨興起之前，希爾伯特擔任數學教授的哥廷根大學成為數學世界的中心。他的同僚和學生圈子包括眾多知名人士：費利克斯・克萊因（Felix Klein）、赫爾曼・外爾（Hermann Weyl）、伊曼紐・拉斯克（Emanuel Lasker）、阿隆佐・邱奇（Alonzo Church）、埃米・諾特（Emmy Noether）、赫爾曼・閔考斯基（Hermann Minkowski），以及約翰・馮紐曼。

希爾伯特採用並捍衛格奧爾格・康托爾（Georg Cantor）的集合論（set theory）和超限數（transfinite number），在當時是不受歡迎的觀點，希爾伯特也因此備受抨擊。不過最後這些觀點得以勝出。我想各位多數人還記得集合論的基本原理；它在 1960 年代的小學老師們眼中可火熱了，是「新數學」的一環。你們大概沒那麼多人會記得何謂超限數，甚至有可能根本學都沒學過。

康托爾對我們展示，無窮大不只有一種，事實上他證明有無窮多種無窮大，每個都出於某種原因比另一個更大。我們最熟悉的兩種無窮大，一個出於自然數（natural number），一個來自連續統（continuum）。你可以把所有有理數（rational number）和代數數字（algebraic number）以一對一的方式對應自

Chapter 3　希爾伯特、圖靈和馮紐曼：第一批電腦架構師

然數，這代表這類數字集合都屬於不可數集（無窮大的可數集）。康托爾也展示，所有實數（real number，有理數和無理數）的集合不可能一對一對應自然數，這表示實數集比自然數集更大。

> **NOTE**
> 附帶一提，我覺得很有趣的是，我們用來描述現實的兩個主要理論——量子力學和廣義相對論——各自對應其中一個無窮數集，導致兩個理論令人挫折地不相容。各為稍後會看到，是馮紐曼透過分析薛丁格方程式和海森堡矩陣力學分析的不一致處，來銜接兩個無窮數集的鴻溝。

希爾伯特對於把數學公理化[1]的概念感到著迷，就和當年歐幾里得把平面幾何學公里化那樣。希爾伯特在 1899 年出版《幾何學基礎》（*The Foundations of Geometry*），以正式、遠遠優於歐幾里得的方式將非歐幾里得幾何學公理化，奠定了從此開始的數學形式。但希爾伯特覺得單純的幾何學公理化還不夠滿足；他想要把這種數學形式套用到**所有數學**，讓它不再只是少數基礎學問的公理。希爾伯特主張，所有數學問題都具備有限的問題，能從這些公理衍生出來。

在希爾伯特的墓碑上刻著一段話：Wir müssen wissen. Wir werden wissen.（我們必須知道。我們將會知道。）[2]

---

[1] 公理化（axiomatizing）是建立一組公理（axiom）或假設（postulate），以及一組邏輯規則，藉此衍生出要研究的完整領域。（【譯者註】此為把一門數學表示成一個特殊的形式系統（formal system），當中包含若干不證自明的命題（statement）當作公理，並透過邏輯來推導和證明其他命題（使之成為定理）。）

[2] 【譯者註】這是希爾伯特採用的格言，為對一句拉丁格言的反駁：ignoramus et ignorabimus（我們現在不知道，將來也不會知道），意思是科學知識是有限的。希爾伯特堅信任何事情都可以用科學找到答案。

但希爾伯特在幾何學取得成功後，他的數學目標很快就浮現了裂痕。1901 年，伯特蘭・羅素（Bertrand Russell）展示你可以用集合論的形式系統來表達一段可同時非真且非偽的話。羅素當著希爾伯特的「我們將會知道」這句話面前，丟出了一段「不可知」[3]的命題。

希爾伯特急著策動世界各地的數學家，把集合論從羅素的大災難拯救出來，所以如此宣稱：「沒有人能把我們從康托爾替我們創造的天堂逐出去！」這件事對希爾伯特來說有如芒刺在背，以致他遇到認為問題可能無解的數學家會發火，甚至試圖中傷他們的生涯[4]。

愛因斯坦出面緩頰，大致說這整件事太微不足道，不值得如此焦慮。但希爾伯特不苟同：「要是數學思考有缺陷，我們要上哪去找事實和確定性？」

大約過了十年，來到 1921 年，年僅十七歲的約翰・馮紐曼替希爾伯特帶來一線希望。馮紐曼在一篇展現其聰明才智的數學論文中採用希爾伯特的公理化途徑，證明自然數至少不會符合羅素悖論（Russell's paradox）。這件事讓希爾伯特對約翰・馮紐曼產生了漫長、恆久的好感。

四年後，馮紐曼在出版博士論文時正式鞏固這股好感，用了謙遜的標題「集合論的公理化」（The Axiomatization of Set Theory，德文原標題為 Die Axiomatisierung der Mengenlehre）。這篇論文把集合論從羅素悖論拯救

---

[3] 這個自我矛盾的命題可改寫成白話如下：一個集合包含的其他集合都不包含自己，那麼這個集合會包含自己嗎？或者用更簡單的方式講，「這句話是假的」。（【譯者註】即「說謊者悖論」。）

[4] 取消文化（抵制）跟人類社會一樣悠久。

出來,辦法是創造一個新概念——容我賣個關子——知道是什麼嗎?類別(class)[5]。

希爾伯特當然高興不已,覺得他那個「我們將會知道」的主張終於獲得平反。同時,羅素和阿佛列・諾斯・懷海德(Alfred North Whitehead)也在一篇巨大論著《數學原理》(*Principia Mathematica*)中證明,幾乎所有數學都能用邏輯和集合論來公理化。於是在1928年,希爾伯特挑戰數學家們證明數學公理化的最後一個目標:數學是完備的(complete)、一致的(consistent)和可判定的(decidable)。只要這些挑戰成功,那麼數學就能成為純粹真理的語言,能描述真實的萬物,絕不會有矛盾或歧義,而且有能力找出所有可證明的命題。

而希爾伯特正是在這個偉大、光榮的使命遭遇了挫敗。也正是因為這個挫敗,自動計算的時代得以誕生。

哥德爾

1930年二月末,庫爾特・哥德爾(Kurt Gödel)在柯尼斯堡的研討會中暗示,希爾伯特的完備性挑戰已死。他在二十分鐘演講中列出他的證據:由希爾伯特和學生威廉・阿克曼(Wilhelm Ackermann)發展的一階邏輯(first-order logic)系統——或叫述詞演算(predicate calculus)——確實是完備的。這對任何人來說都不意外;大家都早就預期這個能夠證明[6]。

---

[5] 奈加特(Nygaard)和達爾(Dahl)要再過四十年才會發現他們需要在 SIMULA 語言使用馮紐曼類別。

[6] Bhattacharya, p. 112.

但等到研討會最後一天的圓桌討論會，就在希爾伯特發表包含「我們必須知道，我們將會知道」這句話的退休演說前夕，哥德爾悄悄丟下震撼彈：「我們甚至可找到儘管內容為真，卻無法用正式或古典數學證明的命題例子（事實上包括哥德巴赫[7]和費馬[8]的命題）。」換句話說，有些在數學上為真的命題是無法用數學證明的——這代表數學是不完備的（incomplete）。

哥德爾或許本來希望這招會搞得研討會天翻地覆，但震撼彈反而熄了火。只有一位研討會出席者真正搞懂哥德爾這番話的重要性；此人便是希爾伯特的首席門徒約翰·馮紐曼。馮紐曼震撼不已，把哥德爾拉到一旁逼問他的做法。

馮紐曼深深思索這個問題幾個月，最後得出結論：希爾伯特的數學殿堂已經毀於一旦。他宣稱哥德爾是亞里斯多德以來最偉大的數學家，而希爾伯特計畫已經「基本上毫無希望」。馮紐曼因而放棄對數學基礎的研究和搬去普林斯頓，且如我們將看到的，他發現量子力學是更有趣的挑戰。

哥德爾在隔年出版他的不完備定理證明[9]，而他的做法會讓所有程式設計師覺得很眼熟，因為他在證明中用了我們在寫程式時都會用的東西：他想出一個辦法，只用自然數（也就是正整數）來代表羅素和懷海德在《數學原理》使用的邏輯表示法。

我們程式設計師會用整數來代表字元、座標、顏色、車輛、火車、鳥兒，或是其他我們想要寫程式代表的東西。遊戲《憤怒鳥》只不過是非常複雜的整數控制過程而已。這點必然為真，因為電腦中的所有資料都是用整數儲存。一個位

---

[7] 普魯士數學家克里斯蒂安·哥德巴赫（Christian Goldbach），1690-1764。

[8] 法國數學家皮耶·德·費馬（Pierre de Fermat），1607-1665。

[9] 《論數學原理及相關系統無法正式決定之命題》（*On Formally Undecidable Propositions of Principia Mathematica and Related Systems*）。

Chapter 3　希爾伯特、圖靈和馮紐曼：第一批電腦架構師

元是整數，一個字串和一支程式合起來是整數，電腦內一切都是整數。甚至，電腦整個記憶體的內容也是一個超級無敵大的整數。

哥德爾的做法跟所有程式設計師一樣：他用整數表示定義域，給《數學原理》內的每個符號指定一個質數，每個變數則指定一個新質數的某次方的值。這樣的細節對我們不重要，唯一差別是這樣一來，哥德爾就能用整數來表示《數學原理》中用符號寫出的每一條命題。他也想出一個可逆的方法來合併這些數字變成更大的數字。這麼一來，一個證明中的多條命題可以轉成一個數列，而這些數列能合併成另一個整數，用於代表這整個證明。而既然這個合併是可逆的，他就能把任何證明的數字解構成原始命題的數字。

在每一段合法證明內，開頭的那些命題就是系統公理。那麼你只要重複使用哥德爾的解構法，做簡單的數學運算，便能判斷一個數字是否代表一個從這些公理衍生的合法數學證明——不斷做解構，直到最後只剩下代表公理的那些命題。如果最後剩下的不是它們，那就表示原始命題是不可證明的。

最後，哥德爾替「命題 G 不可證明」這句命題產生一個數字 p，並證明命題 G 的值有可能也是 p（命題 G 為真但不可證明）。

我就讓各位去思考這個結果的意義吧[10]，這讓我頭很痛。我讀了哥德爾證明的一部分，害我腦袋更疼了。我可以保險地說，要是我有搞懂那篇證明的一小部分，那個理解程度就跟我的寵物吉娃娃對於為啥太陽會在早上出現是一樣的。

10　【譯者註】用大幅簡化且沒那麼精確的方式來說：假想一個算數形式系統 F，當中有命題「f(n) 無法在 F 內被證明」，n 為一個整數，f 是一個自然數公式。該命題可換算成哥德爾數 p（也是整數），然後再以此提出一條命題 G：「f(p) 無法在 F 內被證明」。既然前後命題一樣，命題 G 等於是在自我參照：「命題 G 無法在 F 內被證明」。但哥德爾數可證明命題 G 是從 F 推導而來（命題 G 可在 F 證明），這種矛盾顯示 F 是不完備（且不一致）的。那麼，這表示希爾伯特想要找到的萬能公理系統——能夠證明任何數學命題而毫無矛盾——根本不可能存在。

哥德爾證明了數學形式並不完備後，繼續著手打垮希爾伯特的第二個挑戰：他證明數學形式無法證明有一致性——也就是說，在數學形式內，你無從證明沒有命題可以同時為真和為偽。至於希爾伯特的第三個挑戰，數學的可判定性，則會在五年後在阿隆佐・邱奇和艾倫・圖靈手中淪陷。我們會晚點再來看這段歷史。

目前而言，為了我們說故事的需要，我們必須思考希爾伯特華麗失敗的本質。哥德爾、邱奇和圖靈用來擊潰希爾伯特夢想的證明，都是基於*演算法*，倚賴重複性的機制和一連串清楚定義的步驟，來將一組資料轉換成另一種形式。就抽象層面來說，這些人——哥德爾、邱奇和圖靈——都是程式設計師，而希爾伯特和他擁護的一階邏輯則是這些人的啟發點。

烏雲罩頂

但法西斯主義和反猶太主義的惡風在 1920 年代颳起，並隨著 1930 年代增強成狂風。歐洲那些正確解讀風向的猶太人到國外避難，大多去了美國。馮紐曼在哥德爾出版證明時就已經搬到普林斯頓；被指控跟猶太圈子來往的哥德爾則於 1938 年跟進。希爾伯特大多數猶太學生跟同僚則在 1933 年被逐出哥廷根大學，逃到美國、加拿大或瑞士蘇黎世。

希爾伯特自己留在哥廷根。他在 1934 年的一場晚宴剛好坐在納粹教育部長伯恩哈德・魯斯特（Bernhard Rust）旁邊，後者問他哥廷根大學現在去掉了猶太勢力，數學進展得如何了。希爾伯特回答：「哥廷根的數學？根本已經沒有數學了。」

從 1925 年起，希爾伯特就罹患惡性貧血（一種維他命 B_{12} 缺乏症），在當時無法治療，會使人衰弱和極度疲累。他在 1943 年過世。他有太多同僚跟朋友是猶太人或和猶太人結婚，不然就是有跟「猶太圈子」往來，使得他的葬禮出席人數不到十幾人。他的死訊甚至過了好幾個月才流傳開來。

在他的墓碑上便銘刻著他未竟的夢想:「我們必須知道。我們將會知道。」但緊跟在這個失敗夢想背後的,卻是人類史上最偉大的科技革命與社會轉型。希爾伯特開創了這條路,卻從未踏進應許之地。

約翰・馮紐曼

約翰・路易斯・紐曼(John Louis Neumann)——原名諾伊曼・亞諾什・拉約什(Neumann János Lajos)——在1903年12月28日生於布達佩斯的一個富裕家庭。他父親麥斯(Max)[11]是有錢的猶太銀行家,而他母親的爸爸則

---

[11] Neumann Miksa (1867-1929).

是成功的重機具與設備供應商。紐曼一家住在歐洲當時最繁榮的其中一座城市的市中心。

紐曼一家是猶太人，而布達佩斯容忍猶太人的存在，但他們知道歐洲的政治風向對他們不利。所以儘管在這裡有錢有勢，麥斯打定主意要讓孩子受良好的教育，並對他預見到的糟糕未來做好準備。他們的家庭環境充滿思想和政治刺激，晚餐話題從科學、詩作到反猶太主義無所不包。約翰和他的兄弟們學習法文、英文、古希臘文和拉丁文。而在數學方面，約翰幾乎像個神童，年僅六歲就能心算兩個八位數的乘法。

1919 年共產黨短暫掌控匈牙利，穿皮衣的「列寧之子」（Lenin Boys）武裝部隊在街頭橫行，以平等意識形態之名沒收地產（「所有人共有的設施」）。這段時期只維持了幾個月，但這段經驗和五百人慘死的事實令約翰反對任何形式的馬克思主義。

要是那段時期算糟糕，事後的反彈就更可怕。共產黨成員大多是猶太人，使反猶太主義演變成惡夢，數千人被殺害，外加更多遭到強暴和刑求。幸好約翰也在那段暴亂中倖存下來。

約翰的數學能力急速成長，他的導師有時會被他的天賦感動到痛哭流涕，甚至因為太高興了，連學費都不肯收。他十七歲時出版第一篇重要的數學論文，而如我們在前一段得知的，他十九歲的博士論文「集合論的公理化」獲得了希爾伯特的注意和感激。約翰雖然是在布達佩斯拿到數學博士，但也在柏林以及稍後的蘇黎世取得化學工程學位。拿到博士學位後，他去哥廷根隨希爾伯特學習，他的教育使他從 1923 年起得在這些城市之間不斷往返。

希爾伯特是約翰的博士論文口試官之一，他只對他這時最喜歡的學生問了一個問題：「我這麼多年來沒看過這麼好看的晚禮服。我想知道，面試學生的裁縫師究竟是誰呀？」

Chapter 3　希爾伯特、圖靈和馮紐曼：第一批電腦架構師

而希爾伯特則在 1928 年對數學圈提出他的三大挑戰：證明數學是完備、一致和可判定的。這些挑戰開啟了一段狂熱的數學時期，並最終累積成現代計算機學的誕生。

同一時間，物理學的世界正天翻地覆。愛因斯坦的廣義相對論問世還不到十年，他的論文只比希爾伯特的版本早幾天出版[12]。維爾納・海森堡（Werner Heisenberg）剛出版基於矩陣運算的量子力學的數學證明。埃爾溫・薛丁格（Erwin Schrödinger）也剛好用波動方程式描述了同一個現象；兩個推導途徑在數學上不相容，可是得到的結果是一樣的。

結果是馮紐曼（他在德國套上了「馮」姓氏助詞）解決了海森堡和薛丁格之爭，展示薛丁格的等式跟希爾伯特二十年前的一些純數學證明相似，而海森堡的矩陣也能放進同樣的數學框架中，代表兩個理論是相同的。

因此，馮紐曼在 1927 年同時對數學和量子力學做出重要貢獻，開始闖出名聲。他是哥廷根大學任命過最年輕的無薪講師，演講座無虛席，朋友圈包括愛德華・泰勒（Edward Teller）、利奧・西拉德（Leo Szilard）、埃米・諾特和尤金・維格納（Eugene Wigner），也會跟希爾伯特去他的花園散步。當然，身為二十多歲的年輕人，他也盡情享受威瑪共和國下的柏林的頹廢夜生活。事情不可能出錯吧？

對約翰・馮紐曼來說，他當時顯然挺得志的。

---

[12]【譯者註】愛因斯坦在發展相對論時有辦過演講，希爾伯特是聽眾，後者嘗試因而自行發展和出版相對論，據了解兩人之間也有討論。希爾伯特比愛因斯坦早五天寄出論文，但反而晚五天出版。一般公認愛因斯坦確實先發現了相對論，因為他早已替該理論打下了大部分的基礎，而希爾伯特本人也承認這一點。

當時歐洲是數學與科學的中心，美國在科學地圖上幾乎不存在，而普林斯頓大學急於扭轉這點。奧斯瓦爾德‧維布倫（Oswald Veblen）構想和推動的策略是說服歐洲最棒的科學家和數學家來普林斯頓。維布倫從洛克斐勒基金會、班伯格家族[13]跟其他私人捐款者募到幾百萬美元，然後對歐洲科學菁英開價。考慮到歐洲興起的反猶太主義，薪資又相當誘人，這種挖角策略確實很有效。

馮紐曼接受了普林斯頓的提議，在 1930 年一月帶著新婚妻子抵達那裡。他朋友尤金‧維格納比他早一天到。希特勒掌權後，其他知名數學家和科學家也追隨兩人的腳步前來普林斯頓。維布倫在該校成立高等研究學院，拉攏了一群明星：亞伯特‧愛因斯坦、赫爾曼‧外爾、保羅‧狄拉克（Paul Dirac）、沃夫岡‧包立（Wolfgang Pauli）、庫特‧哥德爾、埃米‧諾特和許多其他人。

馮紐曼就在這群天才中的精華之間出版了 1932 年著作《量子力學的數學基礎》（*Mathematical Foundations of Quantum Mechanics*）。這個賣弄的標題可沒誇大；馮紐曼在書中用他招牌的精準數學證明[14]，量子粒子的變化並沒有受到隱藏變數影響，而奇異的量子疊加狀態也不限於微小粒子的世界，而是能延伸到這些粒子的組合體上，包括人類自身。

馮紐曼書中的數學論據撼動了物理界，並激發出諸多新概念，如量子糾纏、薛丁格的貓（一隻貓能否同時處於活著和死去狀態），以及多重宇宙假說。這些議題如今依舊如火如荼受到爭論。而有個年輕人讀了這本書後深感佩服——此人的名字是艾倫‧圖靈，比馮紐曼晚幾年加入普林斯頓的高等研究學院。

---

[13] 班伯格家族（Bambergers）剛好在 1929 年股市崩盤之前將其連鎖百貨公司賣給梅西（Macy's）。

[14] 雖然日後一再被否證、重新得證然後……（【譯者註】馮紐曼的證明後來被發現存在缺陷，但近代實驗又大致否定了局域隱變數理論。但量子力學仍有很大的探索空間，所以仍然沒有定論……）

艾倫・圖靈

「我們需要大量具備天分的數學家成員。」

「我們的其中一個困難點在於維護合適的紀律,免得我們搞丟自己的進度。」

——艾倫・圖靈,1946年對倫敦數學學會的演講

艾倫・麥席森・圖靈（Alan Mathison Turing）於1912年6月出生在貴族世家,但貴族在那個時代的地位已經遠遠不如數十年前。艾倫的父親駐紮在印度,艾倫的母親就是在那邊受孕的。她回到英格蘭產子,但一年多後又回去丈夫身邊。艾倫和哥哥由瓦德（Ward）夫婦養大——一對親切但嚴厲的退休軍人夫妻,住在英格蘭西南沿岸的濱海聖倫納茲（St. Leonards-on-Sea）,就在英吉利海峽旁。他母親在一次大戰爆發後回國,於戰時跟兄弟倆和瓦德夫妻同住,但戰後再度回到印度去。

艾倫五歲時找到一本1861年出版的書《無痛閱讀法》（*Reading without Tears*）,三星期後就自己學會怎麼閱讀。他對數字發展出極為強烈的興趣,甚至會在經過燈柱時停下來看上面的序號,讓長輩們覺得很煩。他喜歡地圖和圖表,可以一連研究好幾個小時。他喜歡看詳細的配方跟食譜來做藥草混合物和藥劑,也會列出自己的食材。他把結構、秩序和規則視為至上,它們要是被打亂就會讓他氣炸。

1917到1921年對艾倫來說很難熬。他父母大多時間不在家,濱海聖倫納茲對於他迅速發展的天賦也沒什麼挑戰。他在學校備受折磨,很可能是因為覺得無聊。他從一個活潑快樂的孩子變成沉默寡言的青少年。艾倫的母親在1921年回國時對艾倫的舉止和缺乏進度（他還沒學會長除法）感到震驚,決定把他帶到倫敦自己教。隔年艾倫被送去索塞克斯的黑澤爾赫斯（Hazelhurst）預備寄宿學校。

艾倫不喜歡黑澤爾赫斯，課程安排讓他很少有時間發展自己的興趣，而這些興趣才剛萌芽。1922 年某個時候，他找到埃德溫・坦尼・布魯斯特（Edwin Tenney Brewster）的書《每個孩子都該知道的自然奇觀》（Natural Wonders Every Child Should Know）；他後來會說，是這本書開啟了他對科學的眼界。

他變得非常善於發明，做出比如改良的鋼筆、看圖畫書用的工具等等。黑澤爾赫斯不鼓勵這種創意科學思維，該校更注重的是鼓勵學生替大英帝國效力，不過這沒有嚇退艾倫。他對食譜和配方的興趣發展成對化學的著迷；有人送他一組化學實驗器材，他也找了一本百科全書輔助，做了大量實驗。

1926 年，邁入青春期的艾倫進入多賽特的謝伯恩中學（Sherborne School），但開學第一天就遇上英國大罷工，火車全數停駛。艾倫出於上學的強烈熱情，從南安普敦騎了六十英里（幾乎一百公里）的腳踏車過去。

謝伯恩中學試圖強迫艾倫專注在傳統教育，但艾倫不聽，他的興趣在科學和數學，他去該校的目的就是為了這些。艾倫十六歲時已經能解複雜的數學問題，而且能讀懂愛因斯坦廣受歡迎的廣義相對論著作[15]。指導他的其中一名教授認為他是天才，但多數老師，包括他的科學和數學教師，則對他深感失望。艾倫就算是面對喜歡的學科，表現也沒有很好。他就是懶得去管基礎。

艾倫對學校的態度眼看就要讓他被退學，但碰巧感染流行性腮腺炎而得隔離幾個星期，救了他的學業。稍後他也通過了期末考和表現出進步跡象。

而就在 1927 年，艾倫在謝伯恩中學認識克里斯多福・莫康（Christopher Morcom），在對方身上感受到奇特的吸引力。人們猜測克里斯多福是艾倫的

---

[15]《狹義和廣義相對論》（Relativity: The Special and the General Theory）的英文翻譯版。這本書是僅使用基本數學的科普版。

Chapter 3　希爾伯特、圖靈和馮紐曼：第一批電腦架構師

初戀情人，可能也因此讓艾倫察覺到自己的同性戀傾向。若這是真的，那麼克里斯多福很可能並未察覺艾倫的感情，因為沒有證據顯示兩人有過親密關係。他們倒是對數學和科學有類似的興趣，經常窩在圖書館討論相對論，或給圓周率計算到好幾個小數位。艾倫安排讓自己在課堂上坐在克里斯多福旁邊，兩人在化學和天文學變成實驗室夥伴。他們分開時則會經常通信討論化學、天文學、相對論與量子力學。

克里斯多福自幼感染結核病，身體一直不好，並在他和艾倫的友誼進入第三年時過世。艾倫後來許多年都會和克里斯多福的母親通信，特別是在克里斯多福的生日跟忌日。

圖靈來到劍橋的國王學院研讀應用數學，接受愛丁頓（Eddington）爵士和戈弗雷・哈羅德・哈代（G. H. Hardy）的指導。課餘時間的他成為長跑者和划槳手，沉醉於這些活動講求的體能耐力。他受到愛丁頓的一次演講啟發，替中央極限定理（central limit theorem）[16]寫出獨立的證明，並在1934年十一月將之當成他的研究生論文。他贏得劍橋獎學金，包括每年提供三百鎊住學費、食宿以及能在院士高桌用餐的資格。

他鑽研希爾伯特、海森堡、薛丁格、馮紐曼和哥德爾的研究，對希爾伯特的三大挑戰很感興趣。在馬克斯・紐曼（M. H. A. Newman）對這個主題辦的一次演講中，圖靈聽見紐曼提到「透過機械程序」，使他開始思考機器與機械。而在他某次例行長跑完畢、躺在草地上休息時，他想到如何能用機械來應付希爾伯特的第三個挑戰。

---

[16] 機率論和統計學的重要理論。

圖靈—馮紐曼架構

在圖靈和馮紐曼之前，所有計算機器都是把資料和指令分開儲存，例如巴貝奇的分析機將小數點存在有機械計數器的一排排圓柱上，指令則以編碼記在成串的打孔卡上。我們會在後面章節看到，哈佛馬克一號和 IBM 的 SSEC 電腦都採用了類似的策略：數字儲存在機器本身，指令則寫在某種打孔卡上，有時是用磁帶。

這種分離設計在當時有很明顯的理由。程式包含許多指令，打孔卡也很便宜。那時的程式大多不會處理大量數字，而儲存數字的辦法又很昂貴。一般人也不會特意去思考，把指令和資料存在同一個記憶裝置會有什麼好處。

艾倫・圖靈和約翰・馮紐曼是在天差地遠的理由下，以非常不同的方式想出這種自存程式電腦。圖靈的機器極為單純，馮紐曼的架構則完全不打算追求簡化，但兩者神奇的共通點是它們都會把程式和資料存在同一個記憶體內。這是電腦架構的革命，也改變了一切。

圖靈機

艾倫・圖靈在他的 1936 年論文「論可計算數及其在判定問題上的應用」（On Computable Numbers, with an Application to the Entscheidugnsproblem）描述了他的機器。這篇論文的目的是回應希爾伯特的第三個挑戰，並給出否定答案：你沒有辦法事先判定任意算數命題是否可以證明。

我們不會分析他的證明細節，外頭有很多優秀的參考資料。我推薦查爾斯・佩佐（Charles Petzold）的好書《圖靈註釋版》（*The Annotated Turing*）。

Chapter 3　希爾伯特、圖靈和馮紐曼：第一批電腦架構師

圖靈需要在證明中找個辦法來把任何程式變成一個數字。為了做到這點，他給他的機器寫了支程式，好模擬出這台機器——不過我跳太遠了，先等我說完。

圖靈機是個非常簡單的機械裝置，有一條無限長的紙帶，上面分割出格子，有點像老式電影膠捲。紙帶擺在一個平台上，只能左右移動。你可以想像有個木架子，上面有長長的水平槽，讓紙帶能自由滑動。木架上有個窗口，紙帶會從底下穿過，而窗口剛好跟一個格子一樣大。就這樣；這裝置沒有別的部分。它擁有無限多的記憶體，並有辦法把某一格記憶體放進讀取窗底下。現在我們唯一需要的就是中央處理器，也就是扮演操作員的人類。

人類操作員有一支簽字筆和一塊擦子。這人可以在窗口底下的紙帶格子寫下或擦掉任意符號，或者讓紙帶左右移動，一次移動一格。

現在我們有了記憶體跟處理器，就差程式了。假設我們寫一個程式，能把由字元 X 構成的字串變成兩倍長。我們的初始紙捲如下：

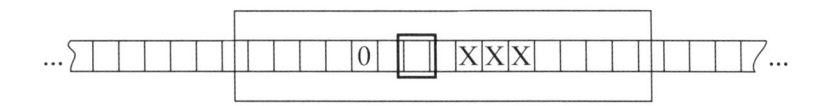

我們希望執行後變成如下：

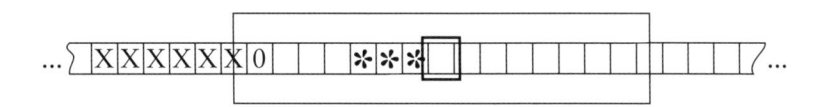

我輩程式人
回顧從 Ada 到 AI 這條程式路,程式人如何改變世界的歷史與未來展望

簡單地說,這個程式會數讀取窗右邊有幾個 X,把它改成 ※,然後在位置 O 左邊寫入兩倍長度的 X。程式內容如下:

目前位置	記號	下一個位置	行為
開始	空白或 O	開始	往左
	X	尋找 O	寫入 ※,往右
尋找 O	空白或 ※	尋找 O	往右
	O	尋找空白	往右
尋找空白	X	尋找空白	往右
	空白	尋找 ※	寫入 X,往右,寫入 X
尋找 ※	X,O 或空白	尋找 ※	往左
	※	尋找 X	寫入 X,往右,寫入 X
尋找 X	※	尋找 X	往左
	X	尋找 O	寫入 ※,往右
	空白	停止	

相信你應該看得出來,這其實只是狀態轉移表(state-transition table)。人類操作員被告知要從「開始」狀態起頭,然後遵照指令行事。

每一行都是一個移動動作。所以若我們處於「開始」狀態,然後在讀取窗看到空白或 O,就繼續待在「開始」狀態和把紙捲往左捲。在同樣的狀態下,如果在讀取窗看到 X,就把那個格子改成 ※,將紙捲往右捲,並進入「尋找空白」狀態。人類會覺得這個過程超級無聊,但只要完整遵從指示,程式每次都一定會把紙捲捲到 O 的左邊。

我為什麼要示範把 X 字串的長度加倍呢?除了簡單示範以外,這也展示了圖靈機能做計算。當然,我在這邊展示的乘以二計算非常原始,但這代表你能寫程

式執行各式各樣的運算,管他是二進位、十進位、十六進位數還是古埃及象形文字。但是當然,這種狀態轉移表就會變得超大。圖靈解決這個問題的辦法是加入子程序[17],可以拿來打造更複雜的機器,而不必吐出龐大無比的狀態表。他在論文中做到的壓縮程度真是太了不起了。

等他把這些工具都準備好後,圖靈就重現了哥德爾的招數:把所有東西轉成數字。你不難發現所有狀態、符號和行為都可以用一個數字表示,於是狀態表的每一列都能將狀態、符號和行為濃縮成一個數字。再把每一行的數字連接起來,你就會得到代表整支程式的數字。圖靈把這數字稱為標準描述(standard description),以下我簡稱為 SD。

既然 SD 是個數字,它就能寫在圖靈機的紙帶上,隨便你用二進位、十進位還是什麼方式。圖靈出於自己的理由用了數列 1、2、3、5 和 7。然後,圖靈寫了一個程式來執行紙帶上的 SD,我們姑且把這程式稱為 U,也就是通用計算機(Universal Computing Machine)。若一個人類執行程式 U,而紙帶上有支程式以 SD 編碼,那麼 U 會執行 SD 內的程式,並把輸出結果寫在紙帶的空白處[18]。

---

[17] 有點像巨集指令,內容都是單純的文字置換機制,讓他不必一直重複用同樣的狀態轉移表。

[18] 【譯者註】簡化地說,圖靈透過這種演算法(又稱遞迴語言或可判定語言)設計一種程式 H,它會接收另一個程式 P 為參數,並視輸入產生「停機」或「無窮迴圈」兩種結果。然而,輸入的程式 P 會回頭呼叫 H,並產生跟 H 相反的效果。這使得程式執行結果會自我矛盾,類似前面哥德爾的證明那樣。而既然沒辦法藉由事先檢查來決定程式是否會在有限時間內結束(判定數學問題能否推導出答案,也就是具有可決定性),這就表示希爾伯特追求的第三個目標是不可能的。

如果你曾寫過程式來執行狀態轉移表，這種程式就很類似 U。U 的功能單純是在 SD 裡搜尋狀態表，尋找符合的狀態和符號，然後照某行的指示採取動作。夠簡單吧。

但從我們的角度來看，圖靈其實是發明了一種能在自身儲存程式的電腦；SD 是一個儲存在紙帶上的程式，U 則是執行 SD 的程式。所以只要 U 能機械化，也就是轉成自動機器而非靠人類執行，那麼這台自動機器的用意和目的就是一台自存程式的電腦。

因此，約翰・馮紐曼恰好在 1943 年造訪英格蘭時，艾倫・圖靈很可能對他發表了一大堆運算機器的意見，還有電腦能做到何等地步的願景。有大量的史料談到圖靈後來在布萊切利園（Bletchley Park）破解德軍謎式（Enigma）密碼的任務，以及他為了這目的而設計的計算機器。不消說，這些努力對盟軍的幫助甚大。戰後，圖靈繼續投入其他幾個電腦計畫，設計了 ACE（Automatic Computing Engine，自動計算機），並對他的研究寫下許多深具見解的報告。他也參與了曼徹斯特的電腦計畫。

有許多作品討論到圖靈的悲劇收場，以及促成他走上這條路的殘酷處境。我不會在這邊重複這些故事；我們只需要說，艾倫・圖靈和我們一樣是個人，而在他那個年代，他的同性戀傾向在他幫忙效力的國家眼中是很難被接受的。但儘管承受這麼多恥辱，他仍舊維持著自己的興趣和性向——雖然後者意味著他得到國外避風頭。

但他結束生命的方式有些爭議。雖然官方說法是自殺，這種發展實在很不尋常。他沒有留下事先徵兆或遺書，也沒有其他行為顯示他在考慮自我了結。根據霍奇斯（Hodges）的說法：

> 「對那些過去兩年見過他的人來說，他們就是想不到單純的關聯。事實上正好相反；他的樣子跟虛構創作和戲劇中預期的那種憔悴、蒙羞、懼怕、絕望的人天差地遠，以致見過他的人都不敢相信他死了。他根本不是會自殺的『那種人』。」[19]

我個人偏好他母親的理論，即意外中毒——在家做化學實驗時用了氰化物，結果不可免汙染了手指。

馮紐曼的旅程

約翰・馮紐曼有可能在 1935 年見過圖靈，就在圖靈的「論可計算數」論文出版的前一年。當時馮紐曼離開普林斯頓喘口氣，去了劍橋演講，圖靈有去聽其中幾場。我們不知道兩人有沒有坐下來討論圖靈的研究，但很有可能。不過就算有，當時也沒傳出什麼發展。

無論如何，圖靈稍後寫信給馮紐曼，請他寫推薦信讓圖靈當普林斯頓的客座教授。圖靈在 1936 年 9 月抵達那裡，他論文的證明也在五天後寄到。馮紐曼對論文跟圖靈本人都深感佩服，兩人在相鄰的辦公室合作了幾個月。最後馮紐曼想讓圖靈當他的助手，但圖靈拒絕了，說他在英格蘭有工作要處理。

他確實有！他在 1938 年 7 月回國，幾個月後就去了布萊切利園。他在設計用來破解德軍謎式密碼機的機器方面，就算沒有獨佔功勞，也扮演了關鍵角色，讓歐洲戰爭更早取得勝利。

---

[19] Hodges, p. 487.

彈道研究實驗室

戰爭在歐洲醞釀時，馮紐曼把注意力轉向研究彈道。在過去的戰爭中，計算砲彈軌跡相對簡單，因為只要考慮重力跟空氣阻力。但 1930 年代晚期的火炮變得太強大，砲彈會飛到空氣稀薄得多的高度。這些砲彈的軌跡只能用近似法模擬，而這需要極為大量的運算。而且彈道不是唯一需要這麼多計算的問題；計算高爆彈產生的震波效果同樣很困難。

美國陸軍的彈道研究實驗室（Ballistics Research Lab，BRL）的成立就是要解決這個問題。他們起先使用巴貝奇熟悉的那種方式，也就是在一個個房間塞滿「計算員」，大多為女性，靠著桌上型計算機永無止境做總和跟乘法。馮紐曼目睹他們面臨的問題，並且展望未來，預見到「將來會有先進的計算機器，能扮演大腦的一部分功能。這種機器會連接到所有大型系統上，比如通信系統、電力網和大型工廠。」[20] 這是個令人興奮的夢想，但還很原始，無緣發展成形。

1940 年 9 月，馮紐曼被任命為彈道研究實驗室的顧問委員會成員。那年十二月，他也成為美國數學學會戰爭預備委員會（War Preparedness Committee）的主任彈道顧問。換言之，他炙手可熱。

接下來兩年，馮紐曼在計算彈藥——包括成形炸藥——產生的震波方面成了專家。他在 1942 年底還被派去英國進行「秘密任務」。即使到今天，我們對這趟任務的內容也幾乎一無所知，但很明顯他是在進一步鑽研炸藥震波。

---

[20] Bhattacharya, p. 103.

NCR 機器

馮紐曼就在那趟英國行途中,在巴斯(Bath)的海軍年曆辦公室看到 NCR(National Cash Register,國家收銀機公司)會計機器的實際運作。這裝置是個機械式計算機,有鍵盤、印表機和六個暫存器,一小時能做約兩百個加法。它雖然沒辦法用程式設定,但靠著暫存器和巧妙的 tab 停駐點機制,操作員可以用相對快的速度重複做一系列計算。馮紐曼對這機器太著迷了,在搭火車回倫敦的路上還替機器寫了一段改良版的「偽程式」。

馮紐曼在突然返回普林斯頓的幾個月前,寫道他「對計算科技發展出下流的興趣」。這種興趣究竟是出於 NCR 機器的刺激,還是因為他可能見過圖靈,這點依然備受爭辯。儘管沒什麼證據,圖靈和馮紐曼當時蠻有可能見過面和討論了計算機器。或許正是兩人的點子推了馮紐曼的點子一把,使它開始萌芽。

洛斯阿拉莫斯:曼哈頓計畫

1943 年 7 月,馮紐曼人還在英格蘭時,收到一封緊急的信:「我們處於一個狀況,只能說我們亟需你的幫助。」這封信的署名者是 J・羅伯特・奧本海默(J. Robert Oppenheimer)。

馮紐曼不知道自己已經對曼哈頓計畫做出貢獻,因為該計畫參考了他對炸藥震波的研究。馮紐曼證明空爆(炸彈在空中引爆)比地面引爆更具殺傷力,而且也展示如何計算最適當的引爆高度。他在九月來到洛斯阿拉莫斯,旋即展開行動。奧本海默說的「亟需」想必是關於內爆式鈽武器的理論設計;馮紐曼憑其專業,建議在鈽核外面包上楔形成形炸藥(wedge-shaped charges),好讓震波能以一致的圓球狀朝內壓縮核心。

馮紐曼對原子彈的貢獻是如此不可缺[21]，美國陸軍和海軍又說他對震波和彈道學的研究同樣很重要，這使得他獲得能隨意進出洛斯阿拉莫斯的特權。這也讓他有了獨特的機會，能比別人更清楚觀察美國的計算作業環境。

原子彈的內爆裝置需要算出模型，而這種運算的負擔也是極為龐大。於是他們向 IBM 採購了十台打孔卡式計算機[22]，用接線板設定卡片欄位、要對欄位做什麼運算，以及在哪裡打孔代表結果。想像有一千張卡片疊起來，每一張代表爆炸中一個粒子的起始位置。你把這些卡輸入一台機器，產生出一千張卡片的結果，然後再重複輸入其他機器，並一週六天、每天二十四小時作業，就這樣進行好幾個星期。

馮紐曼學會怎麼操作和設定這些機器，但不信任這種從一台機器手動搬卡片到另一台的複雜作業。只要有一張放錯的卡，或是一疊卡放錯機器，或者接線板有條線接錯，那麼幾天份的工作成果就報銷了。這使他剛萌芽的計算機器夢想開始紮根。

馮紐曼開始在洛斯阿拉莫斯散布這個夢想，到處跟科學家和主管們提起，還寫信給美國科學研究與開發辦公室（Office of Scientific Research and Development）的頭子沃倫·韋弗（Warren Weaver），請他幫忙找到更快的計算設備。韋弗把馮紐曼介紹給霍華德·艾肯，這人是哈佛馬克一號電磁機械式電腦的負責人──我們會在下一章介紹這台電腦。

---

[21] 【譯者註】馮紐曼沒有出現在克里斯多福·諾蘭的電影《奧本海默》裡，一般認為是要避免搶走奧本海默的風采。

[22] 「想像一台黑色龐然怪物，關起來時能塞滿六呎（約 1.8 公尺）見方的空間。它前面是大幅改造過的 512 型打孔機──有兩個卡槽，一分鐘可輸入兩百張卡。正面有兩個雙面板接線板，右側則有數字開關。打孔機背後掛著一個陰沉的箱子，裝滿雷克（Lake）繼電器，第二個箱子則連在旁邊。」──赫伯·格羅什（Herb Grosch），www.columbia.edu/cu/computinghistory/aberdeen.html。

馬克一號和 ENIAC

馮紐曼在 1944 年夏天多次離開洛斯阿拉莫斯回家時，有一次決定去造訪艾肯和馬克一號電腦，以及他們的美國海軍客戶。他在阿伯丁試驗場（Aberdeen Proving Grounds）的火車月台上巧遇赫爾曼・戈德斯坦（Herman Goldstine），這人參加過他的一場演講，認出了馮紐曼。兩人等火車時聊起來，戈德斯坦提到他在設計一個使用真空管（vacuum tube）而不是電磁繼電器（electromechanical relay）[23] 的計算裝置，可以每秒計算超過三百次乘法[24]。

你能想像馮紐曼有什麼反應；整個交談氣氛從友善寒暄突然變成激烈的詢問。等兩人分開時，戈德斯坦就有了個待辦事項：安排馮紐曼參訪。

1944 年 8 月 7 日，馮紐曼拜訪艾肯，後者同意給他有限的時間使用馬克一號。在接下來幾星期中，馮紐曼和葛麗絲・霍普以及馬克一號團隊設計、撰寫程式並執行其中一個內爆計算問題[25]。這機器比馮紐曼無比擔憂的打孔卡機器可靠多了，可是諷刺的是速度反而慢上許多，以致馮紐曼認定再用下去也不實際。反正馬克一號早就預定好要替美國海軍計算一大票問題了。

馬克一號是馮紐曼第一次看到真正的自動電腦。他親眼目睹其運作方式，甚至協助寫程式和操作。他看到這台龐大的機器如何靠紙帶上的指令自動運作。他腦中的幼苗紮根得更深了。

---

[23] 【譯者註】relay 是電磁式電路開關，用外部電力當成訊號，通電時會保持打開或關閉，斷電後即回到另一狀態，因此也可用來記錄一個二進位狀態。繼電器開關時會發出喀噠聲。早期繼電器經常是開放式，導致它們真的有可能夾住蟲。

[24] Bhattacharya, p. 105.

[25] 這個內爆問題被掩飾成其他問題，馬克一號團隊沒有人知道它的真正用意。

就在他去參訪馬克一號的同一天,他收到赫爾曼・戈德斯坦邀請參觀他在火車月台上展現出極大興趣的那個計畫。因此,馮紐曼接下來去了賓州大學的摩爾電氣工程學院(Moore School of Electrical Engineering),在那兒見到一台巨大無比的電子機器,由接線板、開關、儀表構成,外加包含一萬八千個真空管的一排排電路。它填滿一個長 30 呎、寬 56 呎(約 10 乘 17 公尺)的房間,且高達八呎(2.4 公尺)。

這就是 ENIAC(Electronic Numerical Integrator And Computer,電子數值積分計算機),它也永遠改變了馮紐曼的生命。這顯然就是計算機需要追求的方向,但不該是這種形式。用接線板和電線設定程式的方式應該拿掉;他的夢想幼苗找到了水源。

馮紐曼在馬克一號和 ENIAC 電腦的經驗,使他開始在全美國尋找更好、更快的計算機器,但洛斯阿拉莫斯的工作已經不能等了。雖然他對打孔卡機器顧慮甚多,但計算最終還是完成,也在幾次非核子試爆中獲得證實。這一部分歸功於年輕的理查・費曼(Richard Feynman),負責這些機器的他展現出高超的團隊組織技巧。

三位一體

非核子試爆完成後,真正的鈽原子彈內爆測試安排在 1945 年 7 月 16 日,代號為「三位一體」(Trinity)。馮紐曼親眼目睹他用自己的計算和理論幫忙創造的裝置引爆。他看著核子火球升上天時說:「這威力至少有五千噸,可能多更多。」確實;爆炸威力至少相當於兩萬噸黃色炸藥。

而在三位一體試爆前,馮紐曼也參與了挑選日本本土目標的委員會。委員會最後推出的候選地點,同時也是他投票的對象,為京都、廣島、橫濱和小倉。選定這些目標的情感衝擊想必令人難以承受。他在某個時候離開了洛斯阿拉莫

斯，跑回在美國東岸的家，早上一到家就睡上整整十二個小時。他深夜醒來時，開始極為反常和瘋狂地對未來的事發火。

他嚇壞的妻子克拉莉（Klári）[26]回憶他的話如下：

> 「我們現在創造的是一頭怪物，其影響將會改變歷史，要是真有歷史能保留下來的話——可是我們不能不完成它，不只是為了軍事用途，也是因為從科學家的觀點來看，不管結果有多麼可怕，不把他們做得到的事情做出來是不道德的。而且這還只是開始！如今我們能夠接觸的能量來源，會使科學家在任何世紀都變成最受憎恨但也最搶手的公民。」[27]

然後，他突然換個話題，繼續他的發狂預言：

> 「計算機器不只會變得比原子能量更重要，還會變成不可或缺。只要人們能跟上他們創造的東西的腳步，我們就能踏進太空，到比月球更遠的地方去。要是人們沒這麼做，同樣的機器就會變得比原子彈更危險。」

他的夢想已經萌芽和紮根，並綻放成了花朵。

超級

在三位一體試爆、還有廣島與長崎的原爆後，馮紐曼繼續研究原子武器。他幼時在匈牙利目睹共產主義的經驗，使他深信蘇聯會是下一個敵人，因此美

---

[26] 本名克拉拉・丹・馮紐曼（Klára Dán von Neumann），1911-1963。

[27] Bhattacharya, p. 102.

國需要更大更強的原子彈來抵禦他們。他於是開始和愛德華・泰勒（Edward Teller）合作研究氫彈，俗稱「超級」（Super）。

要替熱核爆的核融合而不是核分裂計算模型，需要的計算能力遠遠超過打孔卡機器的能耐（而這些機器對第一批原子彈的計算已經是不可或缺）。馮紐曼在 1944 年夏天看到的那些機器勾起了他的胃口，使他對真正需要的東西開了胃口。

ENIAC 的計算速度十分驚人，比馬克一號快上一千倍，可是寫程式的威力被接線板嚴重限制了。機器只能執行任何程序的幾個步驟，然後就會停下來，接著得乏味地重接板子上的線來替後面的步驟編碼。因此，這台機器的高速性能被執行之間的漫長設定時間白白浪費掉。反過來說，能製作給哈佛馬克一號使用的長長紙帶程序是個很大的優勢。要想像 ENIAC 也採用紙帶並不難，但機器的執行速度就沒辦法比讀取紙帶的速度快。

結論很明顯；若要實現真正的運算威力跟高速，唯一辦法就是把指令跟資料儲存在比處理器更快的媒介中。程式得連同資料一起儲存；程式本身就得是資料。

ENIAC 的發明者約翰・莫奇利（John Mauchly）和 J・皮斯普・埃克特（J. Presper Eckert）在 1944 年八月——剛好就是馮紐曼造訪尚未完成的 ENIAC 那時——就提議打造一台新電腦，叫做 EDVAC（Electronic Discrete Variable Automatic Computer，離散變數自動電子計算機）。埃克特剛剛發明一種巧妙的水銀延遲線（delay line），用來記錄和消除雷達系統中的背景雜訊。他在打造 ENIAC 時意識到，同樣的技術可以拿來儲存相當大的二進位資料。既然 ENIAC 大部分喜怒無常的真空管都拿來當成記憶體，改用水銀延遲線就能大幅減少真空管數量，進而降低成本，並提高 EDVAC 的可靠性和計算能力。他們當時很有可能跟馮紐曼討論過；確實，馮紐曼也以顧問身分被拉進 EDVAC 計畫。

EDVAC 草稿

不到一年後,馮紐曼寫下一篇有趣的文件,標題叫「EDVAC 報告的第一份草稿」(First Draft of a Report on the EDVAC)。他在當中描述了一台機器,由五個基本單元組成:輸入(input)、輸出(output)、算數(arithmetic)、控制(control)與記憶體(memory)。控制單元從記憶體讀出指令,解讀然後把記憶體的值寫入計算單元,再將結果寫回去。這自然就是我們今日持續使用的自存程式電腦的模型。

文件沒有寫完,而且不太正式,用意不是要公開流傳。但戈德斯坦樂壞了,說這是 EDVAC 的第一個完整邏輯架構,於是在沒有知會馮紐曼、莫奇利和埃克特的情況下把複本寄給全世界十幾個科學家。

夢想的花兒盛開,種子擴散到全世界。馮紐曼架構已經在風中飄揚,而且流傳甚遠。不管它在什麼地方落地,都一樣會開花結果。圖靈看到這份報告,開始規劃 ACE 電腦;ENIAC 則在馮紐曼的力勸下改裝,並在 1947 年以新姿態開始運作。第一個擔任專職電腦程式設計師的人是珍・巴蒂克(Jean Bartik,出生本名貝蒂・珍・詹尼斯(Betty Jean Jennings)),她是 ENIAC 的原始程式設計師兼操作員之一。

馮紐曼的數學家妻子克拉莉也成了程式設計師,在洛斯阿拉莫斯和東岸之間通勤,跑程式來計算泰勒針對「超級」氫彈的模型,用的是馮紐曼和斯坦尼斯瓦夫・烏拉姆(Stanislaw Ulam)發明的蒙地卡羅(Monte Carlo)分析法[28]。

馮紐曼會在這個時間點離開我們的故事,但我必須盡責指出,我到目前為止提到的成就和功績只不過是馮紐曼畢生的一小部分;馮紐曼對數學、物理學、量

---

[28] 參閱書末詞彙表的「蒙地卡羅分析法」。

子力學、遊戲理論、動力學和流體動力學、廣義相對論、拓樸理論、群論等等族繁不及備載的領域都做出了巨大的貢獻，你用一整章、甚至一整本書都無法充分講完這些。

約翰・馮紐曼於 1957 年 2 月 8 日死於癌症，很有可能是源自在洛斯阿拉莫斯承受的輻射暴露。他非常怕死，因此直到臨終也不願接受病因。在他出生地的牆上有一塊牌子，一部分這樣寫著：「……二十世紀最傑出的數學家之一」。如同本章，我認為此話太輕描淡寫了。

但我們必須回到我們的故事，以及本章標題的三位偉人留給後世的功績。馮紐曼架構正在打穿計算器的世界，一台又一台機器在步履蹣跚的 1940 年代紛紛上線。等到大戰結束，資訊時代就緊接著展開。1948 年，使用威廉士管（Williams tube，陰極射線管）記憶體的「曼徹斯特嬰兒」（Manchester Baby）開始運作，而劍橋的 EDSAC ——使用水銀延遲線——則在 1949 年啟用。莫奇利和埃克特離開劍橋發展了 UNIVAC（Universal Automatic Computer，通用自動計算機），使商業電腦產業的競賽就此開跑。

我們也會看到，這將是一場激烈的競賽。

參考資料

- 原子遺產基金會（Atomic Heritage Foundation），2014：「計算與曼哈頓計畫」（Computing and the Manhattan Project），由原子遺產基金會發表於 2014 年 7 月 18 日。ahf.nuclearmuseum.org/ahf/history/computing-and-manhattan-project。
- Beyer, Kurt W.，2009：《葛麗絲・霍普和資訊年代的發明》（*Grace Hopper and the Invention of the Information Age*）。MIT Press 出版。

- Bhattacharya, Ananyo.，2021：《來自未來的人》(*The Man from the Future*)。W. W. Norton & Co. 出版。

- 埃德溫・坦尼・布魯斯特（Brewster, Edwin Tenney），1912：《每個孩子都該知道的自然奇觀》(*Natural Wonders Every Child Should Know*)。Doubleday, Doran & Co. 出版。

- Gilpin, Donald（無日期）：「瓦爾德・維布倫留下的不凡成就」(The Extraordinary Legacy of Oswald Veblen)。發表於《普林斯頓雜誌》(*Princeton Magazine*)。www.princetonmagazine.com/the-extraordinary-legacy-of-oswald-veblen。

- 庫爾特・哥德爾（Gödel, Kurt），1931：《論數學原理及相關系統無法正式決定之命題》(*On Formally Undecidable Propositions of Principia Mathematica and Related Systems*)。由 Dover Publications, Inc. 出版。monoskop.org/images/9/93/Kurt_G%C3%B6del_On_Formally_Undecidable_Propositions_of_Principia_Mathematica_and_Related_Systems_1992.pdf。

- 安德魯・霍奇斯（Hodges, Andrew），2000：《艾倫・圖靈傳》(*Alan Turing: The Enigma*)。Walker Publishing 出版。

- Kennefick, Daniel，2020：「愛因斯坦先發現了廣義相對論嗎？」(Was Einstein the First to Discover General Relativity?)。由普林斯頓大學出版發表於 2020 年 3 月 9 日。press.princeton.edu/ideas/was-einstein-the-first-to-discover-general-relativity。

- Lee Mortimer, Favell，1857：《無痛閱讀法，或學習閱讀的愉快方式》(*Reading without Tears. Or, a Pleasant Mode of Learning to Read*)。Harper & Brothers 出版。

- Lewis, N.，2021：「數學下的三位一體：令三位一體試爆成真的計算努力」（Trinity by the Numbers: The Computing Effort That Made Trinity Possible）。《Nuclear Technology》期刊 207 期，no. sup1: S176-S189。www.tandfonline.com/doi/full/10.1080/00295450.2021.1938487。
- 查爾斯・佩佐（Petzold, Charles），2008：《圖靈註釋版》（The Annotated Turing）。Wiley 出版。
- Todd, John（無日期）：「約翰・馮紐曼和國家會計機器」（John von Neumann and the National Accounting Machine）。加州理工學院出版。archive.computerhistory.org/resources/access/text/2016/06/102724632-05-01-acc.pdf。
- 艾倫・圖靈（Turing, A. M.），1936：「論可計算數及其在判定問題上的應用」（On Computable Numbers, with an Application to the Entscheidugnsproblem）。www.cs.virginia.edu/~robins/Turing_Paper_1936.pdf。
- 維基百科：「艾倫・圖靈」。en.wikipedia.org/wiki/Alan_Turing。
- 維基百科：「大衛・希爾伯特」。en.wikipedia.org/wiki/David_Hilbert。
- 維基百科：「EDVAC」。en.wikipedia.org/wiki/EDVAC。
- 維基百科：「約翰・馮紐曼」。en.wikipedia.org/wiki/John_von_Neumann。

第 4 章
葛麗絲・霍普：第一位軟體工程師

葛麗絲・霍普（Grace Hopper）進入我們這個領域時，程式設計師仍然會在紙帶上打真的孔——這些孔會對應到以數字表示的指令，能驅動電腦執行一段程序。霍普對這種任務變得很在行，但後來想到其實有更好的辦法。

這種更好的辦法——她稱之為**自動程式設計**——是程式設計師會使用更方便、更抽象的語言寫程式，然後有支電腦程式會將之轉譯為數字指令。她寫出世上第一支這種程式，並稱之為「編譯器」（compiler）。所以若說葛麗絲・霍普是史上第一位「真正的」程式設計師，並不是誇大其辭。有些人比她更早寫程式，但她是第一個發展出程式設計紀律[1]的人；所以，更好的說法或許是葛麗絲・霍普是史上第一位軟體工程師。

她是第一個挺身對抗固執、無知管理階級的程式設計師——不只因為她是女性，也因為她是個程式設計師。她也承受過令人耗弱的酗酒歲月，嚴重到她有想過、甚至數次真的試圖自殺。但對我們很幸運的是，在她同事與朋友的幫助下，她得以戰勝酒癮這個惡魔。

---

[1] 讓人想到圖靈懇求數學家們要有辦法維護合適的紀律。

我們能將許多發明或貢獻歸功於她：程式註解、子程序、多進程運算、有紀律的開發方法論、除錯、編譯器、開源、使用者群組、管理資訊系統，以及比這多更多的東西。拜她的努力之賜，我們如今會使用標準詞彙，比如位址、二元、位元、組譯器、編譯器、中斷點、字元、程式碼、除錯、編輯、欄位、檔案、浮點數、流程圖、輸入、輸出、跳躍、鍵、迴圈、正規化、運算元、溢位、參數、程式、修補程式和子程序。

她的故事實在太引人入勝，而且她在軟體業的開端就已經成就無數，替產業打下極為深遠的基礎，我們其餘人甚至很少想過自己站在誰的肩膀上。她是一肩扛起軟體業世界的巨人阿特拉斯——但太少程式設計師聽過她的真實貢獻。我們或許也可以說，在某個時候，阿特拉斯的確也無奈聳了聳肩[2]。

戰火與 1944 年的夏天

葛麗絲·布魯斯特·穆雷（Grace Brewster Murray）在 1906 年 12 月 9 日生於紐約市，七歲時就會拆開鬧鐘來看它們是怎麼運作的。她十七歲就進入瓦薩學院（Vassar College），畢業時獲得極高的殊榮（加入斐陶斐榮譽學會（Phi Beta Kappa）），並取得數學和物理學學士學位。兩年後，也就是 1930 年，她拿到耶魯碩士學位，這時還不滿二十歲。她在同一年嫁給了文生·佛斯特·霍普（Vincent Foster Hopper）。

她在耶魯繼續深造，並於 1934 年成為這間名校第一位取得數學博士的女性。而在攻讀博士學位期間，她也回到瓦薩學院教數學，最後在 1941 年成為助理數學教授。她用了創新的方式教研究生非歐幾里得幾何學和廣義相對論，惹毛

---

[2] 【譯者註】《阿特拉斯聳聳肩》（*Atlas Shrugged*）是安·蘭德（Ayn Rand）出版於 1957 年的著名科幻小說。

Chapter 4　葛麗絲・霍普：第一位軟體工程師

了不少瓦薩學院的老古板。這些積怨在心的上級試著要她聽話,但被蜂擁擠進她課堂的學生們化解了,後者熱情洋溢讚美她,認為她非常鼓舞人心。

她喜歡當教育家,最終也會重返教育事業。但命運插手改變了她人生的方向。

日軍轟炸珍珠港,把美國拉進第二次世界大戰,使三十六歲的葛麗絲・穆雷・霍普毅然決定離開瓦薩學院的終身數學教授職位、拋下結婚十二年的丈夫,轉而加入美國海軍。這個決定相當意外地推了她一把,使她踏上第一個真正的程式工程師的道路。

她進入海軍和從見習軍官學校畢業,獲得海軍中尉的位階。由於她有深厚的數學背景,她本來預期會被派去破解密碼。結果上頭派她去哈佛,擔任 ASCC (Automatic Sequence Controlled Calculator,自動序列控制計算機)的副管理者和第三位[3] 程式設計師。ASCC 是美國第一台電腦,說不定還是全球第二台。

ASCC 更為人熟知的名稱便是哈佛馬克一號(Harvard Mark I),乃為霍華德・艾肯的心血;他欺瞞哈佛教職員[4] 和跟海軍討價還價,好讓他打造這台巨大無比的計算機器。艾肯把計畫呈給 IBM,而托馬斯・J・華生(Thomas J. Watson)[5] 本人同意資助其設計和建造。五年後,IBM 交出一台重達 9,445 磅、高八呎、寬三呎、長 51 呎的裝置,包括七十五萬個繼電器和大量齒輪、凸輪、馬達、計數器連在 540 英哩長的電線上。它被安裝在哈佛的克魯夫實驗室

---

[3]　另外兩人是羅伯特・坎貝爾(Robert Campbell)和理查・布羅克(Richard Bloch)。後面會談到更多他們的事。

[4]　Beyer, p. 78.

[5]　老托馬斯・J・華生是個被判過罪的白領罪犯,也賣設備給納粹德國,好讓後者能照時間表準確運行火車(包括大屠殺死亡列車)。他是那段時期 IBM 的大天王(董事長兼總裁)。

（Cruft Laboratory）[6]的地下室。這台怪物[7]有72個暫存器，每個可存23位數，每個位數都是一個有十段顯示（0到9）的電磁計數器。暫存器本身也是加法器，用繼電器來實施延遲進位機制，讓人想到巴貝奇的螺旋式進位桿。

馬克一號由一具每分鐘兩百轉的馬達驅動，使它能在三百毫秒（零點三秒）內給兩個暫存器相加。它也有一個獨立的算數引擎，能花10秒完成乘法、花16秒做除法，並在90秒內算出對數。控制這整台裝置的東西就跟雅卡爾織布機一樣，是把指令打在一條長長的三吋寬紙帶上。艾肯這時還沒聽過巴貝奇的分析機，但要是巴貝奇有機會親眼看到這台機器，一定會備感親切。

這裡是海軍，馬克一號是一艘船，霍華德・艾肯則是艦長。他也真的照海軍的方式管事：所有人得穿著制服值勤，並遵照軍事規則跟禮儀。外頭有場戰爭，他們都是這場仗的士兵。

艾肯不是好相處的人，也不是每個人都喜歡他的軍事作風。其中一個例子是雷克斯・希伯（Rex Seeber）[8]，他在1944年加入團隊，卻問艾肯能不能晚一點開始，好讓他能休點合法的假。艾肯拒絕了，也對這種要求極為不滿。於是，不管希伯多努力投入工作，艾肯都選擇忽視希伯的建議跟點子。等到戰爭結束後，希伯就辭職和接了IBM的一個職位。希伯將來會設計和打造出能令艾肯跟馬克一號都失色不已的機器。

---

[6] 思考一下這個詞的意味。（【譯者註】cruft 是多餘的、礙事的東西，特別是用在電腦軟體內。哈佛克魯夫實驗室在1915年由 Harriet Otis Cruft 捐贈，後來不知如何這個詞在1950年代傳到麻省理工和變成這個意義。）

[7] 若想看這台機器的神奇影片，請參閱本章參考資料內的「哈佛的秘密電腦實驗室」。

[8] 小羅伯特・雷克斯・希伯（Robert Rex Seeber Jr.），1910-1969。

Chapter 4　葛麗絲・霍普：第一位軟體工程師

艾肯很失望海軍居然派葛麗絲・霍普——一位女性軍官——來擔任他這艘船的大副[9]。她在 1944 年 7 月 2 日報到時，艾肯中校對葛麗絲・霍普中尉的第一句話是：「妳死到哪去了？」[10] 然後他命令她用馬克一號計算反正切函數的內插係數（interpolation coefficients）到小數位第 23 位，並只給她一星期的時間。

於是在短短一週內，葛麗絲・霍普——一位曾說自己連電腦跟番茄籃都分不出差別的女性——就得設定一台機器做這類機器過去幾乎沒有想像過的任務。這台機器沒有 YouTube 影片教學可看，連紙本操作手冊都沒有。艾肯的團隊只丟給她一些匆忙拼湊的筆記，描述了電腦的指令碼。

馬克一號的程式是用打孔的方式寫在紙帶上，紙帶由一條條水平欄構成，每行有 24 格，每格可以打孔或不打。這樣等於是對應到 24 位元資料，但他們當時不是這樣思考的。這 24 位元被拆成三組，每組八位元。前兩組代表輸入和輸出記憶體暫存器的二進位位址，第三個則是要做的運算的代碼。數字 0 表示「加法」，因此一行若是 0x131400，意思就是把暫存器 0x13 的值加到暫存器 0x14。

但他們不是這樣寫的，而是像這樣（你如果看仔細點，說不定就能搞懂）：

```
    | 521| 53|    |
```

懂了嗎？不懂？下面這樣大概有幫助。紙帶上的孔會排列如下：

```
  | | | |o| | |o|o| | | |o| |o| | | | | | | | | | |
   8 7 6 5 4 3 2 1 8 7 6 5 4 3 2 1 8 7 6 5 4 3 2 1
   0 0 0 1 0 0 1 1 0 0 0 1 0 1 0 0 0 0 0 0 0 0 0 0
        1       3       1     4           0       0
```

---

[9] Beyer, p. 39.

[10] Beyer, p. 39.

現在你看出端倪了吧？有沒有抱頭尖叫啊？

所以霍普的任務是打出一條紙帶，上頭的孔要排列得正正確確，好算出所有的反正切內插係數。她能使用的指令只有加、減、乘、除和列印。她沒辦法跑迴圈（除非手動調整紙帶或把紙帶黏成一個圈），也沒辦法寫邏輯判斷。這條紙帶必須很長，包含依序排列的指令，好算出每一個內插係數——而這堆重複的指令得徒手打在很長的紙帶上，每個孔都得精準無誤。

為什麼他們會寫 | 521| 53| |這樣的程式碼？因為用來打孔的機器有一個鍵盤，上面有三排各八個鍵，標著 87654321。你得一次按下一個對應的鍵，打完後把紙帶挪到下一行[11]。

聽了有沒有很想把頭髮扯下來？等等，我還沒說完呢！

---

[11] 其實，鍵盤的 24 鍵組有兩組，因為機器可以一次打兩排的孔。參閱《自動序列控制計算機操作手冊》（*A Manual of Operation for the Automatic Sequence Controlled Calculator*，1946）第 45 頁起：chsi.harvard.edu/harvard-ibm-mark-1-manual。

Chapter 4　葛麗絲・霍普：第一位軟體工程師

馬克一號可不是擺著不動的機器，軍隊有很多任務等著要讓艾肯的團隊計算。他們得替不同的火炮和艦炮印出彈道表，製作導航表和分析各種金屬合金。累積的工作可多了，而艾肯中校可不容忍延誤。外頭有戰爭要打，他們使命必達。

而霍普不知如何在她得到的短短一星期內，弄到一點電腦時間請另外兩位程式設計師帶她上手，然後趁其他更重要計算的空檔跑了幾次她自己的程式。

她的第一次任務圓滿達成。但這不會是她的最後一次成功——差得遠了。

紀律：1944 至 1945 年

霍普和她的同僚理查・布羅克、以及羅伯特・坎貝爾卯起來搞懂機器的內部運作原理，結果有了些令人尷尬的發現。例如，艾肯花了相當多金錢和力氣打造能計算對數和三角學的硬體，可是這組人很快發現，機器得花兩百個週期來跑這些功能，然而這些功能花費的時間比用加法和乘法做簡單的內插法還要慢。所以這些昂貴的設備其實很少使用。

機器的另一個怪癖是，接線板的其中一個設定會把乘法結果往右移特定數量的位數，而且這是自動進行的，好保留任何特定程式假定的小數位數。你只消回想一下我們在第一章做的事，就能理解這為什麼有其必要。

還有一個奇怪的地方是，機器的減法是自動取減數的九補數，然後加上被減數。九補數加法讓你能用兩種方式表示 0：一個是所有位元都是 0，一個是所有位元都是 9，也就是「負 0」。此外，機器在做很長的數學運算時，也有可能發生四捨五入和去掉小數位的錯誤。

這些做最佳化、變通和應付弱點的經驗，就成了霍普和同僚開始寫下／傳播的紀律的一部分。這些成了「庫房牆上的規則」，每個人都會遵守。

同時，海軍在待辦事項上加入越來越多計算任務。這三位程式設計師得找個又快又有效的方式消化這些問題。讓這件事更正中要害的是，艾肯中校的辦公室就在機器旁邊──他要是聽到機器停擺或發出怪聲，就會鬧得天翻地覆。

一邊寫程式又要一邊操作機器的差事非常累人，所以他們分工合作，徵召水手進來接手機器的日常運作，三名程式設計師則負責寫程式和替特定問題產出操作指令。這些操作指令本身也是真正的程式，而且非常緊湊，代表了人類和機器合作執行演算法的共生關係。指令的運作方式如下：

大多數指令的位元 7 是「繼續」位元。如果該位元為 1，機器就會繼續讀下一行指令，沒有的話就停止。但指令 64 只有在上一個計算用到暫存器 72、而該暫存器沒有溢位的情況下，才會讓機器停下。團隊利用這種停止機制來把程式打散成一系列批次指令，好引導機器的作業方式。他們寫下註記，有時寫在紙帶上，但通常是在一般的紙上，告訴操作員說機器停止時要做什麼。

如果程式有一個迴圈[12]，機器會在每一次迴圈結尾停住，操作員則會被指示檢查迴圈脫離條件（exit condition）。如果沒有達到條件，就把紙帶往回抽到迴圈開頭，這個位置通常會標記在紙帶上。脫離條件通常是讓操作員檢查一個或多個記憶體暫存器的值。至於若程式要求做邏輯判斷，機器就會在準備好讓操作員評估條件時停下，而操作指令會教操作員怎麼重新調整紙帶位置，或者改而輸入一條全新的紙帶。

操作員會讓機器一周七天、一天二十四小時全天候運作，程式設計師也會花同樣多的時間待命。這是嚴苛的差事──但外頭有場戰爭在打。

---

[12] 偶爾紙帶末端會連到開頭，構成一個實體迴圈，但這種情況很少見。

Chapter 4　葛麗絲・霍普：第一位軟體工程師

你想不想當那些操作員，負責輸入紙帶，等著機器停下來，讀指令看要怎麼辦，然後沿著 51 呎（約 15 公尺）長的機器查看暫存器，再決定怎麼移動紙帶嗎？更糟的是，你是否會想當霍普的程式設計組員，把複雜數學問題轉成一系列紙帶上的孔，再寫下複雜萬分的操作指令，希望兩眼無神的操作員們能正確無誤看懂？

先別急著回答，因為要是你計算的問題需要的數字超過 72 個 23 位數呢？要是你需要從打孔卡讀取很多批資料，針對每一批做處理，然後把一批卡的結果打在另一疊卡上，好當成緊接著下一批計算的輸入，你會作何感想？

這些最終要打在紙帶上的指令序列，會先用鉛筆寫在程式設計表上。寫在表上的程式都是數字；用符號代表指令的概念還要過好幾年才會出現。為了讓這些永無止境的三欄數字更好懂，霍普實施了一種寫註解的紀律，並在程式設計表上加一個欄位來放這些註解。

等程式寫好和檢查過、再由另一個程式設計師再次檢查後，程式設計表的內容就會被打在紙帶上。在紙帶打孔是艱鉅萬分的任務，每個孔都得完全正確和再三查驗，所以這個過程極度耗時。當然，程式設計師沒有時間自己手動打紙帶，所以會指派助手用打孔機把程式設計表轉譯到紙帶上。這個過程由霍普負責，指派一個團隊打紙帶、另一個團隊則負責檢查打孔是否正確。這跟日後管理資料磁帶和打孔卡片的方式是類似的。

等紙帶打好、操作指令也寫好後，就要來「測試」程式，用樣本資料做小規模執行。測試通常會出錯：機器會突然停止、卡住、印出垃圾結果或崩潰（crash）。crash（撞毀、墜毀，現指當機）這詞是出於馬克一號在某些故障模式會發出的聲音，霍普說聽起來很像飛機撞進大樓。

在測試開始時，操作員會拿出一條伊斯蘭教的禮拜毯，讓它朝東和在上面祈禱機器能正常運作。如果出錯了，就把 72 條暫存器的所有值寫下來，還有記下

紙帶出錯的位置，再把這些內容「倒回」（dump，意同現在的傾印）程式設計師那裡，好診斷問題和提出修正。

機器本身則會發生機械故障，而且經常很難察覺。電極會腐蝕，馬達電刷會折彎，有時還真的有蟲被夾在機器裡[13]。他們最好的診斷工具之一是霍普的化妝鏡，拿來檢查很難看到的接點跟機械。

診斷軟體跟硬體問題的方式，通常都是直接聽機器運作時發出什麼聲音。你能聽到計數器在什麼時候增加值或有離合器啟動。熟悉機器運作的操作員或程式設計師，能聽得出來機器是否在正確時間發出錯誤的聲音，或者在錯誤時間發出正確的聲音。

要是測試結果順利印出來，這些結果就會由使用桌面計算機的人徒手複查。這是個漫長且容易出錯的過程。於是霍普實施了另一個紀律，來讓機器做自我檢查[14]。他們寫了操作指令，能用比人類更快的速度查驗結果。

一旦程式正確運作，最終輸出通常就只是電傳打字機印出來的一長串數字。人類會拿走列印結果，解讀和改寫成報告跟文件，好讓其他人類能讀。霍普學會怎麼讓機器計算頁數和列數，並加上空格跟換行符號來把輸出格式化，好減輕人類的作業負擔和減少錯誤。艾肯中校起先氣炸了，霍普居然浪費時間在搞文件格式化，但她到頭來說服了對方，格式化（formatting）確實能節省時間和避免重新製作文件。

---

[13] 【譯者註】bug 一詞其實從 1870 年代起就用來表示工程學上的缺陷。1947 年 9 月 9 日，操作員在馬克一號的後繼機馬克二號裡發現一隻飛蛾被夾在繼電器裡。這隻蟲被貼在系統日誌本上，霍普也寫下：「第一次發現真正的蟲的案例」，這笑話顯示 bug 一詞在當時就已經被用來表示機械故障原因。同樣的，除錯（debugging，移除蟲的行為）在二戰期間已經用在航空學，後來普及為電腦及程式除錯之意。

[14] 預告了測試驅動開發（test-driven development，TDD）的到來。

Chapter 4　葛麗絲・霍普：第一位軟體工程師

機器慢到出奇，程式可能要花好幾天或幾星期才跑得完。因此霍普跟組員發明了指令管線和多進程。比如，乘法要花十秒鐘才能生出結果，但機器在這段時間能執行 30 個指令，所以他們想出辦法讓機器利用這段期間的運算週期來替下一階段的問題做準備，順便等待緩慢的作業結束。這樣當然會讓程式變得複雜許多；他們這下要同時跑好幾個程序，得非常小心算好執行週期，確保指令不會互相干擾。

更糟的是，有些耗時的作業會在其處理過程的某些時間用到匯流排，所以程式設計師得小心算好這段期間的穿插指令時間，免得在匯流排造成衝突。

但儘管事情變得如此複雜，外加有附帶的風險，這些努力使整體產出提高了 36%。當你的程式得花三星期才跑得完時，這可是不容小覷的進步。

而這段期間，工作一直源源不絕湧入，而且全都急得火燒屁股。他們甚至有支電話直通華盛頓特區的軍備局。如果那支電話響起來，這通常表示某個工作的時程得提前、期限也縮短了。工作負擔是如此之大，組員經常錯過晚餐，得在深夜去找東西吃。於是霍普在辦公室囤積食物，並找一個徵召的水手來每個星期補貨。

這就是霍普和她的同僚工作的世界，而且還是有如地獄般全天候加班的戰爭歲月。幸好，他們發展和維持了合適的紀律，以免「我們搞丟自己的進度」（參考前一章「艾倫・圖靈」小節的引言）。他們得以讓機器在 95% 的時間裡維持產能。而由於她如此出色地組織團隊和維持合適的紀律，艾肯中校最終指派她負責整個馬克一號的營運。

子程序：1944 至 1946 年

當時交給馬克一號處理的任務都是數學問題，而且有極高的資料密集性。他們被要求替陸地與海上火炮製作彈道表、有日期跟地點的海上導航表，以及大量類似的要求。當然，這意味著有許多問題底下存在著共通的子任務。

起先他們只是留著程式碼片段，當成日後問題的參考。他們把這些片段——又稱為程序（routine）——收到各別的工程筆記本內。但隨著時間過去，他們意識到他們可以幾乎完全照抄這些程序，所以把它們集結成一套程序庫。

當然，這些程序會用到馬克一號的暫存器，而每支程式都很可能會使用不同的暫存器。舉例來說，如果有段程式碼會計算 $2\sin(x)$，它得知道暫存器 x 在哪裡。在一支程式內 x 可能是 31 號暫存器，在另一支則可能是 42 號暫存器。所以小組採取了慣例，把程序庫內的暫存器都預設為 0，然後在拷貝程序到程式內時，把「可重新定位的」位址加到程式中的實際暫存器位址庫。他們把這稱為「相對式程式設計」（relative coding）。

可想而知，這些拷貝和增加位址的行為還是得徒手寫在程式設計表上，但這樣已經省下了相當可觀的時間。霍普開始把程式看成這些程序的集合體，它們之間會用額外的程式連結起來，我們如今稱為「膠水程式碼」（glue code）。

雖然他們建立了龐大的子程序庫，機器的運作限制依然令人氣餒。要實現迴圈只能停止機器和人工調整紙帶，不然就是在紙帶上不斷重複同樣的程式片段。迴圈跟條件判斷帶來的操作負擔幾乎讓人扛不住。最後這件事在戰爭期間發展成不容忽視的問題，因為約翰‧馮紐曼請團隊計算一個微分方程式，它暗中其實是在描述原子彈鈽核心內爆的效果。

這問題需要操作員干預和操控機器好幾百次，就只為了應付問題中的迴圈和條件判斷。計算最後圓滿達成，但所有參與的人——包括馮紐曼——都意識到這應該要有更好的做法。

於是在 1946 年夏天，霍普的副手理查・布羅克開始修改馬克一號的硬體，使它能同時從十台不同的紙帶讀取機讀取輸入。他們新增了指令，讓機器能切換讀取機，並執行新機器上的程序。這些額外讀取機的紙帶位址都是「相對性」的，馬克一號會自行負責重新定址。這麼一來，他們等於是實作了一套線上版的可重新定址子程序庫。

但霍普也看出了別的契機：她把每段程序看成新指令，程式設計師可以指定執行它，卻不必擔心這些指令的實際程式碼是什麼。「編譯器」的概念開始在她腦中萌芽。

座談會：1947 年

戰爭期間加強的保全和保密措施，使不同電腦團隊無法針對電腦的研究和操作進行討論。ENIAC 的人馬和馬克一號的團隊在戰時並不知道彼此的存在。他們之間唯一的共同聯繫者是約翰・馮紐曼，但他被嚴格命令要對自己的計畫保密。不過到了戰後，保密的黑布一旦掀開，參與電腦計畫的這幾小批人就開始交流了。

艾肯這時把焦點從戰時作業轉移到升遷跟打好公共關係。他自比為查爾斯・巴貝奇邏輯上的後代，並把霍普比做愛達。霍普總是急於討好艾肯，所以負責對來訪的貴賓提供導覽解說。她在這方面非常在行；她是天生的教育家和激勵人心的演講者，這些導覽也大受歡迎。

艾肯發現這是讓他的哈佛團隊領導計算機發展的大好機會，便邀請研究者和學界、商界、軍方感興趣的團體參加一場座談會，名為「大規模數位計算機器」（Large Scale Digital Calculating Machinery）。出席者包括來自麻省理工、普林斯頓、奇異公司、NCR 公司、IBM 和美國海軍的人。艾肯甚至邀請到查爾斯・巴貝奇的孫子來演講——進一步強化他跟巴貝奇的關聯。

艾肯希望人們把他視為巴貝奇的「才智後代」，更別提巴貝奇曾獲得盧卡斯數學教授席位——就跟偉大的艾薩克・牛頓一樣。但霍普後來會說，艾肯是在馬克一號營運多年後才得知巴貝奇的事，因此馬克一號的發明並不是受到巴貝奇啟發。

艾肯對與會者介紹馬克一號，並把設計和建造的功勞全部攬到自己身上，對於 IBM 隻字未提。在場的托馬斯・J・華生氣炸了——畢竟當年可是 IBM 設計、打造和資助這整個計畫。因此華生策畫了他的復仇[15]。

儘管有以上失言，座談會大獲成功。馬克一號做了示範，布羅克介紹了能執行多重子程序和邏輯判斷的硬體。但座談會真正的主題呢？是記憶體（memory）。

ENIAC 的人示範一台使用真空管的電子式電腦，不僅可保持持續運作，還比馬克一號快五千倍。而 ENIAC 真正的問題，如同馮紐曼指出的，是它設定所需的時間遠比馬克一號的程式設計和執行時間更長。

ENIAC 的設定方式跟馬克一號不同，不是靠一連串指令來執行，而是和當時的類比電腦一樣用電線和接線板。這嚴重限制了 ENIAC 在任何執行任務能做

---

[15] 參閱第五章。Lorenzo, p. 30.

的事，而且任務之間的重新設定時間也非常冗長，導致馮紐曼的內爆計算在 ENIAC 上的花費時間反而比馬克一號更久。

就算 ENIAC 擁有馬克一號用的那種紙帶讀取機，機器自身的執行速度也會超過能從紙帶讀指令的速度。這表示機器每個指令之間得停下來等 100 毫秒左右，所以到頭來也只會比馬克一號快一點點而已。

解決之道很明顯：馮紐曼在 1945 年 6 月的「EDVAC 報告的第一份草稿」就已經提過。程式必須存在記憶體中，而記憶體得跟電腦本身一樣快。電腦既然已經有記憶體能存數值，同樣的記憶體說不定也能拿來存程式。但要用哪種記憶體呢？有些人認為可以用音波形式存在水銀內，有人認為磁鼓或靜電鼓最好。甚至連陰極射線管和照相式記憶體都有討論。

但即使有這麼多高階討論和商議，「真正」的研討會發生在晚上的酒吧。在這些靠酒精驅使的討論中，霍普說：「我覺得我們任何人都沒辦法停止講話，所有人整晚醒著討論事情。這就只是一個一直不會結束的話題。」[16]

這段非官方交談的大部分，都是關於電腦的潛在實務用途，討論到自動化的指揮與管制、航空學、醫藥、保險跟各種商業、社會應用。他們也很擔憂，到底要去哪邊找到將來需要的這麼多程式設計師。

艾肯對這種記憶體跟速度之爭不買單，認為電子裝置的速度是多餘的，計算機的未來是電磁機械的天下。這導致他在戰爭期間與戰後的屬下一個個離開，去了別處尋求更好的機會。

---

[16] Beyer, p. 154.

霍普對艾肯忠心耿耿，使得她又多待了一年，但離開的動機已經很明顯。有幾間公司已經在打造可自存程式的電腦，許多也對她開出了高薪邀約。她更受到其他知名單位的拉攏，比如美國海軍研究辦公室。

1949 年夏天，她在一個叫做埃克特—莫齊利計算機公司（The Eckert and Mauchly Computer Corporation，EMCC）的新創事業找到工作，該公司的創辦人就是 ENIAC 的兩位發明者。他們的目標是打造 UNIVAC（Universal Automatic Computer，通用自動計算機）。

UNIVAC：1949 至 1951 年

霍普加入 EMCC 時，UNIVAC 還不存在，要過一年多才會出現。但他們確實有台小型版的 UNIVAC 在運作，叫做 BINAC（Binary Automatic Computer，二元自動計算機）。EMCC 公司替諾斯諾普飛機公司（Northrop Aviation）打造 BINAC，而這是一台二進位機器。UNIVAC 則會是一台十進位機器。

UNIVAC I 用超過六千根真空管打造，重達七噸，並消耗 125 千瓦電力。它的水銀延遲線可儲存一千個字組（word），每個字組 72 位元[17]，而水銀得維持在穩定的華氏 104 度（攝氏 40 度）。每個字組可以包含兩段指令，或是一個有 12 字元的值。一個字元佔 6 位元，可以是字母或跟數字。若全部 12 個字元都是數字，這個字組就是數值。

數千條高溫水銀管和華氏 104 度的水銀槽塞滿了沒有空調的組裝工廠，讓打造 UNIVAC 的工人們熱到脫到只剩短褲跟內衣，經常還得用水瓶給自己澆水降

---

[17] 留意 72 這個數字：你會很訝異該數字經常出現，還有會在你想不到的脈絡下出現。

Chapter 4　葛麗絲・霍普：第一位軟體工程師

溫。水銀延遲線儲存的位元形式是在水銀管中傳播的聲波，一端的擴音器會「存放」位元，另一端的麥克風則「取出」位元。因此記憶體就是在水銀中不斷重播的聲波位元，而讀取時間就是重複聲波的平均延遲時間。這讓 UNIVAC 能夠每秒執行至多 1,905 個指令。

算術單元有四個暫存器：rA、rX、rL 和 rF。每個可存一個字組，這些會用來存算術運算的運算元跟結果。機器可以在 525 微秒（0.000525 秒）內相加兩個十二位數數字，並在 2,150 微秒內把它們相乘。

十進位數的字母數字編碼則是 XS-3（加三碼），也就是 BCD（binary-coded decimal，二進位編碼十進位數）再加 3。對，你沒看錯：所以 0 就是 0011_2，1 是 0100_2，5 則是 1000_2，如此類推。你則會問，為什麼是加 3？原來 UNIVAC 的減法是相加九補數，而 XS-3 的九補數非常好算，只要反轉所有位元即可。試試看就曉得了。這樣的小副作用是每次加法都會讓結果多 3，所以 UNIVAC 的設計是每次加法後會減 3。（各位就別再多追問啦；再問下去你會抓狂的。）

你或許會覺得一千個字組做不了什麼事，這也沒錯。所以 UNIVAC 有一排磁帶機叫 UNISERVO，上頭的磁帶可存兩百萬個字元（每個字元為 6 位元——他們當時還不知道位元組（8 位元））。資料讀寫速度是每秒 1,200 個字元，每批包含 60 個字組。

霍普因為有程式設計和管理經驗而受聘，但既然這是新創公司，大家什麼都做。霍普很快就跟 ENIAC 其中一位元老程式設計師貝蒂・史奈德（Betty Snyder）[18] 合作，後者介紹霍普怎麼使用流程圖（flowchart）來規劃程式程序。

---

[18] 本名法蘭西絲・伊莉莎白・史奈德・霍伯頓（Frances Elizabeth Snyder Holberton），1917-2001。

之所以要在可自存程式的電腦使用流程圖，是因為程式的程序有可能變得超級複雜，尤其是程式會修改自身指令的時候。這種自我修改在設定 UNIVAC 上是有必要的，因為機器沒辦法做間接記憶體定址[19]。

如果不用間接定址，程式走訪一個依序排列、由字組構成的陣列時，就只能修改讀取字組的指令，把當中的位址逐次加 1。結果就變成程式設計師大部分的力氣，都花在管理這些被修改的指令。

UNIVAC I 程式碼會寫在程式設計表格上，格式稍微有協助記憶的效果；指令是六個字元（36 位元）長，前兩個字元代表操作，最末三個字元則是以十進位解讀的記憶體位址。第三個字元沒有用到，慣例上設為字元「0」。而在大多數指令中，第二個字元也會是 0。

因此，一條指令的形式會是 II0AAA（I 代表指令，A 為位址）。既然這些字組可以包含字元（character），這表示指令本身能具備協助記憶的重要性。所以指令 B00324 代表要處理器把位址 324 的內容讀進（**B**ring）rA 和 rX，指令 H00926 要處理器把 rA 的值保存（**H**old）在位址 926，而 C00123 指令則把 rA 的值存入位址 123，然後清除（**C**lear）rA。

A 能代表加（**A**dd），S 代表減（**S**ubtract），M 代表乘（**M**ultiply），D 代表除（**D**ivide），U 則是無條件跳躍（**U**nconditional Jump）。當然，任何擅長使用 Emacs 編輯器的使用者都會曉得，你很快就會把有意義的字母用光了。於是 J 用來表示儲存 rX 的值，X 代表把 rX 加到 rA（忽略指令中的位址），5 是印出參照的字組裡頭的全部 12 個字元，9 則是中止機器。這之外當然還有很多很多指令。

---

[19] 換句話說，機器無法解除參考（dereference）一個指標（pointer）和取得實際指向的記憶體位置。你得修改指令中的記憶體位址才行。

Chapter 4　葛麗絲・霍普：第一位軟體工程師

程式設計師會把指令寫在程式設計表上，但會把指令兩兩配對，因為你或許還記得前面提過的，每個字組可以存兩個指令。所以若有支程式要把位址 882、883、884 和 885 的內容相加，然後把總和存入位址 886，看起來會像這樣：

```
B00882           將位址 882 讀入 rA
        A00883   將位址 883 加至 rA
A00884           將位址 884 加至 rA
        A00885   將位址 885 加至 rA
H00886           將 rA 存入位址 886
        900000   停止
```

指令有不少先天限制，跟機器的內部運算週期有關。比如，某些指令必須從字組的第一段執行，所以指令 0 代表跳過，我們如今叫做 NOP，就是不做任何事（no operation），這也能讓程式設計師在需要時對齊某些指令。跳躍指令總是會把控制權轉給參照的字組當中的第一段指令，所以在寫迴圈跟邏輯判斷時使用跳過來對齊它們，就會變得很重要。

下面有個例子，是從原始程式設計手冊拿來的，看你能否看懂。「～」符號代表跳過的慣例標記法。

```
000   500003
001   B00000    A00005
002   C00000    U00000
003   ΔΔELEC    TRONIC
004   ΔCOMPU    TER.ΔΔ    ⎫ 常數
005   000001    900000    ⎭
```

這段程式的執行會印出：

　　　　ELECTRONIC COMPUTER.

並停止電腦。

095

好，我就來幫幫各位。500003 印出位址 003 的值，也就是字串「△△ ELECTRONIC」[20]（電子，△代表空格）。然後「~」會跳過該段指令。B00000 把位址 000 的內容（500003000000）寫進 rA，接著 A00005 把位址 005 的值（000001900000）加到 rA，使它現在變成 500004900000。這個值再由 C00000 寫回位址 000。最後，U0000 指令無條件跳到位址 000，但現在位址 000 的第一個指令變成 500004 了，而這會印出位址 004 的「△ COMPUTER. △△」（電腦）。最後，位址 0 的下半部指令（900000）被執行，因而停止機器。

懂了嗎？你這下理解為何跳過是有其必要的吧？你有嚇到嗎？You should be（你當然是了）（附帶一提，我這話用上了《帝國大反擊》尤達大師的口氣）。

總之，這就是霍普和史奈德當時面對的狀況，也是為什麼她們真的需要流程圖幫忙。在史奈德的幫忙下，霍普說：「她讓我用另一個維度來思考，因為你瞧，馬克一號的程式全都是線性的。」[21]

我剛才展示給各位看的 UNIVAC I 語言被暱稱為 C-10。指令會在一個控制台輸入，並寫進一個磁帶，這磁帶能由 UNIVAC I 讀取和執行。如今我們會說 C-10 是一種非常原始的組合語言，但它沒有組譯器來把原始碼轉成二進位碼。UNIVAC I 的原始碼跟二進位碼是一樣的，因為它的慣例就是給每個字組儲存十二個字母或數字。

能夠使用好記憶的代碼和十進位數位址這件事，對霍普產生了深遠的影響。現在她可以寫 A 代表加法，而不是得背下和撰寫馬克一號的數字代碼，這讓寫程式變得容易太多。她說：「我感覺我得到了全世界所有的自由和快樂；這些指

---

[20] 那段時期沒有小寫字母能用。

[21] Beyer, p. 193.

Chapter 4　葛麗絲・霍普：第一位軟體工程師

令代碼真美。」[22] 我是不知道你會不會認為上面的程式碼很美啦，但要是你覺得是的話，我猜你需要趕快送醫了。但不難想像，從馬克一號如此簡樸的環境出身的霍普為何會有這種想法。

霍普在學會流程圖和 C-10 語言後，她的角色就是管理一個程式設計師團隊，替 UNIVAC I 撰寫有用的子程序和應用程式庫——而這台機器當時還不存在。而她替馬克一號寫子程序庫和運用相對性定址的經驗，在這時就派上用場了；他們要管理的不只是 72 個暫存器的位址，還有包括指令位址本身的那一千個字組。為了維持腦袋的理智，讓所有子程序使用相對位址可是至關重要。還記得吧，這些子程序得由程式設計師手動拷貝到程式碼裡，然後所有相對性定址都得手動設定。

BINAC 電腦已經存在，可以拿來測試一些子程序，但這台機器的結構差很大，有 512 個字組，每個字組 30 位元，且所有數學都是用二進位來算。這些 30 位元字組並不是分成 6 位元的字母或數字，所以指令都是數值而非有助記憶的字母。不過霍普的團隊還是會寫下 C-10 子程序，然後轉譯成 BINAC 的版本和在上頭測試。

當然，BINAC 當時仍在建造階段，我不認為他們可以隨時使用，很可能得協調分到一點「佔用時間」，而其他人則忙著讓機器能準備好交給諾斯諾普。比起對「一年後才能實際應用的子程序」做測試，機器的交貨大概會比較優先。

無論如何，替 UNIVAC I 準備函式庫的龐大工作量使霍普相信，她的人手嚴重不足。外頭就是沒有足夠的優秀程式設計師（也就是圖靈說過的，具備天分的數學家）；所以她決定自己培養人才。霍普和莫奇利聯手製作了性向測驗，針對良好程式設計師具備的十二個理想特徵和三個必備特徵達成共識——當中包

---

[22] Beyer, p. 194.

097

括再明顯不過的人格，比如創造力和謹慎的推理能力。他們於是開始慢慢訓練和增加團隊的程式設計師戰力。

排序法與編譯器的誕生

在這段期間，貝蒂・史奈德有了個突破：IBM 當時的銷售員跟產業說，電腦沒辦法在磁帶上排序記錄，因為你不能像移動卡片那樣搬動磁帶內的資料。於是史奈德寫出了第一支合併排序法（merge sort）程式，能給磁帶上的記錄排序。她研究的方式是在地板上拿卡片排序，然後把排序規則轉換到連接 UNIVAC I 的幾台 UNISERVO 磁帶機上（她其實有先在 BINAC 測試成功）。

然後她有了個想法，這當中包含深遠的含意。排序是靠參數驅動的，你如果要替一堆記錄排序，你得知道包含排序鍵的欄位的位置跟大小，以及排序的方向。於是史奈德寫了一支程式，可以接收這些參數，然後——容我賣個關子——讓它產生一支能排序檔案的程式。

沒錯，各位看官，她寫了史上第一個能靠參數寫出另一支程式的程式。某方面來說，這就是第一個編譯器，把排序參數編譯成一支排序程式。

而這讓霍普的腦筋動起來了。

酒癮：約 1949 年

1949 年前後的歲月對霍普來說十分難熬。她是個拋下一切的中年婦女，放棄的東西包括大好生涯跟丈夫，就只為了進入一間全新、變化無常且岌岌可危的新創公司。這間公司 EMCC 的營運不太理想，財務狀況頂多稱得上令人存疑，破產也一直近在天邊，生意姍姍來遲，資金又嚴重不足。EMCC 把 UNIVAC 的建造成本低估了三倍以上。最後公司以極低的折扣被雷明頓蘭德

公司（Remington Rand）收購，而其先進研究部主任萊斯利·格羅夫斯（Leslie Groves）[23]認為這整個構想根本未經證實，而且不夠可靠。

這些壓力深深打擊霍普，使她開始嚴重酗酒。當年第一位在耶魯以數學博士學位畢業的女性，第一批女性海軍軍官，以及電腦程式設計界天賦異稟的先鋒和資深主管，如今只能偷偷在辦公室四周藏酒瓶和借酒澆愁。她沒辦法掩飾酒癮；她「嗜酒如命」的傳聞在辦公室和朋友圈之間傳開來。她有時喝得太兇，虛弱到不得不得請朋友陪她，直到她恢復過來。1949年的寒冬來臨之前，她還因公然醉酒和行為不檢遭逮捕，最後被釋放和由一位朋友擔任其監護人。她那時考慮過自殺。

擔任她監護人的朋友埃德蒙·貝克萊（Edmund Berkeley）寫了一封公開調停信給霍普，並寄給她的一些朋友，以及她老闆約翰·莫奇利。他在信中說：

> 「我和許多其他人非常清楚妳擁有多麼美妙的才智和情感天賦。即使妳只有七成時間能正常表現……我能想像妳能拿（如今已經浪費掉的）剩下三成時間實現哪些不平凡的事……」[24]

編譯器：1951 至 1952 年

如果你要賣電腦給某個人，但這人完全不懂電腦是啥鬼，你要怎麼辦？你要如何說服他們花幾百萬美元在某樣東西上，然後得再花另外幾百萬雇程式設計師，只為了讓這玩意能用？他們一開始又到底要上哪去找這些蛋頭工程師？

---

[23] 對，就是那位萊斯利·格羅夫斯；監督整個曼哈頓計畫的將軍。

[24] Beyer, p. 207.

如果你有看完我在前一段對 C-10 語言的討論，你應該就能看出問題所在。給這種語言寫程式需要「大量具備天分的數學家」，而這些人可不是隨便在路邊都撿得到。

但當時確實有大量顧客。1950 年時，所有人都看得出這些機器的威力和好處，可是對於要怎麼使用它們，沒有人有半點頭緒。這包括剛買下 EMCC 的雷明頓蘭德公司的業務，他們對這些機器完全一竅不通，所以根本懶得對客戶提起這些東西。有個客戶說，唯一讓 UNIVAC 業務開口的辦法只有一個，就是帶業務出去請他喝一杯[25]。

更糟的是，每當有生意談成，霍普的團隊就會被偷襲，被要求幫新客戶寫他們需要的程式。沒有人理解替客戶支援這些機器需要多麼龐大的工作量；霍普本人就經常被叫去指導客戶，教他們適當的軟體開發紀律，以便能寫出可運作的程式。

就在霍普能擠出的一丁點空檔中，貝蒂・史奈德的排序法產生器在她腦海引發了靈感。如果有程式可以靠一組參數產生出另一支程式，你能不能使用更通用的參數來產生程式？你能教會電腦自動產生程式嗎？

1952 年 5 月，她對 ACM（Association of Computing Machinery，計算機協會）[26]投稿了一篇論文[27]，標題為「對電腦的教育」（The Education of a Computer），並在其中發明**自動程式設計**（automatic programming）一詞。自動程式設計是指用電腦把高階語言翻譯成可執行的程式碼，或者換句話說，這就是我們如今都在做的事。我們全部是自動程式設計師。

---

[25] Beyer, p. 217.

[26] 霍普幾年前才幫忙成立和領導的組織。

[27] 見本章的參考資料。

霍普在論文中概述這個點子，寫道：「當前的目標是盡可能將人腦以電子數位電腦取代。」這句話對聽眾並不奇怪，對我們當然也不會。我們都用電腦來取代人腦功能，雖然取代可能不是正確的詞。比較好的詞是救援。我們都拿電腦來把我們的腦袋從單調、重複性的苦差事拯救出來。如果沒有計算機，誰會想做六位數乘法啊？

但在這篇論文中，霍普把她的點子帶到更上一層樓，說電腦消除了數學家的算數雜務，並替換成寫程式的雜務。這一開始雖然會很有啟發性，但「新奇感會消褪，惡化成撰寫和檢查程式的沉悶勞動。」

她接著說「常識認定程式設計師應當要回去當數學家」。她說實現這點的可能方式是提供數學家「子程序的型錄」，讓數學家能直接把子程序連起來和解決手邊的問題。（幾個月後，她會把這種串接規格稱為「虛擬碼」（pseudocode）。）她說電腦可以執行一個「編譯程序」，讀取數學家指定的子程序，然後產出數學家想要的程式。她將這稱為「A 型編譯程序」。

然後她說顯然可以有 B 型編譯程序來接收更高階的參數規格，並把它編譯給 A 型編譯程序。C 型編譯程序則能產生 B 型編譯程序使用的程式碼。這話震撼了所有人。

她威力無法擋。就在那篇 1952 年論文裡，她描述了整個電腦語言的未來。

如果你現在讀她的論文，你會發現她把 A 型編譯器的層級設得相當低；「數學家」會用數字代碼指定子程序，而且得安排適當的引數跟輸出，你我仍然會覺得那是乏味的程式差事。但對她和當時的程式設計師來說，這已經堪稱革命性發展。她告訴人們，程式可以在區區幾小時內寫成，而不是得花上數星期。

A 型編譯器

於是,霍普和她的團隊開始開發第 0 版的 A 型編譯器:A-0。幾個月後它便上線運作。

她做了一次時間比較,一邊是一位程式設計師使用 A-0,另一邊是一組老經驗的程式設計師直接寫 C-10。測試問題是替簡單的數學函數 y = exp(-x) * sin(x/2) 產生 y 值數學表。在使用 C-10 時,三位程式設計師花了略多於 14.5 小時(約 44 人/時),但使用 A-0 時,單獨一位程式設計師只花了 48.5 分鐘。少了超過五十倍!

你會心想有了這種比較,大家就會爭相對著霍普砸錢來買下 A-0,但是沒有,幾乎沒人這樣。因為有兩個理由。

首先,A-0 產生的程式比原生 C-10 程式慢了三成,這感覺似乎不是多,但當電腦每小時的租用費達數百美元之譜時,大家都只想要最快的執行速度。請記住,當時租用電腦時間的費用可是雇用程式設計師的至少十倍以上。如果考慮到一支程式的生命週期,成本分析會顯示雇用一群程式設計師來寫原生 C-10 反而比找一個人寫 A-0 便宜。

其次,程式設計師擔心 A-0 這樣的編譯器會害他們失業。如果你只需要五十分之一的程式設計師,很快就會有一大群飢腸轆轆的程式設計師流落街頭了。

但霍普還沒完。她和團隊接下來兩個月創造出 A-1,然後是 A-2。它們的改進是讓虛擬碼(原始碼)更簡單和沒那麼笨重,只是從我們的角度看來仍然極為原始。這些語言使用字母與數字構成的「呼叫代號」來表示子程序,而且仍然遵循 C-10 的 12 字元格式。好像她認為 A 型編譯器只是一台執行指令的機器──某種改良版的 UNIVAC I ──而不是真正的程式語言。

例如，APN000006012 會把位址 0 的值轉成某次方，這個次方值存在位址 6，而結果會存在位址 12。APN 是什麼意思？我認為是 Arithmetic-Power-N（算數—N 次方）。同樣的，AA0 表示 Arithmetic-Add（算數—加法），AS0 是 Arithmetic-Subtract（算數—減法），我想你應該也能猜到 AM0 和 AD0 代表什麼。這些有三個位址的指令都使用 IIIAAABBBCCC 格式，III 為指令代碼，而 AAA、BBB 和 CCC 則是三個記憶體位址[28]。這些運算通常都是處理 AAA 和 BBB，再把結果存入 CCC。

裡面還有很多這樣的指令，如 TS0、TC0、TT0、TAT 是三角函數（trigonometric functions）中的 sin、cos、tan 和 atan，而 HS0、HC0 和 HT0 則是雙曲三角函數（hyperbolic trig functions），SQR 是平方根（square root），LAU 是對數（log），如此類推。

但從霍普的角度來看，這可是大突破，是尖端技術。她能把呼叫指令轉譯成子程序；原本要花她幾個月和幾年創造的東西，現在只要一小部分時間就能寫出又短又有效的程式。看看你現在寫的程式，你會注意到大部分也是由函式呼叫構成，而這些函式會一層層呼叫其他的函式。我們如今視為函式呼叫樹（call tree）的東西，在當時還沒被想出來，但它問世的時間已經不遠了。

語言：1953 至 1956 年

大約就是在這時候，霍普開始看出新的可能性。她意識到虛擬碼並不需要跟電腦硬體綁在一起，沒有一定要受限於 UNIVAC I 的 12 字元格式。她也想到不同的使用情境需要不同的符號。sin 和 cos 對數學家來說很好懂，可是你得

---

[28] 當時還沒人想到要替變數命名——或者就算有想到，他們也覺得負擔不起額外的儲存空間。

用不同的符號才能讓會計師或企業理解。她開始想到程式設計可以是一種語言——一種人類語言。

霍普不是孤軍奮戰。她已經有一個人脈網，來自許多不同企業和學科的專家，她也鼓勵大家主動辯論和討論。這種環境是創新的溫床。

但雷明頓蘭德公司對發明語言不感興趣。從他們的角度來看，電腦處理的是數學而不是語言，所以這整個概念很荒謬。這段時間的勞動短缺也持續惡化。程式設計師變得更難找、更難訓練。每次安裝一台新電腦，撰寫和維護 C-10 程式的成本就會繼續飆升。

1953 年，挫折萬分的葛麗絲‧霍普寫了一份報告[29]給雷明頓蘭德的高層，要求提供經費來開發編譯器，目的是解決勞動問題，並創造一個環境讓電腦能對主管們提供資訊。第二個論點帶來了大革命：1950 年代大多數主管還沒想到，電腦可以用來快速收集和整理資料，以便及早做出市場、銷售和營運決策。但霍普直搗核心，說這場資訊管理革命若沒有編譯器就不可能實現。

她在報告的結論索求一大筆經費，並要求她的團隊能把百分之百時間投入在發展 A-3。主管們屈服了。霍普被任命為雷明頓蘭德的自動化程式設計部門主任。

霍普的管理風格是協作式和鼓勵式，重視創意和創新，也支持俏皮的解決辦法。她會授權部屬自我管理。而在這整件事之上，她堅守著電腦運算的願景。

1954 年 5 月，霍普針對自動程式設計辦了一場座談會，並見到兩個來自麻省理工的年輕人尼爾‧齊勒（Neil Zierler）和小 J‧霍康姆‧蘭寧（J. Halcombe Laning Jr.），他們介紹了他們的代數編譯器，這程式能把數學公式轉譯成可

---

[29] Beyer, p. 243.ff.

執行的程式碼。稍後發明 FORTRAN 語言的約翰・巴科斯（John Backus）也聽了這場簡報，而且很諷刺地看貶它，認為這麼做毫無理智可言。但霍普卻因而恍然大悟[30]。

這個將代數方程式轉為程式碼的簡單示範說服了霍普，程式設計其實有多更多的可能性。她深信，合適的語言能替更廣大的使用者打開電腦運算的大門。

於是，霍普指示團隊開始使用代數方程式和英文詞彙，而不是 12 字元的 UNIVAC I 格式。這個叫做 MATH-MATIC 的新語言就是 B 型編譯器，能把原始碼轉為 A-3 格式。為了迎合低階語言的程式設計師，霍普也讓它能直接讀取 A-3 敘述和 C-10 語言。

你可以想見，當你開始設計這種語言，一千字的記憶體容量就會感覺太小。所以霍普和團隊發明了一種記憶體覆蓋方案，會把程式的不同部分搬移到磁帶。這樣速度不快，但克服了記憶體的限制。幸運的是，美國海軍不久前也公布他們正在研發磁芯記憶體（core memory）[31]，這讓產業發生了急遽的轉變。

與水銀延遲線、陰極射線管和磁鼓記憶體相比，磁芯記憶體真的速度飛快，存取時間是以微秒計，存取也是完全隨機的。磁芯當時不便宜，但這種速度和存取方式讓電腦能比過去快上一百倍。甚至，磁芯記憶體相對小型，耗能也比較低。你能在一個小空間塞進很多磁芯記憶體。

但就算有高速電腦出現，電腦仍然十分昂貴。MATH-MATIC 這類編譯器雖然讓程式變得更好寫，但也讓程式大幅變慢。撰寫純機器語言的程式設計師仍然具有優勢。

---

[30] Acts 9:18.

[31] 參閱書末詞彙表的「磁芯記憶體」。

1954 年，總算回心轉意的約翰・巴科斯和哈蘭・赫利克（Harlan Herrick）以及厄文・希勒（Irving Ziller）著手創造一種新語言，邀請了那對年輕麻省理工夥伴齊勒和蘭寧來示範他們的代數編譯器。示範結果很可怕，因為產生出來的程式碼比機器語言程式設計師寫的東西慢上十倍。但巴科斯沒被嚇退，並在 1954 年 11 月把 FORTRAN 語言的提案呈給他在 IBM 的老闆。我們在後面的章節會得知，他們動用十二位程式設計師組成的團隊，花費三十個月才做出可用的編譯器。

FORTRAN 的受歡迎程度壓過 MATH-MATIC，主要是靠 IBM 的影響力。IBM 704 電腦的銷量大大超越雷明頓蘭德的 UNIVAC 電腦。IBM 佔了上風，也能維持這種優勢至少三十年。

不過霍普早就領先他們一步，把眼光放在跟 FORTRAN 非常不同的地方。對她而言，真正的目標是商業，而程式語言應該是商業人士能接受的語言。

COBOL：1955 至 1960 年

生產電腦的廠商開始迅速增殖，而霍普意識到 FORTRAN 和 MATH-MATIC 這樣的語言能讓程式具備可攜性。替一台機器寫的薪資系統，可以在毫無修改或微幅修改下搬到另一台機器上跑。

但霍普感覺 MATH-MATIC 和 FORTRAN 的代數形式是替她這種人——數學家和科學家——打造的，這些語言的代數文法對商業這種大得多的市場來說會是障礙。她不相信生意人有辦法說高等數學語言，也覺得這種人不習慣數學家使用的符號。因此，她把眼光擺在商業語言，而這種語言就是……英文。

這決定不是隨便做出來的。她和團隊研究了 UNIVAC 使用者的商業部門如何描述他們的問題，發現不同部門會用不同的簡稱和簡寫，唯一共通點就是直接

了當的英文。他們也發現與其使用 x 和 y 之類的代數變數，取更長的名字能幫助商業程式設計師更直接表達他們的意思。

她在 1955 年給雷明頓蘭德一份管理報告，標題為「資料處理編譯器的初步定義」（The Preliminary Definition of a Data Processing Compiler），當中寫到商業人士想要看到的是：

MULTIPLY BASE-PRICE AND DISCOUNT-PERCENT GIVING DISCOUNT-PRICE
（原價乘上折扣百分比得出折扣價）

而不是：

A x B = C

霍普和團隊接著開始發展 B-0，是以英文為基礎的語言。她在開發這種語言時，自然注意到這種抽象語言會對程式設計師隱藏機器的細節，使程式設計師能更自由地合作。編譯器接手了管理機器細節的負擔，大大降低程式設計師之間、甚至團隊之間的溝通負擔。

UNIVAC 使用者在 1958 年初開始使用 B-0，擴散到美國鋼鐵、西屋電氣和美國海軍的顧客。史派里蘭德公司（Sperry Rand）[32] 的行銷部門把它改名為 FLOW-MATIC。不過賣這種語言可不容易；企業很喜歡它，而程式設計師依舊抱持狐疑態度。

不過，霍普過去十年的大部分時間都在培養和擴張人脈網，接觸程式設計師與使用者。霍普也顯然了解，說動程式設計師的辦法就是丟程式給他們玩。所以她免費散布編譯器的原始碼，並寫下支援用的手冊和論文。許多程式設計師則

---

[32] 史派里陀螺儀公司（Sperry Gyroscope）和雷明頓蘭德在 1955 年合併。

107

回報恩惠，寄給她修補程式跟延伸功能。而為了促進她的人脈網與其他程式設計師圈子的溝通，她和新成立的 ACM 合作，製作出電腦產業用的第一份詞彙表。這個表包含了許多我們如今仍然在用的詞，甚至已經定義了位元（bit）[33]。

FLOW-MATIC 在 UNIVAC 使用者之間大獲成功，但 IBM 在開發一個命名為 COMTRAN 的編譯器，軍方也在開發一種叫 AIMACO 的語言。眾人十分擔憂聖經傳說中的巴別塔語言分裂會重新上演，產業亟需一種共用語言（a common language）[34]。1959 年時，商業界真的開始感受到程式設計成本在飆漲，而大家的共識是若有一種共同的語言，初始開發階段和維護系統的成本就能夠降低。

霍普挺身帶頭，第一個目標是軍方。美國國防部在這時使用超過兩百台不同廠商製造的電腦，而且還有幾乎一樣多的數量已經下單，軟體開發的龐大成本超過兩億美元。她說服國防部資料系統研究組的主任查爾斯・菲利普斯（Charles Phillips），一種能跨硬體平台的可攜式商業語言會是他的救星。在菲利普斯的支持下，霍普組成資料系統與語言會議（Conference on Data Systems and Languages, CODASYL），當中第一場於 1959 年春季在國防部舉行。

會議出席者有來自政府各機構、企業和電腦生產商的四十名代表，包括史派里蘭德、IBM、RCA（美國無線電公司）、奇異公司、NCR、Honeywell，而這些還只是一小部分。霍普在會議上說：「我認為我過去或將來都不會看到一個房間內有如此龐大的意志要投入人力與金錢。」[35]

---

[33] 但是仍然沒有位元組（byte）。這還沒出現。

[34] 或許我們如今仍然需要。

[35] Beyer, p. 285.

這群人替新語言決定了一組條件如下：

- 盡量使用英文
- 易用性優先於程式設計威力
- 獨立於機器並具可攜性
- 易於訓練新程式設計師

要對這個列表挑毛病並不難，不過我們下一段才會來談。這群人對於代數符號則完全意見不合；一派認為數學符號天經地義，另一派則堅持乘法、加法之類的基本運算子都應該用英文拼出來。霍普屬於後者那派，而當這議題在幾週後吵到毫無退路時，她就威脅說要是語言採納數學符號，她就要完全退出。

霍普通常是會尋找妥協和融洽之道的人，這種權力鬥爭感覺很不像她的作風。她想必是對這件事有很強硬的立場吧。如今回顧起來，我們不太清楚她為何如此。

霍普贏了爭論，至少短期上是。語言小組於是制定出「通用商業導向語言」（Common Business Oriented Language，COBOL）。COBOL 是許多不同語言和概念的混和體：FLOW-MATIC 扮演了要角，但也有不少取材自 IBM 的 COMTRAN 和空軍的 AIMACO，後者衍生自 FLOW-MATIC。1960 年 8 月 17 日，第一個 COBOL 程式成功編譯。

我的 COBOL 牢騷

我用過很多種程式語言，寫過十幾種不同的組譯器，用過 FORTRAN、PL/1、SNOBOL、BASIC、FOCAL、ALCOM、C、C++、Java、C#、F#、Smalltalk、Lua、Forth、Prolog、Clojure 等，族繁不及備載。但沒有其他語言比 COBOL 更讓我恨之入骨的了（……除非你把 XSLT 算進來）。

COBOL 是種糟透的語言，它的廢話多到讓你腦袋麻痺，寫起來已經夠乏味了，讀起來更是無趣。它讓一支程式變得像是軍事報告，把應該連在一起的東西拆開，又把應該分開的東西擺在一起。從各方面來看，這種語言真是活生生的孽種。

我認為 COBOL 當時氾濫的成功，歸功於企業政策而非技術優點。霍普確實有意識地和特意地避免讓程式設計師大幅影響語言設計，把語言偏好交給使用者和管理人員控制。這點明顯展現在該語言中。這讓我感到驚訝，因為霍普本人是出類拔萃的程式設計師。我只能假設，她或許認為產業不可能再找到或訓練出足夠的程式設計師、每個在聰明才智上又都能接近她這種程度。所以她只好把這語言變笨，變成近乎愚蠢的大眾通用語言。

徹底的成功

儘管我很討厭 COBOL，它確實大獲成功，而且完全超乎意料。在 2000 年時，估計全世界有八成的程式碼仍是用 COBOL 寫的。

霍普繼續發展成功且多采多姿的生涯，在史派里蘭德的 UNIVAC 自動化程式設計部門擔任主任直到 1965 年。她繼續擔任資深高級研究員，然後成為賓州大學的客座助理教授。接著她又花了二十年在美國海軍程式語言小組（Navy Programming Languages Group）當主任。

1973 年，她晉升為上尉，並在 1977 至 1983 年間派駐到華盛頓特區的海軍資料自動化總部（Naval Data Automation Headquarters），監督最頂尖的計算機技術。在美國眾議院的要求下，隆納・雷根總統把她升為准將──這階級稍後更名為少將。

1986 年，葛麗絲・霍普少將從海軍退役，是美國海軍最年長的服役軍官。迪吉多公司（Digital Equipment Corporation）雇用她當資深顧問，她在那個位置一直待到 1992 年過世，享壽 85 歲。

她一生獲頒過許多獎項，包括國防部傑出服務勳章、功勳勳章、功績獎章以及身後追頒的總統自由勳章。1969 年，資料處理管理學會（Data Processing Management Association）把第一屆電腦科學「年度風雲人物」頒給了她。

參考資料

- 計算機協會（Association for Computing Machinery，ACM），1954：《第一版程式設計詞彙表》（*First Glossary of Programming Terminology*）。ACM 命名委員會出版。

- Beyer, Kurt W.，2009：《葛麗絲・霍普和資訊年代的發明》（*Grace Hopper and the Invention of the Information Age*）。MIT Press 出版。

- 電腦歷史文獻計畫（Computer History Archives Project，"CHAP"），「哈佛的秘密電腦實驗室——葛麗絲・霍普、霍華德・艾肯、哈佛馬克一至三號，罕見的 IBM 機器」（Harvard Secret Computer Lab - Grace Hopper, Howard Aiken, Harvard Mark 1, 2, 3 rare IBM Calculators）。2024 年 6 月 2 日發表於 YouTube。www.youtube.com/watch?v=vqnh2Gi13TY。

- 埃克特—莫齊利計算機公司（Eckert-Mauchly Computer Corp），1949：「BINAC 電腦」（The BINAC）。archive.computerhistory.org/resources/text/Eckert_Mauchly/EckertMauchly.BINAC.1949.102646200.pdf。

- 哈佛大學，1946：《自動序列控制計算機手冊》（*A Manual of Operation for the Automatic Sequence Controlled Calculator*）。計算實驗室員工著，哈佛大學出版社出版。chsi.harvard.edu/harvard-ibm-mark-1-manual。

- 葛麗絲・穆雷・霍普（Hopper, Grace Murray），1952：《對電腦的教育》（*The Education of a Computer*）。雷明頓蘭德公司。

- Lorenzo, Mark Jones，2019：《FORTRAN 程式語言歷史》（*The History of the Fortran Programming Language*）。SE Books 出版。

- 雷明頓蘭德公司，1957：《使用 MATH-MATIC 和 ARITHMATIC 系統做代數轉譯並替 UNIVAC I 及 II 型編譯的初步手冊》（*Preliminary Manual for MATH-MATIC and ARITHMATIC Systems for Algebraic Translation and Compilation for Univac I and II*）。archive.computerhistory.org/resources/access/text/2016/06/102724614-05-01-acc.pdf。

- 雷明頓蘭德公司，埃克特—莫齊利部門，程式設計研究組，1955：「自動程式設計：A-2 編譯器系統，第二部」（Automatic Programming: The A 2 Compiler System, Part 2）。《*Computers and Automation*》 4, no. 110: 15-28。archive.org/details/sim_computers-and-people_1955-10_4_10/page/16/mode/2up。

- Ridgway, Richard K（無日期）：「編譯程序」（Compiling Routines）。雷明頓蘭德公司，埃克特—莫齊利部門。dl.acm.org/doi/pdf/10.1145/800259.808980。

- 史派里蘭德公司，1959：「基本程式設計，UNIVAC I 資料自動化系統」（Basic Programming, UNIVAC I Data Automation System）。www.bitsavers.org/pdf/univac/univac1/UNIVAC1_Programming_1959.pdf。

- 維基百科，UNIVAC I。en.wikipedia.org/wiki/UNIVAC_I。

- Wilkes, Maurice V.、David J. Wheeler 與 Stanely Gill，1957：《替電子數位電腦準備程式》（*The Preparation of Programs for an Electronic Digital Computer*），第二版。Addison-Wesley 出版。

第 5 章

約翰・巴科斯：第一種高階程式語言

我們多數人都認識過某個絕頂聰明、但毫無野心或人生方向的傢伙，他們日復一日過活和瞎混，靠著奸詐和佯裝無辜來打破規則。他們不是壞人，只是不太在乎自己往哪兒去，或者又要如何達到目的。他們就只是不關心未來。但接著某天有個開關打開，他們突然變得有了方向、變得有動力和多產。他們會有如瘋狂的鑽石般閃耀[1]。

這就是約翰・巴科斯。

見見約翰・巴科斯本人

約翰・華納・巴科斯（John Warner Backus）生於 1924 年 12 月 3 日，在富裕的環境長大，父親是西賽爾・F・巴科斯（Cecil F. Backus）：這位自學和白手起家的化學家替阿特拉斯火藥公司（Atlas Powder Company）管理一群硝化甘油工廠，而且查出工廠之所以一直爆炸，是因為公司從德國購買的溫度計有瑕疵。

---

[1] 【譯者註】借用平克佛洛伊德的一九七五年歌曲〈Shine On You Crazy Diamond〉，出自專輯《*Wish You Were Here*》。

但約翰的家庭生活就沒那麼滿意了[2]。他父親既不友善又冷漠，他母親（有可能性虐待過他[3]）在他滿九歲前就過世，他的繼母則是神經兮兮的酒鬼，有時會飆罵窗外經過的行人。

青少年時期的約翰變成學校惡霸，喜歡欺負同學，最後被送往寄宿學校（賓州波茨敦的希爾中學（Hill School）），他繼續在那兒鬼混和盡可能違規。他不斷被退學，因此被留在暑期學校，把時間都花在駕帆船跟玩樂上。他鮮少回家。

儘管成績很差，他還是畢業了，進入維吉尼亞大學。他在父親力勸下選讀化學，但懶得做完實驗也很少去上課，寧願把時間拿去開趴，最後也被退學了。

---

[2] Lorenzo, p. 23.

[3] 在他六十多歲時，靠著服用 LSD 迷幻藥而「想起」的往事。

Chapter 5　約翰・巴科斯：第一種高階程式語言

一九四三年，他被徵召進美國陸軍，駐紮在喬治亞州的史都華要塞（Fort Stewart）。一次陸軍性向測驗改變了一切：他測出優異的成績，陸軍於是把他送去匹茲堡大學研究工程學。他輕輕鬆鬆通過準工程課程，大部分時間仍泡在酒吧——但這回沒有再疏忽課業了，因為他終於開始喜歡念書。

第二次性向測驗則讓陸軍相信他有能力讀博士，便把他送去哈弗福德學院（Haverford College）讀醫學，他也確實表現出眾。他的一部分醫學訓練是每天得花十二小時在亞特蘭大市的醫院實習。但幾個月後，他腦袋的一塊突起被診斷出是緩慢長大的腫瘤——而腫瘤移除後在他頭顱上留下一個洞，用不太吻合的金屬片蓋住。這結束了他的實習生涯，並在 1946 年以醫療因素從陸軍榮譽退伍。

他退伍後為了躲開家人，進入紐約市的一間醫學院，在那兒幫忙設計更吻合的蓋板來取代自己腦袋上那片。但他發現醫學院令人失望：他痛恨這堆填鴨式的死背，最後逃掉了。

於是他再度變得（幾乎）漫無目的，唯一的興趣就是打造高傳真音響系統[4]。所以他利用美國軍人權利法案給自己搞了個無線電技術學校的位子，並在那裡遇見他此生「第一位好老師」[5]。在這位老師的幫忙下，巴科斯發現自己真心喜歡數學，而且還十分擅長。於是他加入了哥倫比亞大學的數學研究所學程。

---

[4]　hi-fi 或 high-fidelity，通常是搭配留聲機或收音機，大多是立體聲音響。

[5]　Lorenzo, p. 24.

催眠人的七彩燈光

1949 年春天，他在哥倫比亞攻讀碩士時，他偶然見到了「有趣的東西」。他有個朋友叫他去看看 IBM 的 SECC（Selective Sequence Electronic Calculator，選擇性序列電子計算機），就在紐約麥迪遜大道上的 IBM 展示間。

這台閃爍著燈光、繼電器喀噠作響的機器，替接下來數十年電腦應有的樣貌和聲音確立了標竿。想想看《星艦迷航記》的電腦，或《原子鐵金剛》的羅比，都是長這個樣子。這台電腦正是托馬斯・J・華生的復仇，報復霍華德・艾肯在對全世界介紹哈佛馬克一號的座談會上忽視他的貢獻。華生打算用 SECC 來偷走艾肯的鋒頭[6]。

這台巨大的混合體包含 21,000 個繼電器和 12,500 根真空管，有如科學怪人結合了電子暫存器、繼電器暫存器和打孔紙帶式記憶體。指令通常是從紙帶執行，但也能從電子或繼電器式暫存器執行。暫存器可存 76 位元字組，編碼成 19 個 BCD（二進位編碼十進位數）數字。加法時間是 285 微秒，乘法是 20 毫秒，使用紙帶時每秒可執行約五十個指令。但儘管部分指令能儲存在暫存器和執行，它並不是真正的可自存程式電腦。

這台機器的目的也不是要銷售，甚至無意量產，只是華生在對艾肯叫陣而已。它的用途跟馬克一號以及巴貝奇想像過的分析機用途差不多：計算數學表。在 SECC 的四年服役時間中，它計算過月球軌道表，也替奇異公司和美國原子能委員會做過計算，後者把它用在 NEPA（Nuclear Energy for the Propulsion of Aircraft，核能源飛行器推進）——用核動力引擎來推動飛機。SECC 也被用於研究層流（laminar flow）和蒙地卡羅分析法。

6　Lorenzo, p. 30.

Chapter 5　約翰・巴科斯：第一種高階程式語言

但到頭來，我感覺 IBM 獲得的最多好處，就是把機器擺在麥迪遜大道的一樓展示間裡，給人們看那些巨大的紙帶捲、龐大的真空管櫃、燈光閃爍的未來風格面板，還有噠噠聲從不間斷的繼電器。

巴科斯對這些閃爍的燈光、作響的繼電器和機器顯著的威力印象深刻，所以他一從哥倫比亞拿到數學碩士，就走進 IBM 辦公室要求替他們工作（算是啦，見後說明）──對方也真的雇用他了。他成了 SECC 最早的程式設計師之一，他稍後會形容這份工作有如「打肉搏戰」。

雇用他的人是小羅伯特・雷克斯・希伯。還記得希伯曾被霍華德・艾肯雇用來替馬克一號效力，但兩人處不來，可能是因為希伯一開始還沒上工就要求休他該休的假。艾肯拒絕了，希伯也花了漫長艱苦的時間替艾肯賣命，但兩人的關係一直沒改善，而且惡化到希伯在二戰一結束就立刻辭職，跑去替 IBM 做事和設計了 SECC。看來希伯和華生在報復霍華德・艾肯這方面有著共識。

此外，巴科斯被雇用的那天，甚至根本還沒開始找工作，只是跟著客戶服務代表參觀 IBM 設施而已。巴科斯隨口問代表 IBM 有沒有在雇人，那位女代表馬

117

上安排他跟希伯面試。結果毫無準備和儀容不整的巴科斯就跟著 SECC 的發明人坐下來談。希伯請巴科斯解幾個數學謎題，然後當場雇用他當 SECC 的程式設計師。巴科斯完全不曉得程式設計師是在做啥。

替 SECC 寫程式的方式跟馬克一號很像；細節當然不同，但兩台機器系出同源，都是龐大無比的十進位計算機，靠著一絲不苟打在紙帶上的指令序列來驅動[7]。這是艱困、複雜、費力又極耗腦力的差事，但巴科斯在那兩年時間裡愛極了。他迷住了；巴科斯成了程式設計師。

Speedcoding 語言和 IBM 701

韓戰爆發後，IBM 把電腦計算需求瞄準軍事和工業集團。該公司在 1952 年推出「國防計算機」（The Defense Calculator），也就是 IBM 701，第一台量產的大型電腦，製造了約二、三十台。這是約翰·巴科斯要面對的下一台機器。

IBM 701 是全電子式電腦，使用約四千根真空管，而且也是能自存程式的機器，有 72 條以靜電儲存資料的威廉士管[8]，每條可儲存 1,024 位元。一個字組是 36 位元，所以機器能儲存 2,048 個字組。它可以再加上第二排 72 條威廉士管來增加到 4,096 個字組。這些威廉士管能用 12 微秒的週期讀寫記憶體，使機器的加法時間需約 60 微秒、乘法需約 456 微秒。整體來說，機器每秒能執行約一萬四千個指令。

---

[7] 跑迴圈的方式很像馬克一號那樣，把紙帶兩頭黏起來變成一個圈。巴科斯提到有次不小心把紙帶轉了半圈，把迴圈變成莫比烏斯（Möbius）帶。替那玩意除錯可真難哩！

[8] 見詞彙表的「威廉士管（Williams tube）（陰極射線管）記憶體」。

它的周邊裝置包括磁鼓記憶體跟磁帶、一台印表機、一台讀卡機兼打孔機。機器的租用費是每月一萬五千美元。它有一個 36 位元累加暫存器，跟另一個 36 位元乘法／商數暫存器。一個指令有 18 位元，包含正負號、5 位元運算代碼和 12 位元位址。

你會問，為啥指令（instruction）要有正負號？我很高興你問了。你瞧，這台機器可以對半個字組定址；靜電記憶體中所有 18 位元的半個字組都可以用位址找到，但完整的字組同樣可定址。一個負的偶數位址指向一個完整的字組，而一個正的偶數位址會指向該位址左半邊的那半個字組，相鄰的奇數位址則指向右半邊的半個字組。

如果第二組威廉士管有裝上，程式控制位元要設一個特殊的「觸發」位元，來指定使用那組記憶體。簡單吧？

機器用二進位算數，但資料是存成符號及值（最高位元代表正負，後面是數值），而不是二補數或一補數。因此一個字組的後面 35 位元都是真正的原始數值，但這樣也意味著它可以有正零和負零。但 IBM 701 沒有索引暫存器，沒辦法做間接定址。如果你想用索引循序存取記憶體，你得寫程式修改存取記憶體的指令。

IBM 701 輸入資料的方式是透過前方面板的開關，或打孔卡片的前 12 列，每列 72 位元（每行最後 8 欄沒用到，知道為什麼嗎？因為 IBM 701 只能讀兩個 36 位元字組，就是 72 位元），這表示一張卡可記錄二十四個 36 位元字組。

IBM 701 的設計是要處理軍方需要的科學與數學計算，包括計算彈道、射擊方案、導航表之類。因此巴科斯得做的大部分工作都跟數字有關，而且必然涉及分數。然而，這台機器計算時用的是固定浮點數，記錄小數位是程式設計師的工作。當時沒有編譯器，IBM 701 上也只有最原始的組譯器。因此巴科斯得照著數字指令在卡片上打孔，好讓簡單的讀卡機能正確讀取。

這種乏味到可怕的差事，終於促使巴科斯寫下一種新程式，稱之為 Speedcoding[9]。他用以下理由替自己辯解：

> 「就單純是懶惰而已。寫程式真的很累——你得極為注重細節，還有應付你根本不該處理的事。所以我想把它弄得容易一點。」[10]

Speedcoding 是一個浮點數直譯器（a floating-point interpreter），會佔用記憶體的 310 個字組。它會把剩餘記憶體分割成七百個 72 位元長的字組，每個可存一個 72 位元浮點數或是 72 位元指令。每個指令分成兩個運算：數學跟邏輯。數學運算用三個位址，邏輯則用剩下那個。邏輯指令通常是跳躍或有條件的跳躍，但它也能用來增加或減少索引暫存器（index register）。

沒錯，索引暫存器！巴科斯的虛擬機實現了以索引暫存器控制的間接定址。程式設計師在存取一連串數字時，再也不用修改指令本身了！

Speedcoding 也加入一些 I/O 讀寫作業，大幅增加列印、卡片讀寫，還有在磁鼓或磁帶上存資料的方便性。他甚至實作了一個簡單的日誌和追蹤系統，有三種不同的追蹤層級，大大簡化除錯的時間。但在缺點方面，其語法仍然跟機器的組譯器和打孔卡高度相關；卡片使用固定欄位來表示整數位址、旗標、運算符號代碼等。

---

[9] 巴科斯是在約翰・謝爾頓（John Sheldon）的指揮下，監督自己的團隊打造出 Speedcoding。

[10] Lorenzo, p. 49.

PROGRAM LABEL	CONTROL	LOCATION	ALPHA-BETIC OP₂	R CODE	A AD-DRESS	B AD-DRESS	C AD-DRESS	ALPHA-BETIC OP₂	D AD-DRESS	L CODE	NU-BETIC OP₂	NU-BETIC OP₂	REMARKS

更糟的是，這個直譯器速度奇慢；加法需要 4 毫秒，而一個簡單的跳躍也要 700 微秒。Speedcoding 的應用程式跑起來比高效率的 IBM 701 程式慢太多了。不過其好處仍然很清楚：寫程式的時間從幾星期縮短到只要幾小時。

在許多應用程式上，這種程式設計時間跟執行時間的妥協是合理的，但在許多其他方面並非如此。IBM 701 可是昂貴的機器，機器的運算時間成本經常比程式設計師的時間成本貴多了。

但事情在快速改變；磁芯記憶體顯然是取代威廉士管的下一個好選擇，而且考慮到巴科斯在 Speedcoding 的成就，機器將需要大更多的位址空間、索引暫存器和浮點數處理器。於是 IBM 704 在 1954 年推出，而以固態電晶體為基礎的 IBM 7090 四年後就會問世。

極速快感

在 1953 年間，巴科斯越來越擔憂寫程式的成本。機器雖然仍然龐大又昂貴，但也明顯開始變便宜。電晶體即將出現，磁芯記憶體更快和密度更高，也比威廉士管更可靠。於是租用或擁有電腦的花費開始下降，但程式設計的花費卻顯然在上升。

巴科斯也很清楚葛麗絲·霍普的自動程式設計概念。他雖然一開始瞧不起霍普的 A-0 編譯器 [11]，但開始接納這種方向。他在 Speedcoding 的經驗使他發現，只要對程式設計的抽象化做相對少的改變，就能大幅增進程式設計師的產能。所以在那年稍晚，巴科斯寫了份備忘錄給他老闆斯伯特·赫德（Cuthbert Hurd），建議 IBM 替即將推出的 704 做一個編譯器，還說可能要花六個月做出來。赫德很神奇的批准了。於是巴科斯開始組織團隊。

巴科斯知道執行時間會是關鍵因素；當時的程式設計師可不想容忍 Speedcoding 這種慢上十倍的直譯器。他們可能連慢兩倍、甚至一點五倍都無法接受。如今程式設計師光是能在一串指令擠出幾微秒的進步空間，就會得意得不得了（猜猜看我怎麼知道的？）。所以這個新的自動程式設計研究的首要規則，是打造一個能產生高效率程式碼的編譯器。語言設計排在後面；執行效率是至高無上的優先目標。

考慮到這個目標，他們的任務是找個辦法讓程式設計師能專注在問題上，無須擔心機器。基本上來說，就是試著把機器的細節抽象化和抽離程式設計師的工作，但又不至於影響執行時間。但團隊會發現，要消除 IBM 704 的細節並沒有那麼容易。

巴科斯的團隊包括厄文·希勒、哈蘭·赫利克和鮑伯·尼爾森（Bob Nelson），有點像雜牌軍。IBM 是那種人人都得「穿白襯衫和打領帶」的古板公司，這差不多已經是官方命令，但巴科斯和他的團隊（塞在十九樓上面的增建區）穿著就沒那麼正式了。連電梯操作員都取笑過他們的服裝 [12]。他們在

---

[11] 巴科斯說 A-0「笨重、跑得很慢又難以使用」，稍後又說「她的點子就只是可笑的玩意」。

[12] Lorenzo, p. 75.

一個毫無隔間的單一房間裡工作，桌子直接靠在一起。他們當時可說是「形影不離」[13]。

巴科斯後來說：「我們那時玩得很樂，我們有一群很棒的人。我的主要工作是打斷午餐時間的西洋棋局，因為那些會下得沒完沒了。」IBM 管理階層則放著他們沒管，心想這計畫只是個開放式研究，不可能會真的生出結果。偶爾有人問他們在幹嘛，團隊就會回答：「六個月後再回來問。」

團隊考慮使用的程式語法非常簡單，而且完全沒有事先規劃。巴科斯曾說：「我們只是邊做邊想出語言。」[14] 既然程式效率是最高的目標，而且目標機器是 IBM 704，該語言就被設計成能在 704 上高效率執行、完全不考慮其他機器。

過了大概一年，而不是巴科斯預估整個計畫所需的六個月後，團隊準備好出版「初步報告」。請注意不是編譯器，甚至不是語言規格，就只是初步報告。但它出版前需要取個名字；巴科斯選了 FORTRAN，也就是 FORmula TRANslation（公式翻譯器）。赫利克回說，這聽來很像某個字倒過來拚。

這份報告概述了語言背後的基本概念，但跟語言規格差遠了。團隊決定讓語言能同時支援固定小數點和浮點數運算，變數也可以有一、兩個字元組成的名字，第一個字元代表變數的型別。因此，以 I 到 N 開頭的名稱都是整數，其餘則是浮點「實數」。巴科斯和團隊也想要實作一維跟二維陣列，而且很擔憂矩陣運算要怎麼做。他們希望能用運算子、註標和括號做出複雜的運算式。

他們選擇用行號來當行列標記，因為這通常是數學證明的習慣。他們的「if」（如果）敘述會使用邏輯比較運算子，如 =、< 和 >，然後在判斷為真或為否

---

[13] 同前。

[14] Lorenzo, p. 76.

時指向特定行號。他們也想出一種很難懂的迴圈結構，至多會用到七個引數。他們完全沒考慮到 I/O 讀寫問題。

就一個四、五人的團隊來說，一年下來這樣的成果感覺不多。但請記住，當時沒人做過這種事，甚至想都沒想過。他們是在踏進前人未至之境。

但他們接著認真起來，團隊也開始擴張，最終包括羅伊・納特（Roy Nutt）、謝爾登・貝斯特（Sheldon Best）、彼得・謝里丹（Peter Sheridan）、大衛・塞爾（David Sayre）、洛伊絲・海布特（Lois Haibt）、迪克・郭德堡（Dick Goldberg）、鮑伯・休斯（Bob Hughes）、查爾斯・迪卡洛（Charles DeCarlo）、約翰・麥克弗森（John McPherson）。他們是「程式研究組」，也自認為是一小批非常特別的人，出於命運組成這個特殊的家族。他們全都聽命於約翰・巴科斯的「沉默領導」，後者在這個團隊即將創造的第一個高效率高階程式語言中會帶進「一小塊沉默」。

這群人最早的任務之一，是決定怎麼在編譯器中呈現輸入資料。你我已經習慣把原始碼看成純文字檔，這些檔案會有檔名、能儲存在我們檔案系統的目錄中。但巴科斯和他的團隊沒有文字檔、沒有目錄、也沒有檔案系統。從他們的角度來看，程式就是一條打孔紙帶或一疊打孔卡。IBM 704 主要使用打孔卡為輸入，所以自然應該把 FORTRAN 原始碼敘述寫在打孔卡上。但要用什麼格式呢？

那段時間我們會把打孔卡上 72 個可用的欄[15]看成一群有固定位置的欄位（field）。如果一張卡上有五個資料元素，就會在卡上打成五個欄位，每個欄位會從特定的欄號開始和結束。

---

[15] 卡片上有 80 欄（column），但 IBM 704 只能讀前 72 欄，因為每一列會被讀入兩個字組（72 位元）的暫存器。這下你知道卡片的最後 8 欄不是真的用來記錄序列數字；這塊就是讀不到而已。

Chapter 5　約翰‧巴科斯：第一種高階程式語言

舉個例，如果我想在一張卡上表示自己的名、姓和出生日期，我可能會如下安排：

```
                              D.O.B.
|←——— 名 ———→|←— 姓 —→|← 生日 →|←——— 空白 ———→|
....5....1....1....2....2....3....3....4....4....5....5....6....6....7....
     0    5    0    5    0    5    0    5    0    5    0    5    0
```

出於這種思考模式，他們會決定把 FORTRAN 敘述寫成同樣的格式、使編譯器倚賴它，這點也就不足為奇了。

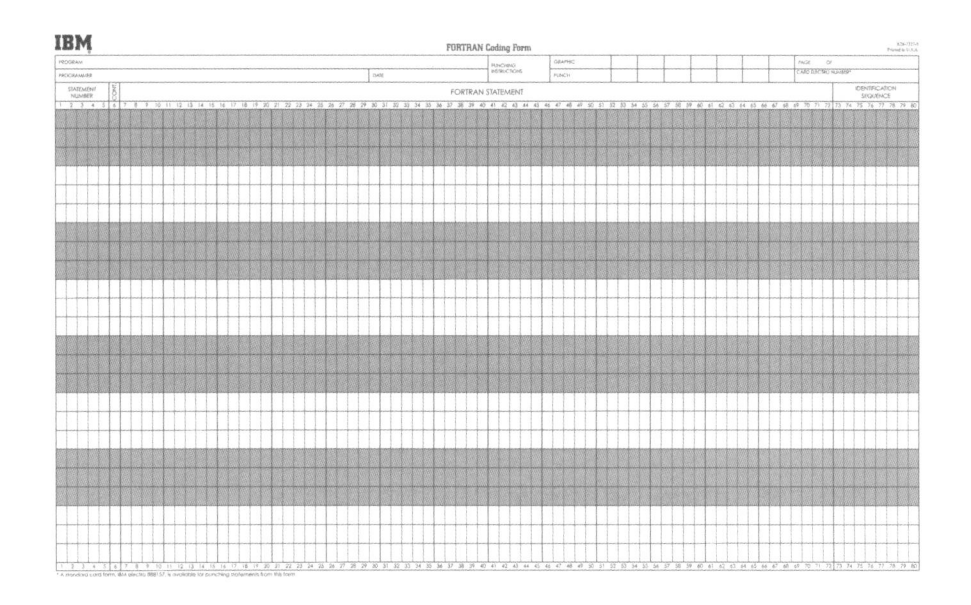

如上面的圖所示，每一行 FORTRAN 卡片的前五欄會用來寫敘述行號。第 6 欄是「延續」欄，第 7 至 72 欄則用來寫 FORTRAN 敘述。行號可寫可不寫，也不必照順序，而是讓程式設計師用來參照一行敘述。比如，敘述 GO TO 23 會把機器控制權交給行號 23 的敘述。

延續欄通常會留白，但若某行 FORTRAN 敘述長度超過卡片上的 66 欄，下一張卡可以包含敘述的額外部分，而延續欄通常會註記數字 1 到 9。FORTRAN 敘述本身是自由形式，空格會被整個忽略。例如，敘述 GO TO 23 可以寫成 GOTO23。

分工合作

團隊從很早就決定，編譯器只要掃過一次原始碼就能產生可在 IBM 704 上執行的程式。他們想讓程式設計師省下麻煩，不必得在後續階段輸入程式卡和／或中介資料卡。因此，編譯器得把原始碼簡化成稱為「表格」的一種中介資料結構。

巴科斯把團隊分成六個工作小組，每個負責編譯器的一塊，而每段會替其他區塊產生「表格」。這些區塊如下 [16]：

1. 解析器（parser）——由赫利克、納特和謝里丹撰寫，會讀取原始碼和分成幾個區塊，包含可以立刻編譯的，以及要等到後面才能編譯的部分。算數運算式會在這裡解析，分號和優先度會被判斷，然後各運算步驟會轉換成排好序的表格。這步驟也會處理變數註標。

2. 程式碼產生器（code generator）——由尼爾森和希勒撰寫，會從產生的表格生成最佳化機器碼。迴圈會被分析和重新排列，以便把不需要重複執行的敘述踢出迴圈。這部分會開始標記索引暫存器的使用狀況（他們在這步驟假設 IBM 704 擁有無上限的索引暫存器）。

3. 無名區塊——作者不詳，會整合第一與第二段的輸出，似乎是事後想到才拼湊出來的，好替第四段提供一致的輸入。

---

[16] Lorenzo, p. 135.ff.

4. **程式結構**——由海布特撰寫，讀取第一和第二段（經由第三段整合）的結果，把可執行程式碼切成一塊塊，每個有單一入口和單一出口[17]。這些區塊會做蒙地卡羅模擬，好判斷哪些索引暫存器最常使用。

5. **標籤分析**——由貝斯特撰寫，把第四段的結果最佳化，將索引暫存器的數量減少到 IBM 704 擁有的三個，然後產生程式的可重新定址組譯版（a relocatable assembly version）。

6. **後端**——由納特撰寫。它把第五段的可重新定址程式組合起來，然後把最終的二進位結果輸出到打孔卡上。

各位務必記得，這些程式設計師使用的是最原始的組合語言。他們用的組譯器叫做 SAP，是納特幾年前替美國海軍寫的。

這六段花了很長的時間才寫出來，比六個月久多了。第一支 FORTRAN I 程式要等到 1957 年初才會編譯和執行。但結果值回票價：FORTRAN I 語言很容易撰寫，它替 IBM 704 產生的程式也效率奇佳。

接下來就如人們說的，一切已成歷史。

我的 FORTRAN 牢騷

我接觸 FORTRAN 的程度很少，偶爾會涉獵，但從未用到會讓我發火。這裡有個例子，是我在 1974 年用 FORTRAN IV 寫的小程式，會計算前一千個階乘數——只是寫好玩的。

---

[17] 讓人想到艾茲赫爾・戴克斯特拉，雖然團隊當時對結構化程式設計還一無所知。

```
            INTEGER*2 DIGIT(3000)
            DATA DIGIT/3000*0/
            DIGIT(1)=1
            NDIG=1
            DO 10 I=1,1000
            ICARRY=0
            DO 11 J=1,NDIG
            DIGIT(J)=DIGIT(J)*I+ICARRY
            ICARRY=0
            IS=DIGIT(J)
            IF (IS.LE.9) GO TO 11
            DIGIT (J)=IS-IS/10*10
            ICARRY= IS/10
     11     CONTINUE
     9      IF (ICARRY.EQ.0) GO TO 7
            NDIG=NDIG+1
            DIGIT(NDIG)=ICARRY-ICARRY/10*10
            ICARRY= ICARRY/10
            GO TO 9
     7      WRITE (6,1) I,NDIG,(DIGIT(NDIG+1-K),K=1,NDIG)
     1      FORMAT (1H0, 30('*'),1X,I4,' FACTORIAL CONTAINS ', I4,' DIGITS ',
            -30('*'),30(/1X,130I1))
     10     CONTINUE
            STOP
            END
```

程式在一台轟隆作響又龐大的 IBM 370 上要花 15 分鐘處理器時間。用 Clojure 寫的類似程式在我的筆電上只要花 253 毫秒。

FORTRAN 語言在當時就不怎麼漂亮，現在亦然。它承受的昔日包袱實在太多，沒辦法變身成真正的現代語言。有句關於 FORTRAN 的陳年形容直到今天仍然適用：「一堆用程式句法串起來的疣」[18]。但它扮演了該有的角色，展示一個高階語言可以在略為增加執行時間的前提下省下大量的程式設計時間。但這不會是我想用在重要工作的語言；從所有用意跟目的來說，FORTRAN 語言已死，或者已經奄奄一息。

---

[18] 典出 1982 年拓荒者日在休士頓舉辦的全國計算機會議（National Computer Conference）的紀念卡片上面的引言。

對，我知道 NASA 有些人仍會用它，因為有些現存的函式庫或太空探測器仍在使用。但我想這種語言已經沒有未來了。

ALGOL 與其他一切

巴科斯繼續發展 FORTRAN 一陣子，增加一些新功能，比如替 FORTRAN II 加入能獨立編譯和連結的子程序，使該語言能應用的專案比 FORTRAN I 大多了。

但在這之後，他和剩餘團隊的大部分人就投入別的冒險。巴科斯在一個接一個專案之間沉浮，但發現沒人想尋求他的建議，就算聽了反應也不太好。他有陣子非常執迷於嘗試證明四色定理（four color map theorem）。

FORTRAN 大獲成功，但巴科斯覺得它身為語言不夠讓人滿意。他把它設計成能在 IBM 704 上高效率執行，但懷疑它能否當成更通用的抽象語言使用。所以當 ACM 決定組成一個委員會來探索通用程式語言（Universal Programming Language）的可能性時，他加入了。他稍後說他沒有多少貢獻，但我們會看到事實並非如此。

這個委員會最終製作出 ALGOL 60 語言的規格，但成員在早期把他們的目標稱作「國際代數語言」（International Algebraic Language，IAL）。IAL 委員會提出的規格是全部以英文寫成，巴科斯覺得這樣令人挫折和過度含糊：「一團不一致的混亂」[19]。他擔心「很可能得投入許多人一年（man-year）才能做出一些轉譯程式，但仍無法產生出對應的機器程式。」

---

[19] Lorenzo, p. 230.

於是巴科斯著手發明一種形式系統來描述這種語言。這是種符號元語言（a symbolic metalanguage），包含一組以遞迴方式連結的**產出規則**。每個規則會定義一個被其他規則使用的文法。這樣一來，你可以從簡單的開頭建構出一套複雜的句法。巴科斯使用這種語言——後來稱為巴科斯範式（Backus Normal Form，BNF）——在 1959 年出版了 IAL 的正式規格。

這份規格書有如石沉大海，委員會對它毫無興趣，照樣使用英文規格。不過有個成員確實注意到了：此人是丹麥數學家彼得・諾爾（Peter Naur），他和巴科斯一樣擔憂英文帶來的問題，於是自行稍微修改巴科斯的標記法，然後在 1960 年 1 月委員會在巴黎舉行的會議上發布 ALGOL 60 的規格。這回這種標記法受到了採用。

四年後，高德納（Donald Knuth）建議把 BNF 的名字改成巴科斯—諾爾範式（Backus–Naur Form）。BNF 成為描述語言句法的標準標記法，而且也大致是 yacc 之類的解析程式使用的輸入格式。

1970 年代，巴科斯落入戴克斯特拉十幾年前就陷入的同一個意識形態陷阱，也就是嘗試把程式設計變成一種數學形式系統，能建構出階層式的證明與理論。戴克斯特拉使用結構化程式語言當成他的數學形式基礎，而巴科斯則是使用函數式程式設計。正如我們將看到戴克斯特拉如何被困住，這陷阱也同樣綁死了巴科斯。

巴科斯繼續在 IBM 的研發部門工作，最終贏得美國國家科學獎章、圖靈獎和查爾斯・斯塔克・德雷珀獎（Charles Stark Draper Prize）。他在 2007 年過世，那年有一顆小行星以他命名：6830 Johnbackus。

參考資料

- 約翰・W・巴科斯（Backus, John W），1954：「IBM 701 Speedcoding 系統」（The IBM 701 Speedcoding System）。計算機協會（Association for Computing Machinery，ACM）。dl.acm.org/doi/10.1145/320764.320766。

- 約翰・巴科斯，1978：「程式設計能從馮紐曼形式解救出來嗎？一種函數式風格與其程式代數」（Can Programming Be Liberated from the von Neumann Style? A Functional Style and Its Algebra of Programs）。由聖荷西的 IBM 研究實驗室（IBM Research Laboratory）出版於《ACM 通訊》（Communications of the ACM）21 no. 8: 613–641。

- Beyer, Kurt W.，2009：《葛麗絲・霍普和資訊年代的發明》（Grace Hopper and the Invention of the Information Age）。MIT Press 出版。

- 電腦歷史文獻計畫（Computer History Archives Project，"CHAP"），「電腦歷史，罕見 IBM 影片，1948 年 SECC 選擇性序列電子計算機初次落成」（Computer History IBM Rare film 1948 SSEC Selective Sequence Electronic Calculator Original Dedicated）。2024 年 5 月 1 日發表於 YouTube。www.youtube.com/watch?v=m1M3iGDboMg。

- DeCaire, Frank，2017：「古董機器—— IBM 701」（Vintage Hardware—The IBM 701）。由 Frank DeCaire 發表於 5 月 27 日。blog.frankdecaire.com/2017/05/27/vintage-hardware-the -ibm-701。

- 國際商業機器公司（International Business Machines Corporation，IBM），1953：《運作原理：701 型與相關設備》（Principles of Operation: Type 701 and Associated Equipment）。由國際商業機器公司出版於 1953 年。archive.org/details/type-701-and-associated-equipment。

- 國際商業機器，1953：《供 701 型電子資料處理機器使用的 Speedcoding 系統》（*Speedcoding System for the Type 701 Electronic Data Processing Machines*）。archive.computerhistory.org/resources/access/text/2018/02/102678975-05-01-acc.pdf。

- Lorenzo, Mark Jones，2019：《FORTRAN 程式語言史》（*The History of the Fortran Programming Language*）。SE Books 出版。

- 美國海軍研究辦公室數學與科學部門，1953：《數位電腦通訊》（*Digital Computer Newsletter*）5, no. 4: 1–18。www.bitsavers.org/pdf/onr/Digital_Computer_Newsletter/Digital_Computer_Newsletter_V05N04_Oct53.pdf。

- 維基百科：「IBM 701」。en.wikipedia.org/wiki/IBM_701。

- 維基百科：「IBM SSEC」。en.wikipedia.org/wiki/IBM_SSEC。

- 維基百科：「約翰・巴科斯」（John Backus）。en.wikipedia.org/wiki/John_Backus。

第 6 章
艾茲赫爾・戴克斯特拉：第一位電腦科學家

艾茲赫爾・戴克斯特拉是軟體界最家喻戶曉的名字之一。他是結構化程式設計之父，也是那個叫我們不要用 GOTO 敘述的人。他發明了 semaphore（號誌）物件，並寫出許多有用的演算法。他是 ALGOL 60 第一個可用的編譯器的共同作者，更參與了早期多元程式（multiprogramming）作業系統的設計。

但這些成就不過是一條浴血天堂路的里程碑罷了。艾茲赫爾・戴克斯特拉真正留下的建樹，是將抽象層面推到超越實體層面，而這是一場他和自己、和同儕、和職業人士纏鬥的硬仗，最終也獲得勝利。他是開路先鋒、傳奇人物和程式設計師，可能也不怎麼謙遜。艾倫・凱（Alan Kay）有次深情地這樣形容他：「電腦科學界的傲慢自大都可以用『奈米戴克斯特拉』當單位衡量。」凱接著解釋，「對任何有自我意識的人來說，戴克斯特拉的風趣程度大概還勝過討人厭的程度。」無論如何，艾茲赫爾・戴克斯特拉的故事確實令人入迷。

見見主人翁

艾茲赫爾・韋伯・戴克斯特拉（Edsger Wybe Dijkstra）於 1930 年 5 月 11 日生於荷蘭鹿特丹，父親是化學老師和荷蘭化學學會主席，母親則是數學家。所

以這孩子身邊圍繞著數學與科技。德軍在二戰佔領荷蘭時，他父母把他送到鄉下避難。戰後很多東西都毀了，但也有很多新希望。

戴克斯特拉 1948 年高中畢業時，在數學跟科學都拿下最高成績。我猜他起先就跟所有年輕人一樣拒絕父母的技術使命感，覺得他比較適合唸法律和去聯合國代表荷蘭。但這種技術熱情在萊登（Leiden）大學追上了他，他的興趣很快就轉向理論物理學。

這些興趣在 1951 年再度轉向，他父親安排他去英國劍橋參加三星期課程，學習 EDSAC（Electronic Delay Storage Auto-matic Calculator，延遲儲存電子自動計算器）的程式設計入門。他父親認為，學習當時的新工具有助於他的理論物理生涯，但結果完全出乎預料。

雖然英文不太行，他非常喜歡那些課程，也學到很多。他說那三個星期改變了他的人生。他在那裡見到阿姆斯特丹的荷蘭數學中心（Mathematisch Centrum，MC）的主任阿德里安・范・韋恩加登（Adriaan van Wijngaarden），這人給了他一份兼職的程式設計師工作。戴克斯特拉在 1952 年 3 月接受了，成為荷蘭第一位程式設計師。他被電腦毫不饒人的本質深深迷住了。

荷蘭數學中心當時沒有電腦，他們正在嘗試打造電磁機械式的 ARRA（Automatische Relais Rekenmachine Amsterdam，阿姆斯特丹自動繼電器計算機）。戴克斯特拉幫忙設計電腦的指令集，也寫了程式，但要等到機器造好才能測試。他也在這裡認識格里特・布勞烏（Gerrit Blaauw），這人於 1952 年在霍華德・艾肯手下學習，後來會跟佛瑞德・布魯克斯（Fred Brooks）和吉恩・阿姆達爾（Gene Amdahl）幫忙設計 IBM 360 電腦。布勞烏從艾肯的實驗室帶來原料跟許多先進技術到荷蘭丹數學中心。

Chapter 6　艾茲赫爾‧戴克斯特拉：第一位電腦科學家

戴克斯特拉和布勞烏在 ARRA 跟其他案子都有共事過。戴克斯特拉講過一個關於布勞烏的故事[1]：

> 「他是非常準時的人，這是好事，因為有幾個月時間我和他替安裝在史基浦飛機公司（Schiphol Aircraft）[2]的 FERTA 電腦[3]除錯，那個地方有點難抵達，但感謝老天他有輛車。所以一大早七點我會跳上腳踏車，騎到高速公路和把腳踏車藏起來，然後在路邊等布勞烏來接我。那個冬天很冷，我唯一撐過去的辦法是靠一件加拿大陸軍舊夾克，還有就是我所說的格里特很準時。我記得有一次非常糟糕的經驗，我們花了一整天替 FERTA 除錯，一直搞到晚上十點，他的車是停車場的最後一輛車，那時也開始下雪了，那玩意居然還發不動。我不記得我們到底是怎麼回家的，我猜是格里特‧布勞烏那天又修好了一個臭蟲。」

戴克斯特拉愛死了「得足智多謀和精準無誤」的挑戰，但他越投入數學中心的工作，就越擔心程式設計不是適合他的領域。他畢竟被培養成一流理論物理學家，而替電腦寫程式嘛，這件事在當時跟任何東西的一流都沾不上邊。

1955 年他對韋恩加登表達自己的擔憂時，這種內心交戰來到了頂點。戴克斯特拉說：

> 「等我幾小時後離開他的辦公室，我已經脫胎換骨。韋恩加登靜靜解釋了自動計算機會有立足之地，我們只是站在起點而已，我也有

---

[1] 出自戴克斯特拉「一位程式設計師的早期回憶」（A Programmer's Early Memories）。

[2] 對皇家荷蘭飛機工廠福克公司（Royal Dutch Aircraft Factory Fokker）的非正式稱呼，在荷蘭的史基浦區，也稱為 Nederlandse Vliegtuigenfabriek（荷蘭飛機工廠）。

[3] 一種衍生自 ARRA 的早期電子式電腦。

機會成為未來幾年內把程式設計變成體面學科的那個人。這是我生命中的轉捩點……」[4]

1957年，戴克斯特拉娶了瑪莉亞‧戴貝（Maria Debets），小名莉亞（Ria），是在數學中心工作的一位「計算員」。戴克斯特拉在結婚證書上寫下的職業是「程式設計師」，但阿姆斯特丹官方拒絕承認這職業。他對此說：

「信不信由你，我的結婚證書上的『職業』寫的是可笑的『理論物理學家』！」

ARRA：1952 至 1955 年

韋恩加登雇用戴克斯特拉來替數學中心的新電腦ARRA寫程式，但問題在於，ARRA跑不起來。

韋恩加登五年前去哈佛見識過艾肯的馬克一號和後繼機型，感到印象深刻，所以雇了一些年輕工程師來打造一台類似但小得多的機器，也就是ARRA。ARRA被設計成可自存程式的**電磁機械式怪獸**，有磁鼓記憶體、一千兩百個繼電器和一些當成暫存器的真空管正反器。繼電器得經常清潔，但裡面的接點劣化得太快，導致切換時間不可靠，機器本身也就無法穩定運作。花了四年研發和持續不斷的整修，這台糟糕的機器似乎就只能拿來產生隨機數字而已。

這件事可不好笑。他們寫了一支示範程式，模擬十三維度的方形骰的滾動[5]。某個時候有位政府部長過來看這個示範。他們戒慎恐懼打開機器，然後它居然難得吐出正確的亂數。成功了！結果機器出乎預料停下來。韋恩加登臨場應變，

---

[4] 「謙遜的程式設計師」，《ACM通訊》15, no.10（1972年10月），859–866頁。

[5] 只有一群數學宅能想出這種東西當展示範例。

Chapter 6　艾茲赫爾・戴克斯特拉：第一位電腦科學家

跟那位部長解釋：「這是非常神奇的狀況：骰子現在以一角站立，不知道該往哪邊倒下。如果您按這個按鈕，就能給骰子推一把，機器會繼續印出隨機數。」部長按按鈕，機器也真的重新吐出隨機數。部長回答：「真有趣。」不久後便離開。

然後 ARRA 就再也沒動過了。

挫折的韋恩加登招募格里特・布勞烏，後者在哈佛替艾肯研究馬克四號，並剛剛拿到哈佛博士學位。布勞烏加入團隊，沒多久就說服他們 ARRA 已經回天乏術，他們應該以電子式電腦的路線重來，而不是繼續用電磁機械式。

於是團隊開始設計 ARRA ──其實應該說 ARRA 2，但他們不想對外宣傳說 ARRA 1 曾經存在過。所以他們還是把新機器叫做 ARRA。

戴克斯特拉身為「程式設計師」，會對硬體工程師提議指令集，後者則會評估指令集是否做得出來。他們會提出修正，然後丟回給戴克斯特拉。這個循環會繼續下去，直到所有人都準備好「以血立誓」。硬體工程師接著打造機器，戴克斯特拉則開始寫程式設計手冊和基本 I/O 讀寫功能。

這種分工合作機制所確立的概念，在於硬體是執行軟體的黑盒子，軟體則能獨立於硬體設計。這是電腦架構非常重要的一步，也是非常早期的依賴反轉（dependency inversion）例子。硬體的設計是基於軟體需求，而不是軟體服從硬體的要求。

他們在十三個月後，也就是 1953 年打造出新機器。更重要的是它能用──他們也讓它全天二十四小時工作，計算比如風向模式、水流和機翼的行為。機器完全取代了用桌上計算機處理這類問題的女性「計算員」；這群女性則變成新機器的程式設計師。

在某個時候，他們在其中一個暫存器上掛上大聲公，這樣就能聽到它運作時的節奏聲。這其實是很好的除錯工具，因為你能**聽到**它是否正確執行，或者什麼時候卡在迴圈裡。

ARRA 被設計成二進位機器，而當時大部分電腦都還是用 BCD（二進位編碼十進位數）。它的電子零件是真空管，並有兩個工作暫存器，以及可存 1,024 個 30 位元字組的磁鼓記憶體（每秒旋轉 50 圈），每秒能執行約 40 個指令。主要輸入裝置是有五欄的紙帶，輸出則通常是接到電動打字機。

只要看看戴克斯特拉替 ARRA 2 設計的指令集，就能一窺他和同時代人士是怎麼看待電腦的預期功能：電腦能做的事很少，而且對算數的重視遠多於資料處理。日後的電腦會來個大翻盤！

ARRA 2 的指令長 15 位元，這樣兩個指令就能塞進一個 30 位元的字組。這兩個指令會稱為 a 和 b。因此機器能儲存 2,048 個指令。指令的前五個位元是運算代碼，後面十位元則是記憶體位址，或者某個立即值（immediate value）。兩個暫存器分別叫 A 和 S，能夠獨立操控，但也能合起來儲存 60 位元的雙精確浮點數。

指令一共有 24 條，注意到這裡沒有 I/O 讀寫也沒有間接定址，此外，戴克斯特拉是用十進位數來代表運算代碼，當時沒有人想到用八進位或十六進位：

```
0/n  將 (A) 置換為 (A)+(n)
1/n  將 (A) 置換為 (A)-(n)
2/n  將 (A) 置換為 (n)
3/n  將 (A) 置換為 -(n)
4/n  將 (A) 置換為 (A)
5/n  將 (n) 置換為 -(A)
6/n  有條件將控制權移至 na
7/n  將控制權移至 na 之後
8/n  將 (S) 置換為 (s)+(n)
9/n  將 (S) 置換為 (S)-(n)
10/n 將 (S) 置換為 (n)
11/n 將 (S) 置換為 -(n)
12/n 將 (n) 置換為 (S)
13/n 將 (n) 置換為 -(S)
14/n 有條件將控制權移至 nb
15/n 將控制權移至 nb
16/n 將 [AS] 置換為 [n].[s]+[A]
17/n 將 [AS] 置換為 -[n].[S]+[A]
18/n 將 [AS] 置換為 [n].[S]
19/n 將 [AS] 置換為 - [n].[s]
20/n 將 [AS] 除以 [n]:，將商數置於 S，將餘數置於 A
21/n 將 [AS] 除以 -[n]:，將商數置於 S，將餘數置於 A
22/n 位移 A->S，即將 [AS] 置換為 [A].2^(29-n)
23/n 位移 S->A，即將 [SA] 置換為 [S].2^(30-n)
24/n 通訊指派
```

這裡面的兩個有條件控制移動（跳躍），只有在前一個算數結果是正值時才會執行。ARRA 是 1 補數機器，這表示零有正負兩種表示法，而用減法來測試是否為零是很危險的。此外，注意到若你想跳到指令 a 或 b，這兩個行為要用的跳躍指令是不同的（6/n 和 14/n）。你要是在程式中多插入一條指令，一定會打亂順序和搞得天翻地覆！

磁鼓記憶體有 64 條，每條可存 16 字組。我推論每條對應到磁鼓上的一軌，這也暗示記憶體有 64 個讀寫頭，每個會用繼電器連接到電子系統。這些繼電器得花 20 至 40 毫秒開或關，所以注重效率的程式設計師得小心點，別在磁鼓軌道之間切換太多次。其實，看來電子系統能同時讀取兩條軌道：一個讀入指令，另一個讀入資料。這讓程式設計師可以把指令放在一軌上，資料放在另一軌，而不必切換繼電器的狀態。

還有一個棘手狀況是，看來磁鼓的實際軌道只能在磁鼓周圍儲存 8 個字組，但每個讀寫頭其實是讀取跟寫入兩個頭，可以同時處理兩條相鄰的軌道。這表示若要讀取整條 16 個字組，磁鼓至少得旋轉兩圈才行。

想像一下，你試著寫一個有趣的數學程式，結果還得顧慮這麼多，會是什麼感覺。

注意到指令集也沒有允許間接定址。要嘛戴克斯特拉還沒意識到指標（pointer）的重要性，要嘛硬體設計師找不到簡單實作的辦法。所以任何間接或使用索引的存取方式，都得靠著修改既有指令位址來實現。這也是實作子程序的方式：指令集並沒有「呼叫」指令，也沒辦法記住返回的位址，所以程式設計師在跳進子程序之前，得負責把正確的跳躍指令寫入子程序的最後一行。

這些機器跟指令集的原始本質，很可能對戴克斯特拉產生了雙重影響。首先，被這堆可怕的細節跟嚴重受限的環境圍繞，他內心大概再也不會認真考慮走電腦科學一途，但另一方面，這也有可能在他心中種下強烈的渴望，想擺脫這堆細節和推向抽象化（abstraction）。我們下面會看到，後者正是戴克斯特拉選擇的道路。

確實，在戴克斯特拉於 1953 年寫的「ARRA 的功能描述」（Functionele Beschrijving Van De Arra）中，就可嗅到這種細節與抽象之爭的思維；戴克

斯特拉在文中長篇大論替可呼叫子程序辯論，解釋它相對於「開放子程序」（重複程式碼）的好處，而後者正是霍普在馬克一號上採用的做法。

而在描述如何呼叫子程序時，他說「若能以受控方式一再執行同樣的一系列指令」而非在程式中不斷複製指令「應該會很棒」，而重複複製指令的行為「很糟且浪費記憶體空間」。但接著他轉個圈，抱怨用這種方式跳到子程序會浪費大量磁鼓切換時間，磁鼓在子程序的每次呼叫和返回都會增加旋轉一整圈的時間。

戴克斯特拉如何與這種二分法和解的過程，便是戴克斯特拉的重點故事，也是他所留給後人的成就。

ARMAC：1955 至 1958 年

荷蘭數學中心繼續改良設計，以 ARRA 為基礎打造了新機器。FERTA（Fokkers Eerste Rekenmachine Type ARRA，ARRA 式福克一號計算機）在兩年後（1955 年）建造，安裝在史基浦機場旁邊的福克飛機工廠，用來計算 F27 友誼式（Friendship）客機的翼面設計。FERTA 的架構和 ARRA 類似，但記憶體擴充到 4,096 個 34 位元字組，執行速度也加倍到每秒約一百個指令，這或許是因為磁鼓每一軌的儲存密度加倍了。

ARMAC（Automatische Rekenmachine MAthematisch Centrum，數學中心自動計算機）是另一台衍生自 ARRA 的機器，在一年後推出（1956 年），每秒能執行一千個指令，因為它用了個小型磁芯記憶體當成磁鼓的緩衝軌。這台機器有一千兩百根真空管，耗費 10 千瓦電力。

這是個人們密集實驗與改良硬體，但對軟體架構——特別是指令集——改進有限的時期。但逐漸增加的記憶體和執行速度，讓戴克斯特拉開始思考過去做不到的問題。

戴克斯特拉演算法（Dijkstra's Algorithm）：最短路徑

「這探討的是從鹿特丹走到格羅寧根（Groningen）的一般最短途徑：找出指定城市到指定城市的最短路線。這是最短路徑演算法，我花了大概二十分鐘設計出來。1956 年我有天早上跟我年輕的未婚妻去購物，累了就坐在咖啡廳露臺喝杯咖啡，而我剛好在思考能不能解出這個問題，並接著設計出了最短路徑演算法。如我剛才所說，我只花二十分鐘。它事實上在 1959 年、也就是三年後出版，你現在仍然讀得到原出版品，它寫得也蠻不錯的。它之所以能這麼好，是因為我是在不用紙筆的情況下設計的。我後來才得知，不靠紙筆做設計的好處之一，就是你幾乎會被迫避開所有可避免的複雜性。最後這演算法成為我最偉大的驚奇之舉，是奠定我名聲的其中一塊基石。」

——艾茲赫爾·戴克斯特拉，2001 年

戴克斯特拉之所以選擇這個問題，是因為他想展示 ARMAC 的威力，並搭配一般人也能懂的非數字問題。他寫了一支示範程式，能在 64 個荷蘭城市[6]之間的簡化交通網中尋找一座城市到另一個的最短路線。這演算法並不難理解，就是用一些巢狀迴圈、一點排序法和不少資料處理，但想想看你要怎麼在沒有指標、沒有遞迴也沒辦法呼叫子程序的情況下寫出這種東西。想像你為了存取資料，得修改個別指令的位址。甚至，你得把程式最佳化，好顧慮到怎麼追蹤在磁芯跟磁鼓記憶體之間寫進寫出的資料。我光想到就倒胃口！

戴克斯特拉示範完成後，寫了個類似的演算法來解決更實務的問題。數學中心的下一台電腦 X1 的背板有大量接線，而銅可是很昂貴的材料。所以戴克斯特

---

[6] 沒錯；他用 6 位元數字來代表每一個城市。

拉寫了個最小生成樹（minimum spanning tree）演算法，把背板上使用的銅線量降到最低。

拿電腦來解決這種圖形演算法，便朝我們今日所知的電腦科學更進一步了。戴克斯特拉開創先河，用電腦來解決不再是純數學的問題。

ALGOL 與 X1：1958 至 1962 年

戴克斯特拉在數學中心投入的努力，正逢電腦科學的成形時期。霍普在 1954 年的自動程式設計座談會[7]引發了大轟動。在那場座談會上，來自柳樹（Willow Run）研究中心的 J・H・布朗（J. H. Brown）和 J・W・卡爾三世（J. W. Carr III）[8]提出一篇論文，講述他們創造的一種獨立於機器的通用程式語言，而索爾・戈恩（Saul Gorn）也提出類似的論文。兩篇論文都提倡讓語言結構擺脫硬體的實際結構。

這在當年的思維下，堪稱革命性的發展；程式語言如 FORTRAN、MATH-MATIC 和後來的 COBOL 都和當時的機器硬體架構綁在一起，而這種密切關聯被認為有必要，因為這樣才能達到很高的執行效率。布朗和卡爾承認通用語言可能會比較慢，但也主張這樣能減少寫程式的時間和程式錯誤。

這裡舉個語言跟實體架構綁在一塊的例子：C 語言的 int（整數）型別。這型別取決於機器，可以是 16、32 或 64 位元。我用過一台機器，它的 int 是 18 位元整數。這表示 C 的 int 型別跟機器世界有關。當時許多語言會單純假設，

---

7 見第四章的「編譯器：1951 至 1952 年」。

8 全名 John Weber Carr III，1923–1997。

語言的資料格式就是機器的資料格式，連記憶體布局格式也不例外。子程序引數會被指派到固定位址，使之毫無遞迴或可重新進入（reentrancy）的能耐。

1958 年 5 月，卡爾和一些人在蘇黎世會面，開始定義一種獨立於機器的通用程式語言，命名為 ALGOL（International ALGOrithmic Language，國際演算法語言）。他們表明，其目的是要創造一種以數學標記法為基礎的語言，能用於出版演算法，並能以機械方式把演算法轉譯為機器程式。

約翰・巴科斯（John Backus）在 1958 年提出一種正式標記法，用來描述該語言的早期版本。彼得・諾爾（Peter Naur）理解到這種標記法的天才之處，將它命名為巴科斯範式（Backus Normal Form，BNF），後來則在高德納（Donald Knuth）建議下改成巴科斯—諾爾範式（Backus–Naur Form）。諾爾用 BNF 來列出 1960 年版的 ALGOL 規格。

這時戴克斯特拉和荷蘭數學中心正忙著打造 X1 電腦。這是完全電晶體化的電腦，可存至多三萬兩千個 27 位元字組，前八千個位址是唯讀記憶體，用來存開機程式和一個原始的組譯器。X1 是最早有硬體中斷（interrupt）功能的機器之一——戴克斯特拉會巧妙運用這點。這機器也有一個索引暫存器！終於有真正的指標能用了！但除此以外，X1 在許多方面和 ARRA 跟 ARMAC 是相似的。記憶體脈衝時間是 32 微秒，加法時間是 64 微秒。因此它每秒能執行的指令超過一萬個。

1959 年，韋恩加登和戴克斯特拉加入 ALGOL 語言的規格定義。1960 年，該語言的 BNF 規格完成後，戴克斯特拉跟密切合作的同事亞普・宗內費爾德（Jaap Zonneveld）很快就寫出一個給 X1 的 ALGOL 編譯器，震驚了電腦圈子。

說「震驚」大概還太輕描淡寫。諾爾寫道：「荷蘭專案在 1960 年 6 月成功的最初消息傳來，感覺就像炸彈落在我們這群人身上。」[9] 這枚「炸彈」或許能解釋稍後浮現的一些不合。我猜人們把戴克斯特拉跟他的夥伴們看成程咬金，突然殺出來搶了其他人的鋒頭。

戴克斯特拉對於自己的成功則寫道：「我們過去沒有寫編譯器的經驗，外加一台尚未確立使用方式的機器（X1），這兩個因素的合併成了我們的助力，讓我們用嶄新思維來應付 ALGOL 60 的實作問題。」[10]

---

[9] Daylight, p. 46.

[10] Daylight, p. 57.

戴克斯特拉和宗內費爾德使用的其中一個技巧是「雙重程式設計」（dual programming）：兩人會獨立實作一個功能，然後比對結果。戴克斯特拉稱這是「工程學途徑」。有人認為[11]這種做法大大減少了他們的除錯時間，使兩人的總開發時間還是能變少。

當時 ALGOL 大部分實作團隊還在爭論，到底哪些功能要留著、哪些又要丟掉。但戴克斯特拉和宗內費爾德毫無省略；他們在**短短六星期實作出完整規格**，甚至做出幾乎所有人都打算拋棄的部分：遞迴。這很諷刺，因為在 ALGOL 加入遞迴這件事已經被投票否決。戴克斯特拉和宗內費爾德大力支持遞迴，但委員會其餘人認為遞迴效率太差，也沒有別的用處。不過，決議的用詞仍然有含糊空間，戴克斯特拉就乾脆把它偷渡進來了。

這導致戴克斯特拉跟 ALGOL 團隊的其餘成員起了點衝突。遞迴與效率之爭確實帶來不小的緊張關係。在 1962 年的一場會議上，其中一名成員葛哈德·西格慕勒（Gerhard Seegmüller）站起來對戴克斯特拉、諾爾和其他遞迴支持者拋下一句惡意評論[12]，還贏得響亮的掌聲跟笑聲：

> 「問題在於——讓我再表達一次——我們是想要投入設計這種語言，真的開發它而不是『搞』它，我也希望我們不會變成某種 ALGOL 花花公子。」

戴克斯特拉和宗內費爾德之所以能這麼成功，而其他團隊仍然遭遇重重困難，是因為戴克斯特拉在語言跟機器之間創造了一個抽象層。他的編譯器會把

---

[11] 來自我與湯姆·吉爾布（Tom Gilb）的私人通信。

[12] Daylight, p. 44.

ALGOL 原始碼轉成 p-code[13]，然後一個相關的執行環境系統會直譯 p-code。我們現在把這種執行環境叫做虛擬機（virtual machine，VM），類似 Java 虛擬機或 .NET 用的通用語言運行庫（CLR）。

當然，這在某些方面的效率會不佳，模擬 p-code 永遠比原生機器語言慢[14]。但戴克斯特拉秉持的理由是，他堅決拒絕擔心短期效率——他著重的是語言和電腦架構的長期方向。對此他說：

「為了盡可能了解程式設計師的真實需求，我短期內不打算把注意力放在眾人皆知的『時間與空間』準則。」

接著他說：

「我深信程式正確性的問題，將會被證明遠比徹底發揮特定的機器功能這類事更重要……」

然後他也如下作結：

「……遞迴是如此乾淨優雅的概念，我實在無法想像它不會對近期新機器的設計產生明顯影響。」

他也的確說對了。僅僅十年後就會問世的 PDP-11 有著一整組漂亮的索引暫存器，而其中之一就是專用的堆疊指標器（stack pointer），能記錄遞迴呼叫狀況。

---

[13] 可攜程式碼（portable code），通常是數字代碼，代表虛擬機的指令集。（【譯者註】即現在的 bytecode 前身。）

[14] 特別是即時編譯器（just-in-time/JIT compilers）還要等幾十年才會發明。

此外，在 ALGOL 專案剛開始時，戴克斯特拉和宗內費爾德很擔心韋恩加登會搶功（但他其實沒有），所以這兩位下巴刮得乾淨的程式設計師私下串通好留鬍子，直到編譯器可運作為止。他們認為只有蓄鬍的人才能贏得編譯器的功勞。六星期後編譯器成功動起來時，宗內費爾德刮了鬍子，但戴克斯特拉從那時起就一直留著。

愁雲慘霧：1962 年

戴克斯特拉挾著 ALGOL 60 的功績，在一篇 1962 年論文「對先進程式設計的一些沉思」（Some Meditations on Advanced Programming）展望未來。他的第一個主張，是軟體的藝術必須變成一門科學：

> 「因此，我想把各位的目光特別拉到這些努力與考慮因素，也就是人們嘗試將程式設計改良到『達到藝術境界』（state of art，頂尖）。或許將來某個時候這會達到某種程度，我們會稱之為『達到科學境界（state of science）的程式設計』。」

他接著對這個「頂尖」程式設計境界描繪了個頗為陰鬱的觀點。他說，把程式設計從藝術轉變成科學是「當務之急」，因為：

> 「……程式設計師的世界非常黑暗，只有地平線透出第一絲亮光。」

對於這句話是什麼意思，他描述了在他寫下這段話之前，身為程式設計師會是什麼情景：程式設計師會被交代「不可能的任務」，而且還得用「能力被逼到稍微超出極限」的機器來做到。他解釋，這種處境下的程式設計師被迫使用「古怪和狡猾的招數」來哄騙系統正常運作。他宣稱程式設計學科「極度簡陋又原始」，而且也「不潔」，抱怨說程式設計師的創意跟精明反而鼓勵硬體設計師「加入各種奇怪又用途可疑的設備」。換言之，爛機器會培養出爛程式設計師，然後反過來鼓勵更爛的機器被造出來。

Chapter 6　艾茲赫爾・戴克斯特拉：第一位電腦科學家

他在譴責的是哪些機器呢？有傳言說就是 IBM 製造的電腦。

你在讀這篇論文時，會發現他特別抱怨的點在於當時的機器架構讓遞迴很難使用、效率不彰，而這點會誘使編譯器作者限制語言的能力，好避免使用遞迴。最後他在總結中懇求人們追求「優雅」與「美感」，宣稱除非程式設計師能獲得「迷人」且「值得我們熱愛」的語言，否則他們不太可能會創造出「品質更優越」的系統。

這篇論文現身的年代，業界關心的仍是很不一樣的問題。當時是「軟體危機」的早期，人們將會越來越意識到，就算軟體專案能順利交出成品，成本跟時間也會超支；這些系統很沒效率、錯誤百出又達不到需求，而且難以管理、無從維護。

我想你會覺得這些聽起來很耳熟吧。軟體危機其實從未結束，我們只算是學會逆來順受而已。

那麼戴克斯特拉的解法是什麼呢？科學、優雅與美感。我們也會發現，他其實沒說錯。

科學的興起：1963 至 1967 年

有了可運作的 ALGOL 編譯器、因而得以擺脫實際硬體的限制後，戴克斯特拉就能開始實驗各式各樣的電腦科學問題。其中一個早期問題是多元程式（一次執行多重程式）。戴克斯特拉指揮一個五人小團隊，由恩荷芬技術大學（Eindhoven University of Technology，現今的恩荷芬理工大學）的研究員組成，著手打造一個稱為 THE[15] 多元程式系統的專案。

---

[15] Technische Hogeschool Eindhoven（恩荷芬技術大學）的簡寫。

戴克斯特拉在一篇投稿到《ACM 通訊》的著名論文[16]中描述了這個系統。這種系統結構在當時獨樹一格，這也顯示了戴克斯特拉已經從 ARRA 的早期日子走出多遠的路。這個系統會在 X8 電腦上執行，它衍生自 X1，比 X1 更快也更強大：可存至少一萬六千個 27 位元字組，並能擴充到 25 萬 6 千個。其磁芯記憶體週期為 2.5 微秒，使它每秒能執行幾十萬個指令。它能做間接定址，也有硬體中斷功能[17]，包括 I/O 跟實時時鐘（real-time clock，RTC）。X8 在當時就是實驗多元程式的絕佳平台。

科學

THE 系統的架構相當現代；戴克斯特拉很小心把其架構分割成黑盒子層，不想讓更高的層知道下層的複雜內容。

最低層（第 0 層）是處理器分配──決定處理器要分配給哪一個特定程序。在這層之上執行的程式不會曉得它是在哪一個處理器上跑。

再來是記憶體控制（第 1 層）；系統擁有原始的虛擬記憶體能力，在這層之上的程式會假設所有程式跟資料元素都可在記憶體內存取。

往上一層（第 2 層）負責系統控制台[18]，確保各個程序能透過鍵盤和印表機跟使用者溝通。在這層之上執行的程式會假設它擁有控制台的完整控制權。

---

[16] 「THE 多元程式系統的結構」（The Structure of the "THE"-Multiprogramming System）。見本章的參考資料。

[17] 戴克斯特拉稱之為「讓人愛不釋手的中斷系統」。我猜從那以後就沒有人會這麼講了吧。

[18] 用一整層來控制單一一個 I/O 裝置似乎很奇怪，但系統控制台是唯一被所有程序共用的裝置，因此需要特別的處理。如今我們大概會用不同的方式來做這件事，但當時沒人想到更好的解決辦法。我記得我當時處理的機器也遇過同樣的問題。

Chapter 6 艾茲赫爾・戴克斯特拉：第一位電腦科學家

第 3 層控制 I/O 作業和 I/O 裝置的緩衝區。在這之上執行的使用者程式會假設資料能連續不斷從各種裝置讀入或寫進去，且不需要額外管理。

最後，第 4 層就是使用者程式執行的位置。

在 1960 年代中期，設計一套仔細分層的作業系統，這所需的紀律可是前無古人，而這種用抽象層來把「高階方針」和「低階細節」抽離開來的概念也是革命性的。這是電腦科學的巔峰之作。

semaphore（號誌）

團隊在開發期間，遇到了並行運算和競爭條件（race condition）的問題。戴克斯特拉為了解決這個問題，想出我們如今熟知和愛戴的「號誌」（semaphore）物件。

「號誌」只是一個整數，代表可用的資源數量，而且只能有兩種操作（依歷史原因命名為 P 和 N）。如果號誌小於或等於 0，P 會阻止呼叫的程序；如果號誌大於 0，那麼 P 會給號誌減 1 和執行程序。程序執行完畢後，V 則會增加號誌值，而若號誌是正值，它就繼續往上加，否則會放行之前被阻止的某個程序並繼續。

戴克斯特拉在他的論文中發明了*臨界區段*（critical section）和*不可分行為*（indivisible action）兩個詞。「臨界區段」是指程式的一部分在控制共享資源時，不得被其他程式打斷，也就是資源不允許並行性更新（同時被其他程序覆寫資料）。「不可分行為」則是一個行為必須完整結束，才能允許硬體中斷發生。號誌的增減行為本身就必須是不可分行為。

當然，如今我們程式設計師對這些概念很熟，我們在學習寫程式的最早那幾年就會學到。但戴克斯特拉和團隊必須在沒有人設想過的原理中推導出這些概念，並把它們定形成我們現在視為理所當然的抽象層。

結構

戴克斯特拉採用的另一個激進科學概念，是把程式視為一系列程序的結構（structure）。每個程序都有單一起點和終點，而且在所有相鄰的程序眼中都是黑盒子。這些程序可以依序執行，或者能在迴圈裡反覆執行多次。這種序列式和可反覆的黑盒子程序結構，使得戴克斯特拉能獨立測試每一個程序，並創造出經由推論得到的證明，顯示程序本身正確無誤。

這種結構設計所帶來的測試方式太過成功，戴克斯特拉甚至驕傲地斷言：

> 「測試期間唯一發生的錯誤是簡單的寫程式錯誤（密度為每五百條指令發生一次），每個錯誤靠著（典型的）機器檢查能在十分鐘內找到，每個也都相對容易修補。」

戴克斯特拉深信不疑，這種結構化程式設計是良好系統設計的關鍵一環，也是THE系統成功的最大功臣。他為了反駁批評者的論點（THE成功是因為規模較小），如此寫道：

> 「……我大膽認為，專案規模越大，結構設計就越是關鍵！」

證明

然後事情從這裡開始變得有點奇怪。戴克斯特拉在他的 THE 系統論文中，提出一個值得注意的主張：

> 「……產生出的系統會保證完美無誤。等到此系統實現後，我們就再也不必活在持續不斷的恐懼中，擔心系統仍然可能會在不可能發生的情境翻車。」

戴克斯特拉之所以如此宣稱，是因為他深信他和團隊用數學方式證明了系統具備正確性。戴克斯特拉接下來終其一生都會抱持、推廣和鼓吹這種觀點，而我認為這就是他最大的錯誤的根源：就他看來，程式設計是一種數學。

確實，戴克斯特拉在《論程式可靠性》（On the Reliability of Programs）[19] 中，就主張「程式設計活動的本質將會越來越接近數學」。就我看來，艾茲赫爾・韋伯・戴克斯特拉在這件事錯得離譜。

數學：1968 年

把軟體看成數學的一種形式，的確是很誘人的念頭，畢竟這兩者有許多相似之處。霍普和哈佛團隊寫的早期程式都是以數字構成，而且本質也深深根基於數學。用哈佛一號來計算系統問題，比如描述「胖子」原子彈鈽核心內爆的偏微分方程式，確實需要深厚的數學能力。圖靈本人畢竟說了程式設計師是「具備天分的數學家」，巴貝奇亦是出於減輕製作數學表的負擔，才設計了他那些計算機器。

---

[19] Dahl, Dijkstra, and Hoare, p. 3.

所以當戴克斯特拉寫說軟體會變得越來越接近數學時，他其實站在相當穩固的歷史立場上。他因此把他的志業投注在以數學證明軟體程式具備正確性。我們能在《對結構化程式設計的筆記》（*Notes on Structured Programming*）[20]清楚看出這點——他用一個基本的數學機制證明一段簡單的演算法是正確的。他把這些機制概述為列舉（enumeration）、歸納（induction）和抽象化（abstraction）。

他用「列舉」證明兩條以上依序排列的程式敘述，能夠達成預期目標，但仍能維持其表達的不變量。他用「歸納」對迴圈做了同樣的證明。他用「抽象化」當作黑盒子結構的主要動機。然後他合併這三個機制，對下面這個計算 a 除以 d 的整數餘數演算法提出數學證明：

$$a \geqslant 0 \text{ and } d > 0.$$
```
"integer r, dd;
r := a; dd := d;
while dd ⩽ r do dd := 2*dd;
while dd ≠ d do
    begin dd := dd/2;
        if dd ⩽ r do r := r − dd
end".
```

這個漂亮的小演算法使用移位相減法（shift-and-substract），時間複雜度為 $O(\log n)$。任何 PDP-8 程式設計師看了都會備感驕傲。

戴克斯特拉寫的證明有兩頁長，外加一頁的註解。我自己的證明（根據戴克斯特拉的寫法）短了一點，但仍然令人生畏：

---

[20] Dahl, Dijkstra, and Hoare, p. 12.

Expand:
 Given $2^x D \geq N$ | $x=0$
  Then $dd = D$
  And while is not entered $\Rightarrow dd = D \times 2^0$

 Given $2^x D \geq N \geq 2^{x-1} D$ | $x=1$
  Then $dd = D$
  The while is entered: $N \geq dd$
   $dd = 2^1 D$
  The while exits: $2^1 D > N \Rightarrow dd = 2^1 D$

 Assume $dd \Rightarrow 2^x$ | $2^x D > N \geq 2^{x-1} D$ | $x > 0$
 IF $2^{x+1} D > N \geq 2^x D$
  Then after the x^{TH} loop $dd = 2^x D$ (assumed)
  The while is entered: $dd \leq N$
   $dd = 2^{x+1} D$
  The while exits: $dd > N$

$2^0 D > N$:
 $D > N$
 OR
 $2^{x+1} D \geq N \geq 2^x D$

Single Reduction:
 Given $dd = 2^{x+1} D$ | $x \geq 0$
  $0 \leq r < 2^{x+1} D$

 $dd = 2^x D$
 IF $dd > r$ Then $0 \leq r < 2^x D$ $r = r - qD$ q int $==0$

 IF $dd \leq r$
  $r = r - dd$ AND $0 \leq r < 2^{x+1} D - 2^x D$
   $0 \leq r < 2^x D$ $r = r - qD$ q int > 0

Reduce:
 Given $dd = D \Rightarrow D > N$ by Expand
  $r = N$ $\Rightarrow r$ | $r = N - qD$ $q == 0$
    $0 \leq r < D$ $r = N$

 Given $dd = 2D \Rightarrow 2D > N \geq D$ by Expand
  The loop is entered
   $\Rightarrow 0 \leq r < D$ $r = N - qD$ q int

 Assume $dd = 2^x D \Rightarrow 2^x D > N \geq 2^{x-1} D$ | $x > 0$
  $\Rightarrow dd = 2^{x-1} D$
   $0 \leq r < 2^{x-1} D$ $r = N - qD$ $q \geq 0$ int

 IF $dd = 2^{x+1} D \Rightarrow 2^{x+1} D > N \geq 2^x D$ | $x > 0$
  The loop is entered: $x > 0$
   $\Rightarrow dd = 2^x D$
    $0 \leq r < 2^x D$ $r = N - qD$ q int

事實非常明顯，沒有程式設計師（也許除了在學術環境做演算法正式證明的人）會同意這是寫程式的可行方式。戴克斯特拉自己也說：

> 「以上證明的長篇大論讓我很怨……我不敢暗示（至少是目前！）程式設計師有職責在每次寫出簡單小程式的時候都得提出這種證明。要是得這樣，他們任何長度的程式都會懶得寫了！」

但他接著又說，他在檢視歐幾里得平面幾何學的早期定理時，感受到同樣的「憤怒」。而這就是戴克斯特拉的夢想起源；他期望將來有一天，程式設計師可以從大量定理、推論和引理當中取材，不必屈就自己用如此可怕的細節來證明自己的程式碼，而是限制自己採納已經得證的技巧，並在不必寫出「長篇大論」的前提下從舊證明創造出新證明。

簡而言之，他認為軟體會像歐幾里得的《幾何原本》（*Elements*）一樣，變成數學定理的更高層數學結構，一個龐大的階層式證明體系，而程式設計師唯一要做的就是從這巨大的體系資源中組合出自己的證明。

但此刻（2023 年的最後幾個月）我坐在這兒寫書，我沒有看到這種階層體系。定理的更高層結構沒有出現，軟體版的《幾何原本》沒人寫出來，我也不相信寫得出來。而就這個方面而言，希爾伯特和戴克斯特拉有個奇特的相似點：兩人都在追尋宏大的真理殿堂，但這種東西壓根不可能存在。戴克斯特拉的夢想未曾實現，從可能性來說也不可能實現。這是因為軟體並不是一種數學形式。

數學是一種正面紀律（positive discipline）──我們使用形式化邏輯來證明事物的正確性。但我們發現軟體是種負面紀律（negative discipline）──我們透過觀察來證明事物是錯的。要是這聽來很耳熟，它應當如此，因為軟體其實是一門科學。我們在科學其實無法證明理論是對的，只能觀察理論何時錯誤。我們利用嚴謹設計和控制的實驗來做這些觀察。這就像在軟體中，我們幾乎不會試圖證明程式寫對了，而是透過設計良好的測試來觀察其錯誤。

戴克斯特拉抱怨過軟體測試，寫道：「測試只會顯示臭蟲的存在，不會顯示沒有臭蟲。」他說得也沒錯。但依我之見，他沒意識到這句話正好證明了軟體其實是科學，而非數學。

結構化程式設計：1968 年

1967 年，儘管有如此多的成就，荷蘭數學中心還是解散了戴克斯特拉的小組，認為電腦科學沒有未來。戴克斯特拉因為這件事和其他原因，陷入六個月的嚴重憂鬱，還因此住了院。等他康復後，戴克斯特拉才真正開始呼風喚雨。

令人意想不到的是，正是戴克斯特拉的數學夢，讓他對電腦科學與軟體業做出了他最偉大的貢獻：結構化程式設計（structured programming）。以事後之明來看，我們很感激這個貢獻，只是這在當時引發了不小的爭議。

1967 年，戴克斯特拉在田納西州加特林堡（Gatlinburg）舉辦的 ACM 作業系統原則研討會演講，並跟一些聽眾共進午餐，話題轉到戴克斯特拉對 GOTO 敘述的看法。戴克斯特拉解釋為何 GOTO 會在程式中帶來複雜性。聽眾甚是佩服，鼓勵他以這個主題投稿到《ACM 通訊》。

於是戴克斯特拉寫了一篇短文描述這個觀點，標題為「反對 GOTO 敘述的論點」（A Case Against the Go To Statement）。他把文章寄給編輯尼克勞斯‧維爾特（Niklaus Wirth）[21]，後者太高興了，想趕在 1968 年 3 月出版，就把它當成讀者來函而不是完整審核過的論文來匆匆付梓。維爾特也把標題改成「GOTO 敘述被認為有害」（Go To Statement Considered Harmful）；這標題就這樣流傳了幾十年。

---

[21] 沒錯，就是那位尼克勞斯‧維爾特；Pascal 語言的發明人。

這篇文章惹火一大票程式設計師，他們對這種反 GOTO 的念頭感到**驚駭**不已。我不清楚這些程式設計師表達憂心之前究竟有沒有讀過文章；但無論如何，當時的程式設計期刊就像野火一樣被遍地點燃。

我那時是個非常年輕的程式設計師，對於隨後而來的紛爭仍然記憶猶新。當時沒有 Facebook 或推特（X 平台），所以人身攻擊都是透過業界的讀者投稿來筆戰。事情過了五到十年才平息，而最後戴克斯特拉也贏了。於是我們身為程式設計師，會把「不使用 GOTO」視為天經地義。

戴克斯特拉的論點

1966 年，科拉多・玻姆（Corrado Böhm）和朱塞佩・賈可皮尼（Giuseppe Jacopini）寫了一篇論文「流程圖、圖靈機及只有兩條組成規則的語言」（Flow Diagrams, Turing Machines, and Language with Only Two Formation Rules），證明「所有圖靈機可以簡化為或被判定等同於一種程式，該程式是以一種只接受兩種組成規則的語言寫成——複合（composition）和迭代（iteration）」；換言之，所有程式都可以簡化成一系列敘述，或是迴圈內的敘述。無須多說了吧。

這是很了不起的發現，但因為太過學術性，被一般大眾忽視。但戴克斯特拉非常重視它，而他在自己文章中用上的論點也難以反駁。

簡單來說，如果你想搞懂一支程式——若你想證明程式是正確的——你得有辦法預想和檢視程式的執行結果。這表示你得把程式變成隨著時間發生的一系列事件，這些事件必須能用某種標籤[22]來識別和把它們連結到原始碼。在單純的

---

[22] 戴克斯特拉用了**協作**（coordinate）這個詞。你可以把這跟巴貝奇的動力學標記法擺在一起看。

循序式敘述中，標籤只不過是原始碼的行號而已。但在跑迴圈時，標籤會變成行號加上迴圈狀態，比如第 L 行的第 N 次執行。而若是呼叫函式，標籤會是行號的堆疊結構，代表一系列呼叫順序。但要是任何敘述都能用 GOTO 隨便跳到其他敘述，你要怎麼建構出合理的標籤？

對，這種標籤是做得出來的，但將會包括一長串行號，每個都會附加系統狀態。要替這種無法管理的標籤建構數學證明，基本上就是不合理的事，是在自找麻煩。

所以戴克斯特拉建議，為了維持程式的可證性，就得消除不受限的 GOTO 敘述，換成我們如今熟知和熱愛的三種結構：序列（sequence）、條件選擇（selection）和迭代（iteration）。這些結構各自都是一個黑盒子，有單一出入口，且很可能以同樣的方式建構出巢狀結構。

我們來看一個簡單的範例，是下面這個薪資演算法：

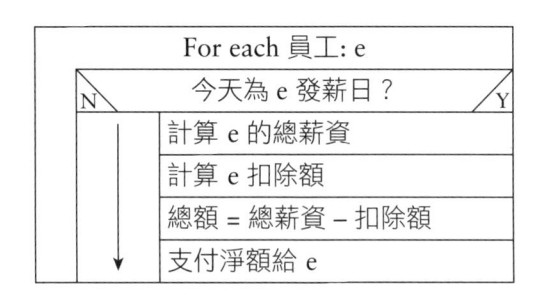

For each 員工: e		
N	今天為 e 發薪日？	Y
↓	計算 e 的總薪資	
	計算 e 扣除額	
	總額 = 總薪資 − 扣除額	
	支付淨額給 e	

像這樣的納西—施奈德曼圖（Nassi–Shneiderman diagram，NSD）會把演算法限制在這三種結構。你能在最外側看到**迭代**，迭代的第一個元素是**條件選擇**，而條件判斷的 Y 途徑（條件成立）下面有四條**序列**敘述。這四條敘述本身則會由其他的序列、條件選擇和迭代構成。

要是我們不打算追尋戴克斯特拉的夢想，也就是創造數學證明，那這種策略為什麼很有價值？因為就算我們不想替自己的程式寫證明，我們還是會希望它可

證。我們可以分析和推論的程式碼，就是可證明的程式碼（provable code）。確實，要是我們讓函式保持短小、單純和可證，那麼我們甚至不需要創造戴克斯特拉的標籤。

無論如何，戴克斯特拉以相當決定性的方式贏了 GOTO 敘述之爭；如今 GOTO 敘述已經幾乎從我們的現代程式語言行列被踢出去。

但若你認為戴克斯特拉眼中的結構化程式設計，就只是把 GOTO 拿掉而已，那麼你就錯了。我們大多數人都記得不要用 GOTO，但他的用意其實比那深刻得多，甚至牽涉到軟體架構層和相依性的方向。但各位親愛的讀者啊，我就留給你們自個兒去戴克斯特拉美妙的著作中發掘這部分了。

參考資料

- Apt, Krzysztof R. 與 Tony Hoare (Eds.)，2002：《艾茲赫爾・韋伯・戴克斯特拉：人生、事業與建樹》（*Edsger Wybe Dijkstra: His Life, Work, and Legacy*）。ACM 出版。

- Belgraver Thissen、W. P. C.、W. J. Haffmans、M. M. H. P. van den Heuvel 與 M. J. M. Roeloffzen，2007：「荷蘭計算機歷史的無名英雄」（Unsung Heroes in Dutch Computing History）。web.archive.org/web/20131113022238/http://www-set.win.tue.nl/UnsungHeroes/home.html。

- 電腦歷史博物館（Computer History Museum），「一位程式設計師的早年回憶，講者：艾茲赫爾・W・戴克斯特拉」（A Programmer's Early Memories by Edsger W. Dijkstra）。於 1976 年於新墨西哥洛斯阿拉莫斯「第一次計算機歷史國際研究研討會」（First International Research Conference on the History of Computing）的演講內容，於 2022 年 6 月 10 日發表於 YouTube。www.youtube.com/watch?v=L5EyOokcl7s。

Chapter 6　艾茲赫爾・戴克斯特拉：第一位電腦科學家

- computingheritage，「回憶ARRA：荷蘭計算機史的先鋒」（Remembering ARRA: A Pioneer in Dutch Computing）。2015年6月4日發表於YouTube。www.youtube.com/watch?v=ph7KyzFafC4。

- 奧利—約翰・達爾（Dahl, O.-J）、E・W・戴克斯特拉（E. W. Dijkstra）與C・A・R・霍爾（C. A. R. Hoare），1972：《結構化程式設計》（*Structured Programming*）。Academic Press出版。

- Daylight, Edgar G.，2012：《軟體工程的黎明：從圖靈到戴克斯特拉》（*The Dawn of Software Engineering: From Turing to Dijkstra*）。Lonely Scholar Scientific Books出版。

- E・W・戴克斯特拉，1953：「ARRA的功能描述」（Functionele Beschrijving Van De Arra）。荷蘭數學中心出版。ir.cwi.nl/pub/9277。

- E・W・戴克斯特拉，1968：「THE多元程式系統的結構」（The Structure of the "THE"-Multiprogramming System）。《ACM通訊》（*Communications of the ACM*）。www.cs.utexas.edu/~EWD/ewd01xx/EWD196.PDF。

- E・W・戴克斯特拉，「艾茲赫爾・戴克斯特拉——查爾斯・巴貝奇學院的口頭訪問—— 2001」（Edsger Dijkstra - Oral Interview for the Charles Babbage Institute - 2001）。2023年1月3日發表於YouTube。

- Markoff, John，2002：「艾茲赫爾・戴克斯特拉，塑造電腦時代的物理學家，享壽72歲」（Edsger Dijkstra, 72, Physicist Who Shaped Computer Era）。《紐約時報》，2002年8月10日。www.nytimes.com/2002/08/10/us/edsger-dijkstra-72-physicist-who-shaped-computer-era.html。

- 劍橋大學計算機實驗室，1999：「EDSAC99、EDSAC 1與之後的發展」（EDSAC99, EDSAC 1 and After: A Compilation of Personal Reminiscences）。www.cl.cam.ac.uk/events/EDSAC99/reminiscences。

- Van den Hove, Gauthier，2009：「艾茲赫爾・韋伯・戴克斯特拉，電腦科學的早年歲月（1951-1968）」（Edsger Wybe Dijkstra, First Years in the Computing Science (1951-1968)）。電腦科學碩士論文，那慕爾大學（Université de Namur）。pure.unamur.be/ws/portalfiles/portal/36772985/2009_VanDenHoveG_memoire.pdf。

- Van Emden, Maarten，2014：「戴克斯特拉、布勞烏與電腦架構的起源」（Dijkstra, Blaauw, and the Origin of Computer Architecture）。部落格 *A Programmer's Place*。vanemden.wordpress.com/2014/06/14/dijkstra-blaauw-and-the-origin-of-computer-architecture。

- Van Emden, Maarten，2008：「我對艾茲赫爾・戴克斯特拉的回憶（1930-2001）」（I Remember Edsger Dijkstra (1930-2001)）。部落格 *A Programmer's Place*。vanemden.wordpress.com/2008/05/06/i-remember-edsger-dijkstra-1930-2002。

- 維基百科，「戴克斯特拉演算法」（Dijkstra's algorithm）。en.wikipedia.org/wiki/Dijkstra's_algorithm。

- 維基百科，「艾茲赫爾・戴克斯特拉」（Edsger Dijkstra）。en.wikipedia.org/wiki/Edsger_W._Dijkstra。

第 7 章

奈加特和達爾：第一個物件導向語言

物件導向程式設計（Object-Oriented Programming）——我們這產業最重要的革命之一——是兩個南轅北轍的人合作下的成果：害羞的書呆子奧利—約翰・達爾（Ole-Johan Dahl），以及引人注目但又莽撞的克利斯登・奈加特（Kristen Nygaard）。這對奇特搭檔透過一系列有趣的意外、政治操縱和深刻的見解，揭示了一種全新軟體典範，將程式語言設計推向二十一世紀。

這個故事極為耐人尋味，並且也展示了兩個天差地遠的天才如何找到和諧相處之道，藉此改變了世界。

克利斯登・奈加特

克利斯登・奈加特在 1926 年生於挪威奧斯陸，父親是威廉・馬丁・奈加特（William Martin Nygaard），這人在高中教書、於挪威國家廣播公司做過節目秘書，並替卑爾根（Bergen）的國家戲劇院擔任文學顧問。

克利斯登是個聰明的孩子，對很多事情都感興趣，包括科學和數學。他念小學時就在聽大學程度的講課，還贏了全國數學獎。他在納粹佔領下讀高中，也經歷過奧斯陸被轟炸，還有納粹接管挪威教育系統。

1948 年,他在挪威國防研究院(Norwegian Defence Research Establishment,NDRE)找到全職工作,也在那裡認識奧利—約翰・達爾。他在那裡的第一年專攻數字分析和電腦程式設計。

1952 年,他加入軍方的作業研究(Operations Research,OR)小組,很快就升為主任。他在那邊主導了幾項國防導向的研究,例如當所有人仍然對戰爭歷歷在目時,他被要求研究士兵的戰鬥效率,好判斷他們能在困難地形上行軍多遠、能攜帶多少食物和水,還有在過了特定天數後是否還能迎戰敵軍。為了確保研究結果有效,奈加特和他的小組加入真正的士兵和跟著行軍,跟他們吃一樣的東西。

奈加特表明他的野心是「把作業研究打造成挪威的實驗與理論科學……以便在三到五年內被承認為全球頂尖團體之列。」為了這個目標,他成為挪威的作業研究首席權威。他稍後協助成立了挪威作業研究協會,並在 1959 年至 1964 年擔任其主席。

1956 年,他在奧斯陸大學拿到數學碩士學位,論文標題為「蒙地卡羅分析法的理論面向」(Theoretical Aspects of Monte Carlo Methods)。各位很快就會發現,這個主題跟我們後面的討論是有關聯的。

奈加特是名副其實的政治動物;他野心勃勃、富創業精神,而且在政治上精明得很。他在稍後的人生會參選挪威工黨職位、運用自身專長支援挪威貿易工會,並成為「向歐盟說不」(No to EU)的全國領袖,致力於阻止挪威加入歐盟。

他偏愛採取有爭議的立場。他有次寫道:「最近有人痛恨你的工作內容嗎?如果沒有,你的藉口是什麼?」艾倫・凱形容,克利斯登・奈加特是「在幾乎任何方面都引人注目的傢伙」。

Chapter 7　奈加特和達爾：第一個物件導向語言

奧利—約翰・達爾

奧利—約翰・達爾在 1931 年 10 月生在濱海小鎮曼達爾（Mandal），出身一個航海家族。他父親芬恩・達爾（Finn Dahl）是船長，而他幾乎所有的男性親戚也是。這家人的航海傳統已經延續好幾代了。

芬恩希望兒子奧利長大後變成真正的航海家，但現實經常會打退這種期望。奧利是個安靜、書呆子般的邊緣人，寧願彈鋼琴和閱讀數學論著。他對大海、運動或他父親的夢想興趣缺缺。

曼達爾是挪威最南端的城鎮，那邊的人有自己的方言。奧利七歲時，全家人搬家到北邊兩百英哩，到奧斯陸郊外的德拉門（Drammen）。那邊的語言差異很大，奧利也一直沒摸透。他一輩子都有語言上的困難，自己也頗為在意。

奧利在學校表現很好，其他學生給他取綽號叫「教授」，因為他有時會幫老師們解釋數學概念。他也是個傑出的鋼琴家。

然後納粹出現了。奧利十三歲時，他有個表親被德軍士兵射殺，全家人於是逃到中立國瑞典。他在瑞典提早一年進高中，也表現優異。

戰後的 1949 年，奧利進入奧斯陸大學研讀數學，並在那裡接觸到一台電腦——從日期看來，他寫的是機器語言。1952 年，作為軍事義務役的一部分，他念大學時在挪威國防研究院兼職，畢業後則轉為全職。而他在國防研究院的主管剛好就是克利斯登・奈加特。這兩人注定要聯手成就大事。

奧利—約翰・達爾終其一生都是個有教授風采、社交笨拙且害羞的人。他羨慕奈加特的交際手腕，但對自己的能力深感信心，並會因此堅守觀點，被施壓時也毫不退讓。這點讓他和奈加特的專業關係變得相當良好——雖然有時可能會吵得有點兒。

達爾依舊保有音樂才藝，而且還繼續深造，但極少公開獨奏。他偏好跟其他人一起演奏室內樂。事實上他是一個國際業餘俱樂部的成員，會在歐洲巡迴演出呢。音樂是達爾偏好的社交發洩出口，他能忘卻自己的語言困難而以音樂溝通。他經常會帶樂譜去研討會，試著找人跟他合奏。

他就是在音樂環境遇見了妻子，也因此結交了許多終生摯友。

SIMULA 與物件導向

SIMULA 67 是世上第一個物件導向程式語言；它影響了比雅尼・史特勞斯特魯普（Bjarne Stroustrup）創造 C++，也影響了艾倫・凱發明 Smalltalk。而奈加特和達爾創造 SIMULA 的過程則頗為令人稱奇——各位請準備好紙筆記下日期跟縮寫，因為這是個旋風般的大冒險，穿過各種曲折的小迷宮：斯堪地那維亞的官僚主義、美國資本主義，以及克利斯登・奈加特赤裸裸的野心。

1950 年代初期，大多數國家的政治領袖都意識到他們得找到計算機人才，免得在計算機武裝競賽落後。而在挪威，這個需求由兩個組織負責：挪威國防研究院，以及新成立的挪威計算中心（Norwegian Computing Center，NCC）。

奧利—約翰・達爾在 1952 年是以士兵的身分來到挪威國防研究院，然後以程式設計師的身分負責該院的費蘭提水星（Ferranti Mercury）電腦。水星電腦使用磁芯記憶體，有兩千條真空管和一個浮點數處理器。磁芯記憶體可存 1,024 個 40 位元的字組，並使用四個磁鼓記憶體做備份，每個可存四千個字組。

接下來幾年，達爾替水星電腦寫了個組譯器，然後受到 ALGOL 的早期報告啟發，寫了個叫做水星自動程式設計（Mercury Automatic Coding，MAC）的高階編譯器。到了 1950 年代末，達爾就成了挪威的首席電腦程式設計專家。

Chapter 7　奈加特和達爾：第一個物件導向語言

奈加特在 1948 年來到挪威國防研究院時也是個士兵，他用人工蒙地卡羅分析法幫忙研究和營運挪威的第一個核子反應爐。他在這個任務的成功，使他被指派去領導挪威國防研究院的作業研究，也在這個領域成為挪威的專家。

蒙地卡羅法仰賴的是模擬被研究的系統，但手動模擬需要耗費大量人力，也很容易犯錯。奈加特意識到可以利用電腦來做暴力模擬，所以帶他的團隊替水星電腦設計了幾種不同的模擬。這段經驗使他開始思考，他是否能把模擬的概念正式形式化，變成一種數學語言，讓電腦能輕易理解、分析師也能更輕鬆撰寫。到了 1961 年，他已經整理了一組筆記，他稱之為蒙地卡羅編譯器。

奈加特的概念是基於兩種資料結構：一個他稱之為消費者（customer），是一些屬性（attribute）的被動儲存庫，而另一個稱為車站（station）。消費者會被放進車站內的佇列，車站則會處理這些消費者，並把它們送去不同的車站排隊。把消費者放進車站佇列的所有動作都是由事件驅動。車站和消費者靠著事件驅動而構成的網路，即稱為離散事件網路（discrete event network）。

奈加特不是程式設計專家，他沒有受過寫編譯器的訓練，所以招募了他所知最棒的程式設計師來幫忙：達爾。兩人合作創造出一種語言的正式定義，並在 1962 年 5 月完成，他們稱之為 SIMULA。

他們很早就決定要以 ALGOL 60 為基礎來開發，計畫是把 SIMULA 設計成一種預處理器，能輸入離散事件網路，然後輸出 ALGOL 60 程式碼來執行模擬。他們設想的文法包括「station」、「customer」和「system」（系統），用特定方式排列來定義模擬網路。為了舉例，下面是奈加特和達爾在他們的 1981 年論文[1] 提供的一些片段，這種語法受 ALGOL 的影響十分明顯：

---

[1]　「SIMULA 語言的發展」（The Development of the SIMULA Languages）。見本章的參考資料。

167

```
system Airport Departure := arrivals, counter, fee collector,
    control lobby;
customer passenger (fee paid) [500]; Boolean fee paid;
...更多消費者...
station counter;
   begin accept (passenger) select:
   (first) if none: (exit);
   hold (normal (2, 0.2));
   (if fee paid then control else fee
   collector) end;
station fee collector ...
```

同時，奈加特發現自己身處在日益惡化的專業環境。他強烈反對挪威國防研究院的管理方向，因而和研究院長之間起了嚴重敵意。所以 1960 年 5 月，他接受挪威計算中心的職位來打造一個民間版的作業研究部門。奈加特更挖角自己原本在挪威國防研究院的手下，說服六個人加入他的新事業。達爾在挪威國防研究院繼續多留了幾年，但也在 1963 年加入挪威計算中心。

挪威計算中心在 1958 年購入一台英國電腦叫做 DEUCE（Digital Electronic Universal Computing Engine，數位電子通用計算機器），使用水銀延遲線來儲存 384 個 32 位元字組，並有能儲存八千個字組的磁鼓記憶體。這台機器可慢了，作業的計算時間是幾百微秒或幾毫秒。這種機器沒辦法幫奈加特實現 SIMULA。

1962 年 2 月，挪威計算中心和哥本哈根的丹麥計算中心（Danish Computing Centre，DCC）達成協議，好取得一台新電腦叫 GIER（Geodætisk Instituts Elektroniske Regnemaskine，大地測量所電子計算機）。奈加特對這個交易不滿意，因為 GIER 沒有比 DEUCE 好到哪去，但這交易是基於財務上的考量。挪威計算中心實在負擔不起奈加特想要的那種價值數百萬美元的機器。

Chapter 7　奈加特和達爾：第一個物件導向語言

雪上加霜的是，挪威計算中心對奈加特和達爾的 SIMULA 點子不太感興趣。他們的反對理由為：

- 這種語言沒有用途。
- 就算有用途，也一定已經有人做過了。
- 達爾和奈加特沒有足夠能力投入這種專案。

這種工作是給資源更多的更大國家做的。或者換個方式說，這些官僚和小氣鬼不打算做這種事。

但歷史總有辦法搞出有趣的巧合。史派里蘭德公司剛好開始推銷它的新機器 UNIVAC 1107，想要吸引歐洲顧客。所以在 1962 年 5 月，就在挪威計算中心拿 SIMULA 的事責難奈加特那時，奈加特被邀請到美國參觀新機器。

奈加特接受了邀請，但目的與其說是要買電腦，更像是要推銷 SIMULA。他到了那裡就開始把 SIMULA 推銷成 UNIVAC 的新語言。鮑伯・貝默（Bob Bemer）也在那些會議聽了奈加特的行銷簡報——貝默在 FORTRAN 時代替約翰・巴科斯做過事，也在 COBOL 時代跟葛麗絲・霍普共事過。他是創造 ASCII 碼的關鍵要角，而且還因為提出分時系統（time-sharing）的概念，差點被 IBM 炒魷魚。但在 1962 年，貝默變成 ALGOL 擁護者，正在找辦法推廣用 ALGOL 取代 FORTRAN ——而 SIMULA 看起來是個好策略。

史派里蘭德公司的人對奈加特的簡報極為折服，邀請他在慕尼黑舉辦的 1962 年下一屆資訊處理國際聯盟（International Federation for Information Processing，IFIP）國際研討會介紹 SIMULA。於是 SIMULA 的概念幾乎是馬上就獲得了全球可信度。

同時，史派里蘭德公司的人也認為 SIMULA 能帶給他們競爭優勢，所以想出一個計謀，在某天傍晚於一間希臘夜店裡「邊聽布祖基琴和欣賞美麗的肚

169

皮舞孃」[2] 邊呈給奈加特。他們需要在歐洲找個地方展示 UNIVAC 1107，提議以 50% 的折扣把機器賣給挪威計算中心——條件是挪威計算中心要做出 SIMULA。

UNIVAC 1107 是使用固態電子元件的電腦，其磁芯記憶體可存 16K（一萬六千）至 64K 個 36 位元字組，並有可容納 300K 個字組的磁鼓記憶體。它的內部暫存器使用高速的薄膜（thin-film）記憶體，而磁芯記憶體的週期是 4 微秒。對奈加特和 SIMULA 來說，這正是理想的機器。

可以想見，這表示奈加特和史派里蘭德公司變成了密謀者，意圖破壞挪威計算機中心跟丹麥計算機中心購買 GEIR 的交易。如果他們得逞，史派里蘭德公司不只能得到一個展示地點，還能得到 SIMULA 語言，吸引對蒙地卡羅模擬有興趣的廣大消費者（例如核能實驗室）。奈加特則得到他想要用來實現 SIMULA 的機器，而 SIMULA 會被散布給史派里蘭德的全球顧客，上頭標著奈加特的大名。這當中的名聲價值不容小覷。

這種機會當然不是天天都會出現，奈加特也鐵了心**不要**白白放過。所以奈加特開始遊說挪威計算機中心的人，散播 UNIVAC 交易的念頭。多數人都覺得他瘋了，嗤之以鼻。

接著史派里蘭德公司在 1962 年夏天帶了代表團到挪威計算機中心正式提案，只是後者仍然不情願。費用打對折很誘人，可是這樣還是比 GEIR 貴。甚至，他們會因此必須資助 SIMULA 專案。於是鮑伯·貝默決定賞點甜頭，提議說會以承包合約支付 SIMULA 的開發費用。

---

[2]　SIMULA 會議九，第 2.5 段。

Chapter 7 奈加特和達爾：第一個物件導向語言

由於這決策太過重大，挪威計算機中心把它上呈給皇家挪威產業與科學研究理事會（Royal Norwegian Council for Industrial and Scientific Research，NTNF）。但奈加特早就在跟 NTNF 的人推廣這點子，所以他們只是轉個身，叫奈加特寫一份報告來協助 NTNF 做決策。

猜猜奈加特用了什麼推薦理由？他當然動用所有正中要害的詞，說許多不同領域對於計算能力的需求正在急速增加，而 UNIVAC 1107 這種機器能在未來撐得更久，諸如此類。於是 NTNF 決定取消購買 GEIR，接受 UNIVAC 1107 的提案。史派里蘭德公司急著成交，提出非常積極的交貨保證，還在合約加上未能如期交貨時的違約條款。

結果他們真的無法如期交貨。原本保證 1963 年 3 月能送達的機器，直到 8 月才出現，而講好提供的作業系統軟體要等到 1964 年 6 月才能運作。違約的罰金金額很可觀，史派里蘭德公司於是同意以升級硬體代替支付現金。如此一來，奈加特得到的機器比原本討到的還好。漂亮將了計算中心一軍啊。

但挫折開始浮現；當初促使奈加特離開挪威國防研究院的狀況，現在也開始在挪威計算機中心妨礙他的工作。這狀況就是計算機中心需要收入，可是研發不會產生收入。甚至，就算有史派里蘭德資助 SIMULA 的開發，這個開發也不會帶來新收入。更糟的是，挪威計算機中心沒有承包軟體的經驗，也不把自己視為軟體承包商，不曉得該怎麼應付史派里蘭德的 SIMULA 合約。

這種情況惡化了將近一年，而且也和之前一樣，奈加特在專業上的挫折引發人身敵意，最終讓一些高官被解僱或選擇走人。但這回離開的不是奈加特。等到塵埃落定時，挪威計算機中心董事會成立了特別專案部門，並指派奈加特擔任研發主任。

SIMULA I

奈加特在這堆政治陰謀裡打滾時，達爾則著手開發 SIMULA 編譯器，但進展不順利。真正令他煩惱的問題和呼叫堆疊（stack）有關。

ALGOL 60 是區塊式結構語言（block-structured language），這表示函式可以在呼叫堆疊上存放區域變數（local variable）。你我都對這件事再熟悉不過。請看以下的 Java 程式碼：

```java
public static int driveTillEqual(Driver... drivers)
{
    int time;
    for (time = 0; notAllRumors(drivers) && time < 480; time++)
        driveAndGossip(drivers);
    return time;
}
```

函式內宣告的「time」變數會被存在哪裡？你我都很清楚。我們多數人長大時都知道這種常識：區域變數會擺在呼叫堆疊上。但在 1950 年代末，這可是很激進的概念。當年的電腦沒有呼叫堆疊，也沒有索引暫存器能當成堆疊指標。很多電腦甚至沒有間接定址功能。

這件事我記憶猶新；就算到了 1970 年代晚期，我在使用 Intel 8085 微處理器和 PDP-8 式電腦時，把變數存在呼叫堆疊上的概念仍然很陌生和令人反感。這種事之所以人人喊打，是因為我得消耗大量的計算週期才能管理呼叫堆疊，而這遠遠超出了我能負擔的程度。一想到我得透過一個堆疊指標和偏移量去存取所有變數，就已經嚇壞我了。

所以設計 ALGOL 60 的人們把堆疊設計成主要的變數儲存媒介，我覺得實在很了不起。但也正是這點令達爾苦惱不已——而且還是出於一個很有意思的理由。

區塊式結構語言允許你宣告區域變數以及區域函式。下面的程式是用一種類似 Java 的不存在語言寫的，允許區域函式（local function）的存在：

```
public int sum_n(int n) {
    int i = 1;
    int sum = 0;

    public int next() {
        return i++;
    }

    while (n-- > 0)
        sum += next();

    return sum;
}
```

「next」函式是「sum_n」函式內的區域函式，而且它能存取「sum_n」的區域變數。只有「sum_n」有辦法呼叫「next」。

達爾把「sum_n」這種函式區塊看成一種資料結構，內含能夠控制自身的函式，這非常類似 SIMULA 中定義的車站。車站是個資料結構，包含有消費者的佇列，並能處理這些佇列內的消費者。所以達爾的計畫是寫一個預處理器程式，會生出 ALGOL 60 區塊來扮演他和奈加特的模擬模型中的車站和消費者。

但問題就在於佇列（queue）的行為跟堆疊不一樣。一個物件在堆疊的生命週期絕對會比在佇列內更長久；堆疊的本質是先進後出（先排隊的人最後離開），佇列的生命週期卻是相反，先進入的物件會先離開。

達爾找不到辦法讓佇列物件的生命週期能對應到 ALGOL 60 的區塊生命週期，於是被迫考慮一種不同的策略：垃圾回收（garbage collection）。他的點子

是把 ALGOL 60 區塊分配到所謂的堆積區（heap）而不是堆疊。他等於是要 ALGOL 60 寫出類似以下的 Java 程式碼：

```java
class Sumer {
    int n;
    int i = 1;
    int sum = 0;

    public Sumer(int n) {
        this.n = n;
    }

    public int next() {
        return i++;
    }

    public int do_sum() {
        while (n-- > 0)
            sum += next();
        return sum;
    }

    public static int sum_n(int n) {
        Sumer s = new Sumer(n);
        return s.do_sum();
    }
}
```

達爾仍然是以 ALGOL 60 的角度來思考，但他現在計畫把這些區塊擺在有垃圾回收機制的堆積內，而不是放在呼叫堆疊上。

當然，達爾的垃圾回收器不是你我現在熟悉的那種通用方案；他做的是堆疊跟堆積的折衷方案，由幾群不同的記憶體區塊組成，每一群會包含多重同樣大小的連續區塊，每一群之間不會相連，而且各自負責不同大小的區塊。

Chapter 7　奈加特和達爾：第一個物件導向語言

個別區塊的頭尾都有位元來標記它們有被使用還是無人使用。這麼一來，要回收某個群內的空間就很容易，而回收機制靠的是參照計數器，以及被當成最後手段的垃圾回收器。你也能同樣輕易地把一個區塊群當成堆疊來用，而且這種空間分配器（storage allocator）不會像傳統堆積區一樣碎片化。

空間分配器一旦設計出來，SIMULA 就很顯然不再是會產生 ALCOL 60 程式碼的預處理器了。反而，達爾得修改 ALGOL 60 來採用新的空間分配器，並在其編譯器中實作出 SIMULA 的功能。

這個決定對 SIMULA 自身帶來極大的反響。一旦你能把區塊存進堆積，其生命週期不再受到堆疊限制，各式各樣的可能性就冒出來了。比如，為什麼消費者一定得是被動資料結構？為什麼所有活動都得在車站內發生？確實，消費者和車站之間的行為應該視為準平行處理（quasi-parallel processing）。

這種資料結構的一般化（generalization）帶來了另一個啟發。車站和消費者都只是模擬運算中某個更通用的準平行處理*程序*的實例（instance）。達爾和奈加特清楚意識到，SIMULA 說不定能發展成通用語言，不只是做蒙地卡羅模擬的語言而已。

現在，我希望各位能停下來思考一下，單單是擺脫 ALGOL 60 呼叫堆疊帶來的生命週期限制，就能引發滾雪球般的概念一般化和啟發，這是多麼了不起的過程。我猜想達爾和奈加特突然面對到這些可能性，一定激動不已。他們確實也說，他們在那段歲月處於「半瘋狂……極為艱苦的工作、挫折與亢奮」。

他們設想的 SIMULA 文法起了大幅轉變。與其使用消費者和車站分類，他們決定根據行為（activity）來做一般化：

```
SIMULA begin comment airport departure;
set q counter, q fee, q control, lobby (passenger);
    counter office (clerk);...
```

175

```
            activity passenger; Boolean fee paid; begin
               fee paid := random (0, 1) < 0.5...
                  wait (q counter) end; activity clerk;

         begin
         counter: extract passenger select
               first (q counter) do begin
               hold (normal (2, 0.3));
                  if fee paid then
                  begin include (passenger) into: (q control);
                     incite³ (control office) end
                  else
                  begin include (passenger into: (q fee); incite
                     (fee office) end;
               end
               if none wait (counter office);
               goto counter
           end...
         end of SIMULA;
```

留意 wait、hold 和 incite 這些動詞,是 SIMULA 程序排程功能的控制敘述(control statement)。基本上,SIMULA 程式的行為都是獨立的程序,由「不可被搶奪資源的任務切換器」來管理。

這時是 1964 年 3 月,而到目前為止 SIMULA 的設計都仍停留在紙上。請記得,那段時期寫程式可不是在螢幕上寫程式碼、每隔幾分鐘跑一堆單元測試。編譯跟測試都要花上好幾小時,甚至長達數天——而電腦租用時間貴得嚇人。所以唯一經濟上可行的選項就是事先做好宏大的設計(big up-front design)。

---

[3] 這稍後被改成 activate(啟動),但我喜歡 incite(鼓勵/刺激/煽動)這個詞。

Chapter 7 奈加特和達爾：第一個物件導向語言

達爾獨力包辦寫軟體，但他在 ALGOL 方面得到史派里蘭德的肯・瓊斯（Ken Jones）和約瑟夫・史貝歐尼（Joseph Speroni）幫忙。1964 年 12 月，SIMLUA I 的第一個原型生出來了。接下來兩年，達爾和奈加特會跑遍全歐洲教 UNIVAC 的客戶使用 SIMULA。其他電腦公司也注意到，開始計畫在他們的機器上採用 SIMULA 編譯器。

這時的 SIMULA I 仍然只是模擬運算語言。等到使用它跑模擬的程式設計師越來越多時，SIMULA 就明顯需要一些大幅修改。有些改變會加強創造模擬的功能，但其他改變則是讓語言變得更通用。他們的其中一個發現特別值得我們注意：兩人注意到在他們寫的諸多模擬中，會有程序在許多屬性跟行為上相同，但也有其他地方相左。這於是催生了類別（class）與子類別（subclass）的概念。

空間分配器也被重新檢視，因為使用固定大小區塊會浪費很多空間，而模擬規模更大時，這個問題就更加嚴重。因此他們改用了約翰・麥卡錫（John McCarthy）在 LISP 語言開創的壓縮式垃圾回收器。

1967 年 5 月，達爾和奈加特投了篇論文到 IFIP 的模擬運算工作研討會，探討類別和子類別的宣告。這篇論文概述 SIMULA 67 的第一版正式定義，並用物件（object）來代表類別與子類別的實例。它也介紹了虛擬（或者說多型性）程序的概念。他們的簡報頗受好評；然後過了幾星期，達爾和奈加特在另一場研討會上提議說型別（type）和類別的概念是相同的。到了 1968 年 2 月，SIMULA 67 的規格就正式定案。

SIMULA 67 的語法很神奇的酷似 C++、Java 和 C# 之類的語言。你在下面的範例應該能看出相似性：

```
Begin
    Class Glyph;
        Virtual: Procedure print Is Procedure print;;
```

177

```
            Begin
            End;

            Glyph Class Char (c);
                Character c;
            Begin
                Procedure print;
                    OutChar(c);
            End;

            Glyph Class Line (elements); Ref
                (Glyph) Array elements;
            Begin
                Procedure print;
                    Begin
                    Integer i;
                    For i:=1 Step 1 Until UpperBound (elements, 1)
                        Do elements(i).print;
                    OutImage;
                    End;
            End;

            Ref (Glyph) rg;
            Ref (Glyph) Array rgs (1 : 4);

            ! Main program;
            rgs (1):- New Char ('A');
            rgs (2):- New Char ('b');
            rgs (3):- New Char ('b');
            rgs (4):- New Char ('a');
            rg:- New Line (rgs);
            rg.print;
       End;
```

雖然有這些相似處，SIMULA 67 依然是模擬運算語言，也保有 SIMULA I 的諸多舊產物，比如用 hold 和 activate 關鍵字來管理任務切換器（task switcher）。到頭來，這些會是它為何無法成為通用語言的主因。

史派里蘭德公司希望在 UNIVAC 1107 使用這種新語言，便委託自己的程式設計師羅恩・克爾（Ron Kerr）和西格爾・庫波許（Sigurd Kubosch）來修改既有的 ALGOL 60 編譯器。這個工作進展順利，直到 1969 年 9 月，他們被告知要捨棄 1107、改用新的 UNIVAC 1108。1108 是強大得多的機器，有積體電路、密密麻麻的接線背板、更快的磁芯記憶體和更好的大型儲存媒介。而且它有個分時作業系統（time-sharing operating system），可以由多人同時共用。從許多方面來說，UNIVAC 1108 坐落在新舊交替的轉折點上。

SIMULA 67 的第一個商用版終於在 1971 年 3 月問世，並獲得很大的成功。它被實作在許多其他機器上，比如 IBM 360、康大資料（Control Data）3000 與 6000，以及 PDP-10。許多大學，特別是在歐洲，把它當成教導電腦科學的理想語言。

SIMULA 67 問世短短幾年後，比雅尼・史特勞斯特魯普在丹麥的奧胡斯大學（University of Aarhus）用了它，對於類別能用來創造良好模組化的程式這點深感佩服，但也對該語言的程式和編譯器本身的低落效能感到失望。事實上，他擔心自己的一個大專案差點會因為這些問題被搞砸。

於是在 1979 年，比雅尼・史特勞斯特魯普決定替 C 語言寫一個預處理器，能賦予它「類似 SIMULA」（SIMULA-like）的特質。這個預處理器後來變成了 C++。

參考資料

- Berntsen, Drude, Knut Elgsaas, and Håvard Hegna，2010：「克利斯登·奈加特的多重面貌：物件導向程式設計的發明者及斯堪地那維亞學校系統的發展」（The Many Dimensions of Kristen Nygaard, Creator of Object-Oriented Programming and the Scandinavian School of System Development）。資訊處理國際聯盟（International Federation for Information）。dl.ifip.org/db/conf/ifip9/hc2010/BerntsenEH10.pdf。

- 奧利—約翰·達爾（Dahl, O.-J）、E·W·戴克斯特拉（E. W. Dijkstra）與C·A·R·霍爾（C. A. R. Hoare），1972：《結構化程式設計》（*Structured Programming*）。Academic Press 出版。

- Holmevik, Jan Rune，1994：「編譯 SIMULA：科技創世紀的歷史研究」（Compiling SIMULA: A Historical Study of Technological Genesis）。《IEEE 計算史年鑑》（*IEEE Annals of the History of Computing*）16, no. 4: 25–37。

- Lorenzo, Mark Jones. 2019. The History of the Fortran Programming Language. SE Books.Lorenzo, Mark Jones，2019：《FORTRAN 程式語言史》（*The History of the Fortran Programming Language*）。SE Books 出版。

- 克利斯登·奈加特（Nygaard, Kristen），2002：克利斯登·奈加特的履歷（Curriculum Vitae for Kristen Nygaard）。kristennygaard.org/PRIVATDOK_MAPPE/PR_CV_KN.html。

- 克利斯登·奈加特與奧利—約翰·達爾，1981：「SIMULA 會議九：SIMULA 語言的發展」（SIMULA Session IX: The Development of the SIMULA Languages）。ACM 出版。www.cs.tufts.edu/~nr/cs257/archive/kristen-nygaard/hopl-simula.pdf。

- O'Connor, J. J. 與 E. F. Robertson，2008：克利斯登‧奈加特生平（Biography of Kristin Nygaard）。蘇格蘭聖安德魯斯大學數學與統計學院。mathshistory.st-andrews.ac.uk/Biographies/Nygaard。
- Owe, Olaf、Stein Krogdahl 與 Tom Lyche (Eds.)，1998：《從物件導向到正規方法：奧利—約翰‧達爾紀念散文集》（*From Object Orientation to Formal Methods: Essays in Memory of Ole-Johan Dahl*）。Springer 出版。
- Stroustrup, Bjarne，1994：《C++ 的設計與演化》（*The Design and Evolution of C++*）。Addison-Wesley 出版。
- 奧斯陸大學，2013：奧利—約翰‧達爾生平（Biography of Ole-Johan Dahl）。2013 年 10 月 10 日由奧斯陸大學資訊學系發布。www.mn.uio.no/ifi/english/about/ole-johan-dahl/biography。
- 維基百科，「鮑伯‧貝默」（Bob Bemer）。en.wikipedia.org/wiki/Bob_Bemer。
- 維基百科，「英國電器 DEUCE 電腦」（English Electric DEUCE）。en.wikipedia.org/wiki/English_Electric_DEUCE。
- 維基百科，「蒙地卡羅法」（Monte Carlo method）。en.wikipedia.org/wiki/Monte_Carlo_method。
- 維基百科，「奧利—約翰‧達爾」（Ole-Johan Dahl）。en.wikipedia.org/wiki/Ole-Johan_Dahl。
- 維基百科，「SIMULA」。en.wikipedia.org/wiki/Simula。
- 維基百科，「UNIVAC 1100/2200 系列電腦」（UNIVAC 1100/2200 series）。en.wikipedia.org/wiki/UNIVAC_1100/2200_series。

第 8 章
約翰・凱梅尼：
第一個「大眾」程式語言
── BASIC

說到 BAISC 語言的故事，這就是一群程式設計師認為寫程式應該推廣給普羅大眾的故事。這故事講述了個異想天開的夢想，以及一位絕頂聰明的天才，到頭來反被這個傑出點子所蒙蔽。

見見約翰・凱梅尼

約翰・喬治・凱梅尼（John George Kemeny）和約翰・馮紐曼一樣，是在匈牙利布達佩斯出生的猶太人。他 1926 年出生時，反猶太主義和法西斯主義正旺，而希特勒在 1938 年入侵奧地利時，凱梅尼才十一歲。他父親提伯（Tibor）意識到匈牙利會下一個淪陷。提伯做進出口生意，在美國有熟人，所以帶著全家人逃往紐約。他們在入侵前千鈞一髮離開匈牙利，不得不丟下一切──包括一些從此消失、音訊全無的親屬。

凱梅尼非常早熟，十三歲時還不會講英文的他就以高二生身分進入一間紐約高中，三年後以優異成績當上畢業生致詞代表。他取得美國公民身分，並在普林

斯頓大學攻讀數學。1945 年，年僅十九歲的他在洛斯阿拉莫斯加入曼哈頓計畫，替物理學家理查・費曼工作，馮紐曼則是他的同事。

在那段時間，費曼記得凱梅尼有一次在大半夜被挖起來，並在強光下被審問：他父親是否是共產黨員[1]？

凱梅尼在洛斯阿拉莫斯的計算機中心工作，那兒有十七台我們在第三章提過的 IBM 打孔卡式計算機，由二十名職員負責。這群職員會讓機器一週六天、每天二十四小時運作，計算跟第一枚原子彈鈽核心內爆有關的偏微分方程式。光要解一個方程式，就需這二十人跟十七台機器工作整整三週才能完成。

計算機用打孔卡來輸入，對卡上的資料做簡單數學操作，然後將結果打在新的打孔卡上。一個典型的數學問題會需要在三維空間追蹤某樣東西，而每個維度會精細到小數點下五十位，每個點都得用一張卡片來表示。每台計算機都得用接線板設定，卡片則得在機器之間運過來運過去。每台機器都得同時有正確的設定和吃正確的卡片疊，就這樣持續四百個小時以上。

如我們前面讀到的，馮紐曼密切參與這些計算，也經常跟計算機中心討論。他對於這些計算耗費的時間和力氣深感失望。這種挫折感，加上他跟哈佛馬克一號電腦以及 ENIAC 團隊的關聯，促使他萌生一個革命性的新概念，並在 1945 年 6 月寫下非正式的論文。這篇文章「EDVAC 報告的第一份草稿」震撼了計算機圈子。

---

[1] 見參考資料的「理查・費曼演講——從基層看洛斯阿拉莫斯」（Richard Feynman Lecture — Los Alamos from Below）。

Chapter 8　約翰・凱梅尼：第一個「大眾」程式語言—BASIC

1946 年，仍然在洛斯阿拉莫斯工作的凱梅尼出席了馮紐曼的一場演講[2]，馮紐曼討論了他在該篇論文提出的構想。馮紐曼在演講中提出的願景，是讓計算機（電腦）擁有以下特色：

- 完全電子化
- 以二進位表示數字
- 擁有大型內部記憶體
- 從記憶體執行程式，程式與資料皆儲存於記憶體
- 具備通用性

發明差分機的巴貝奇若有幸聽到這場演講，想必也會大力點頭。而這場演講激發了凱梅尼的靈感。他覺得這就像一種烏托邦夢想，心想不知道自己能否活到目睹那個年代[3]。結果這只花了七年就在他眼前成真。

凱梅尼聽過馮紐曼的演講不久後，返回普林斯頓繼續攻讀學位，博士論文由阿隆佐・邱奇（Alonzo Church）指導，標題是「類型論 vs. 集合論」（Type-Theory vs. Set-Theory）。他也以博士生的身分被指派為亞伯特・愛因斯坦的數學助理。

1953 年，凱梅尼擔任蘭德公司的顧問時，他的烏托邦夢想成真了——他得以把玩馮紐曼的 JOHNNIAC 計算機，以及稍後的早期型 IBM 700 系列電腦。用把玩形容再合適不過。這回他說：「我覺得學習在電腦上寫程式很好玩，但

---

[2]　Kemeny, p. 5.

[3]　同前。

當時用的語言是設計給機器看，不是給人看。」[4] 正是這個程式語言設計的觀點，成了凱梅尼主要使命的驅動力：讓人人都能夠接觸電腦。

凱梅尼在他漫長且多采多姿的生涯之後，於 1984 年獲頒紐約科學院獎，在 1986 年獲得電機電子工程師學會的計算機獎章，並在 1990 年得到路易斯・羅賓森獎（Louis Robinson Award）。他共擁有 20 個榮譽學位。此外，據說他會匿名贊助清寒學生的學費。

見見另一位：托馬斯・卡茨

如果說凱梅尼是蝙蝠俠，那麼托馬斯・卡茨（Thomas Kurtz）就是他的搭檔羅賓了。卡茨於 1928 年生於伊利諾州的奧克帕克（Oak Park），從小就對科學極為著迷，並在伊利諾州蓋爾斯堡的諾克斯學院研讀物理與數學。

1950 年，他在加大洛杉磯分校參加一場暑期研討會時接觸到 SWAC 電腦（Standards Western Automatic Computer，標準美西自動計算機），也就是美國最早的電子式電腦之一，由美國國家標準局打造，使用 2,300 個真空管，並能儲存 256 個 37 位元字組。卡茨就是在這台機器上寫了他第一支程式——而且就此被迷住。

卡茨在普林斯頓拿到博士學位，然後被凱梅尼招募到達特茅斯學院，幫忙在該校推廣計算機科學。兩人有著漫長的合作關係，而 BASIC 語言的故事正是源自於此。

---

[4] Kemeny, p. 7.

Chapter 8　約翰・凱梅尼：第一個「大眾」程式語言─BASIC

絕世點子

1953 年（我出生的隔年），凱梅尼被找去重建達特茅斯學院的數學系。這間學校坐落在新罕布夏州的上谷（Upper Valley），當時它的數學系已經快速過時，亟需年輕的精力和觀點來起死回生。愛因斯坦和馮紐曼都推薦了年輕的凱梅尼。

凱梅尼急著讓達特茅斯學院跨進計算機領域，因此，當麻省理工採購了一台 IBM 704 時，凱梅尼就跑去申請使用。他找來托馬斯・卡茨，每兩週一次就拖著裝滿打孔卡的鐵箱往返麻州劍橋和新罕布夏州的漢諾瓦。

你能想像，花整整兩星期等程式編譯完畢是什麼感覺嗎？

過了一、兩年，他們也意識到需要更好的解法來解決這種兩星期的等待時間。於是凱梅尼動用學校採購家具的三萬七千美元預算，買了一台 LGP-30「桌上型」電腦[5]。LGP-30 能在一個磁鼓記憶體上儲存 4,096 個 31 位元字組，使用 113 個真空管和 1,450 個固態二極體[6]。它是單位址指令（single address）電腦，內建乘法和除法運算，記憶體時脈為 120 KHz，記憶體存取時間則介於 2 到 17 毫秒。I/O 裝置為一台電傳打字機和一台紙帶讀取機／打孔機。你得用非常簡單的機器語言替它寫程式，不然就是用一種超詭異的語言 ACT-III，所有字符都得用「撇號」當分隔字元[7]。

---

[5]　Librascope General Purpose 30。這台機器讓我覺得跟 ECP-18 很像（見第九章）。

[6]　二極體邏輯電路是一種製造 AND 和 OR 閘的糟糕方式──既耗電又敏感。

[7]　參見 en.wikipedia.org/wiki/File:ACT_III_program.agr.jpg。

少數獲准使用這台電腦的學生愛死了它，有一個甚至替它寫了仿 ALGOL 語言的編譯器，另一個則寫了支程式，成功預測 1960 年新罕布夏州的總統初選。這個預測上了新聞版面，讓學校享受了一些鎂光燈焦點。

但既然一次只有一位學生能操作電腦，存取權就有很大的限制，他們只好繼續跟麻省理工借用 IBM 704。就在卡茨某次拖著打孔卡和輸出列表紙往返漢諾瓦跟麻省劍橋時，他見到約翰‧麥卡錫（John McCarthy）[8]，向對方哀嘆 LGP-30 的存取時間限制太大了。麥卡錫聽了回答，達特茅斯學院應該要開始考慮讓使用者共享存取時間。

於是有一天，卡茨開始做實驗，把學生分成五人一群，然後以人工方式讓他們輪流存取。每一批五人組都有十五分鐘能盡情跑編譯和測試，當中每個學生一次能分到一分鐘載入程式、編譯和列印，如此輪替下去。

奇怪的是，這策略奏效了：只要有足夠的協調，單一一台機器是可以共用的。這讓卡茨萌生一個點子，若給一台機器眾多終端機和合適的軟體，就能讓許多學生——甚至是全校學生——同時使用。卡茨想像，這會開啟人人都能用電腦的新時代。

不可能的壯舉

卡茨對凱梅尼說：「你不覺得讓每個學生學電腦的時機已經快到了嗎？」[9] 凱梅尼很愛這點子。於是大約在 1963 年，他派卡茨和安東尼‧納普（Anthony Knapp）飛到鳳凰城，向奇異公司提議捐贈一台電腦。提案完全不順利，因

---

[8] 對，沒錯，就是那個約翰‧麥卡錫，LISP 語言跟其他一大票壯舉的發明者。

[9] Kemeny and Kurtz, p. 3.

Chapter 8　約翰・凱梅尼：第一個「大眾」程式語言─ BASIC

此，他們向 IBM、NCR 和寶來（Burroughs）公司提了類似的請求。稍後奇異公司回來給了他們一個比較便宜（三十萬美元）的提案：捐兩台電腦，一台 DATANET-30 和一台 DATANET-235。

DN-30 會擔任使用者端 128 台終端機的通訊處理器，能儲存八千個 18 位元字組。DN-255 則是實際執行程式的批次機器[10]，能存八千個 20 位元字組。整套系統也包括兩台磁帶機，以及一個容量相當於 5 至 10 MB 的硬碟。

1957 年，蘇聯史波尼克衛星帶來的驚嚇令美國政府對 STEM 教育（科學、科技、工程與數學）展開新一波資助。於是卡茨寫信給國家科學基金會（National Science Foundation, NSF）請求補助，提案說他們要讓一打研究生從無到有寫出分時存取（time-sharing）系統的程式。國家科學基金會的人認為寫這種系統是專家的工作，研究生怎麼可能勝任，因此對計畫抱持高度懷疑。但凱梅尼堅持己見，到頭來也說服了對方。

電腦在 1963 年夏天訂購，1964 年 2 月抵達。該年 5 月 1 日，達特茅斯分時系統和 BASIC 編譯器就正式啟用。

之所以能在短得如此神奇的時間裡做到，是因為研究生和凱梅尼（他也開發了 BASIC 編譯器）趕在機器送達的幾個月前就寫好了所有東西。凱梅尼在奇異公司的波士頓辦公室借用一台電腦的一點時間，替他編譯器的某些部分除錯，但絕大部分的程式仍是研究生們用紙筆寫下來的，然後就只能坐著等機器送來。

---

[10] 批次機器（batch machine）一次完整執行一個工作（job），而一個工作包含一批程式，當中的指令會依序執行，包括運算指令和讀寫磁帶等。

我們此刻先停下來沉澱一下。凱梅尼、卡茨跟一群電腦迷研究生用不到一年時間，就在兩台原始又毛病多多的奇異公司電腦上寫出一整套使用者端管理系統，以及與其溝通的後端分時系統，再加上一個用組合語言從頭寫成的程式編譯器，更別提他們只有在那年的最後三個月才能真正摸到電腦。他們做到了專家都認定不可能的事，以及更大型和更老到的團隊也從未成功的事。而且，這一切還是在他們的「課餘」時間進行的。

別跟我說這年代已經沒有奇蹟存在；因為這件事就是一件該死的奇蹟。

> **個人回憶**
>
> 我有過非常、非常有限的 DATANET-30 使用經驗。這台機器無比龐大，塞滿整個房間，而且超級無敵吵雜。硬碟是半打 36 吋碟片，每片厚半英吋，開始旋轉時會讓地板搖晃，聽起來也像噴射機起飛。
>
> DN-30 的通訊能力使它能同時跟 128 台終端機溝通。但我記得負責控制通訊埠的組合語言程式，是靠序列線對每一個位元發送中斷來驅動的。軟體會把這些位元組合成字元，因為奇異公司可沒辦法在這台龐然怪獸身上裝 128 條 UART 序列埠[11]。

BASIC 語言

卡茨原本希望用 FORTRAN 作為新系統的程式語言，但凱梅尼堅持現存語言並不符合「所有學生」都該學習電腦的理念。因此，凱梅尼著手設計一個更簡單也更有包容性的新語言。我猜想他是先將語言命名為 BASIC，然後才想

---

[11] UART（Universal Asynchronous Receiver/Transmitter，通用非同步收發傳輸器）會把串流的一個個位元轉成平行串流的位元組。在 1960 年代早期，這種裝置會填滿一大塊印刷電路，因此所費不貲。但到了 1970 年代，你可以用僅僅幾美元的成本把它們做在一塊晶片上。

Chapter 8　約翰‧凱梅尼：第一個「大眾」程式語言──BASIC

出其縮寫代表的全文：初學者全用途符號式指令程式語言（**B**eginners **A**ll-purpose **S**ymbolic **I**nstruction **C**ode）。

BASIC 是凱梅尼的心血。他之前沒有碰過程式編譯器，也對編譯器原理一無所知，但仍然在採購機器及機器送抵的那幾個月間寫出了 BASIC 編譯器。這也真的是個編譯器，會在 DN-235 上執行，並把 BASIC 編譯成機器語言。

BASIC 設計成簡單、通用、互動性高、快速且抽象──它一直將目標使用者設定為「所有學生」。每行敘述都有行號，使其能在電傳打字機上快速修改，此外，由於每行敘述都以一個文法關鍵字開頭，編譯器本身就能做得很簡單。它能讓學生在輸入程式的幾秒鐘後就能看到執行結果，使之成為史上第一個廣為使用的互動式程式語言。

當然，這時仍是 1964 年，語言設計不得不對硬體做出讓步。那段日子的記憶體昂貴得嚇死人，所以 BASIC 的程式變數名稱都只能是一個字母，頂多可加一個數字。BASIC 沒有具名函式或可取別名的敘述，沒有檔案 I/O，有 IF 敘述卻沒有 ELSE，有 DO 迴圈但沒有 WHILE。那些都得等到稍後才會發明；但在 1964 年，有以上這些就已經堪稱奇蹟了。

分時系統

更驚人的奇蹟在於，這套系統能支援好幾打終端機，二十、三十、四十名學生可以同時輸入 BASIC 程式，並在幾秒鐘後看結果出現在各自的終端機螢幕上。這是真正的分時系統──也從此改變了人們使用電腦的方式。

所有人都注意到了！越來越多人想在辦公室、教室、高中和家裡裝終端機。終端機有如雨後春筍冒出來。當然，學生們會寫遊戲，其他學生會玩這些遊戲。當時有人寫出足球跟井字棋遊戲。我的意思是：要是你讓整間大學的學生都能寫程式，他們就一定會寫遊戲。

191

奇異公司震驚不已，他們本來認為這是不可能的，或者人們需要花好幾十年才能實現。他們提供更多硬體，向達特茅斯學院交換分時系統和 BASIC 軟體的授權，然後開始在全美和全球各地開設分時服務中心。政府、企業、科學、金融界──在你想得到的領域，人人都想要分時終端機。

> **個人回憶**
>
> 1966 年，我身為科學老師的父親帶他的暑期班學生去參觀國際礦業暨化學公司（International Minerals and Chemicals）──就是這間公司做出 Accent，第一種對大眾銷售的味精。
>
> 公司裡有位研究員在一台電傳打字機上工作。我靠過去看，他便給我看分時系統和 BASIC 是怎麼運作的。我著迷不已，回家後假裝自己有台電腦，在紙上寫下指令，然後寫下我預期電腦會做的事。我也在學校跟朋友玩這種遊戲：他們寫指令，我則假裝自己是電腦，把回應寫出來。

在那個「個人微電腦」[12] 還沒出現的早期瘋狂年代，美國本土就有多達 80 個分時系統提供 BASIC 服務。那時可能有五百萬人學習了 BASIC 語言。

電腦小子

越來越多高中生得到分時終端機，越來越多孩子被電腦迷住。這是電腦小子的時代。

1960 年代晚期，我的高中跟芝加哥伊利諾理工學院的 UNIVAC 1108 有拉分時連線。我們用的語言是 IITRAN，它比起 BASIC 其實比較像 ALGOL。我跟我的夥伴接手管理學校裡的唯一一台終端機，是一台 ASR-33，附有數據機

---

[12] 【譯者註】microcomputer，在個人電腦出現之前使用微處理器的小型電腦。

Chapter 8 約翰・凱梅尼：第一個「大眾」程式語言──BASIC

連到傳統電話。電話的撥號盤鎖住了，但任何厲害的技術狂都知道你能只靠鉤鍵開關就能撥出號碼[13]。

數學老師們樂見我們接手，因為他們才不想用一秒十個字元的速度對機器輸入十幾條紙帶，還有撕下一張又一張的輸出列表紙放進輸出籃。可是我們想！我們就是操作員！然後，等我們做完全部的讀取跟撕紙工作，我們會開始把玩。我們擁有一台分時終端機，而且有絕對的使用權限。老天爺，我們可把它玩到極致呢！

而我們的經驗不過是好幾千人裡面的一例而已。在全美國一間接一間的高中裡，電腦小子們正在佔領分時系統，彷彿直接開水龍頭猛灌水。所以等到這些電腦小子們進入職場和顛覆了整個產業，就也不足為奇了吧？

逃避

但電腦革命才剛要開始。微電腦有如雨後春筍冒出，它們的使用者也想要 BASIC 或類似的語言來快速寫些互動小程式。因此，分時系統竄升得快，消失得也很快。佔據龐大機房、跨過鄉間把終端機連線投向你的那些巨大機器，被小冰箱或微波爐大小的微電腦取代了，而後者最終則被個人電腦替代。

但編譯器可是很難寫的，直譯器簡單多了。這使得 BASIC 直譯器版開始有如野火燎原，四處擴散。個人電腦加入戰局時進一步加速了這件事。到了最後，到處都有直譯版的 BASIC 版本，但 BASIC 編譯器卻縮回了達特茅斯，躲在自己的小小死胡同裡。

---

[13] 【譯者註】早期轉盤式電話使用脈衝撥號（pulse dialing）原理，旋轉式轉盤在回轉時會送出不斷開關的脈衝訊號，讓電磁式電話交換機解讀對應的號碼。因此，如果用適當的速度快速按「用來切斷電話的鉤鍵」，就可達到相同的效果。

盲眼先知

達特茅斯團隊起先對 BASIC 席捲微電腦和個人電腦的風潮視而不見；他們只是繼續把自己的 BASIC 現代化，好跟上業界規範。他們加入的新功能包括結構化程式設計、繪圖、檔案控制、具名函式、模組等等不及備載。到了 1980 年代中期，達特茅斯的 BASIC 說不定不會比 Pascal 語言遜色。

但它仍然是 BASIC 語言，作者們從來沒有放棄它的關鍵字本質。每個新功能就只是加上一組新關鍵字；作者們從未擁抱 C 語言中一切都是函式的概念，以及那麼多 I/O 作業應該要由函式代理才是。等到達特茅斯團隊終於環顧業界，發現遍地都是 BASIC 直譯器，各家廠商還擅自給它們加上滿滿的改造跟突變時，他們驚恐不已。解決之道呢？他們又發明了另一個版本的 BASIC，叫做「True BASIC」。他們把這玩意端給全世界，但只迎來沉默。根本沒人在乎。

我覺得很神奇的是，凱梅尼和卡茨這種顯然是天才的程式設計師，開創了分時系統革命和把電腦帶給大眾，結果卻陷在老套的「非我所創」（Not Invented Here，NIH）症候群裡——自己做的東西就是比較香。C 語言已經大獲成功，為何還要繼續推廣以關鍵字為基礎的語言？的確，在他們替 True BASIC 辯護的論點[14]中，他們把它跟 FORTRAN、COBAL 和 Pascal 比較，但就是從未提過 C。但到了 1984 年，C 語言不僅已經成為業界的選擇[15]，C++ 和 Smalltalk 也正要現身。

---

[14] Kemeny and Kurtz, p. 89.ff.

[15] 蘋果公司除外，他們繼續堅守 Pascal 一年左右的時間。

共生關係？

1972 年，凱梅尼寫了本書《人與電腦》（*Man and the Computer*），其核心論述認為電腦是一種新生命物種，跟人類存在共生關係。這話聽來也許可笑，但看看你自己的四周吧。有多少電腦在你伸手範圍內？你每天會跟某種電腦互動幾次？你的手錶是電腦嗎？你的手機是電腦嗎？你的耳機是電腦嗎？你的車鑰匙是電腦嗎？你難道沒有被你在不同時刻互動的電腦圍繞嘛？這種趨勢沒有快速增加嗎？

也許電腦不符合我們嚴格上的生命定義，但沒人能否認，就算它們沒有演化成日益加深的共生（或共「仿生」？）關係，也仍構成了協同作用。

凱梅尼在這本整書退回分時系統，把它當成對所有人提供電腦存取管道的解決方案。他沒有討論家用電腦，而是提到以家庭終端機連到世界各地的大型資料中心。他似乎無法預見到（而且誰能怪他？）五十年內就會出現數以兆計強大太多的電腦，深植於我們的日常生活每一刻。

預言

凱梅尼也在這本書做了一些預測。以下節錄少部分：

人工智慧

「1960 年代證明了這個任務遠比一些人工智慧的支持者猜想的還困難。雖然已經有一些顯著的成功，但許多案例下人類教導電腦的努力糟透了，而讓電腦模擬人類智力所需的勞動力則高到令人氣餒。它經常會高到根本不值得做的程度。」[16]

---

[16] Kemeny, p. 49.

我覺得很有趣，這話在 1972 年跟今天一樣所言不假。而且我這句話就是在一台機器上打的，這台機器還會不斷檢查我的拼字跟文法，並吐出替代建議。同樣讓我覺得有趣的是凱梅尼這話直接反對人們更常見的念頭，也就是電腦幾年或幾十年內就會產生智慧。想想當時最受歡迎的電影：庫柏力克《2001 太空漫遊》的 HAL 9000，《巨人：福賓計畫》的巨人，或者《霹靂五號》的強尼五號，都是出自這類念頭。

如今我們有了 ChatGPT 之類的大型語言模型，我們仍會把這些非常厲害的工具看成工具，而非視為智慧個體。2023 年最棒的侮辱之一，就是克里斯·克里斯蒂（Chris Christie）在美國共和黨總統初選辯論時，指責對手維維克·拉馬斯瓦米（Vivek Ramaswamy）講話聽起來像 ChatGPT。

電話

「……在按鍵式電話上，人們應該要能『輸入』一個團體的名稱和大致地址，然後讓電話公司找到對方的號碼和撥號。這當然意味著需要額外運用電腦，服務也因此需要收取額外費用……」[17]

但願他能看到我們如今視為「電話」的東西會變成怎樣就好了。我們不只能輸入自己的團體名稱，還能直接用講的。我們的電話會記錄所有的聯絡人，再也沒有人需要記電話號碼了，雖然電話號碼仍然存在！

無論如何，如今我們會改用簡訊、聊天訊息、在 X 或 Instagram 發文等等……

---

[17] Kemeny, p. 55.

隱私和老大哥

「如果政府和大企業被允許侵犯我們的隱私,這是我們自己的錯,是我們放任他們這麼做。他們大可在不靠電腦下做到這種事,但電腦能使他們更輕易追蹤數百萬人。電腦降低了成為老大哥(Big Brother)的價格,但未能改變其原則。」[18]

此刻我坐在 2023 年……

……人們擔憂政府的審查和美國本土情報單位透過社交媒體收集資料。有好多我們仰賴來了解國內外新聞的平台,只提供它們自己的觀點當成真理,有時還會屈服於政府施壓來壓下重要資訊。資料外洩已經跟明日氣象預報一樣普遍,因為沒人能(或願意)重視 SQL 之類的技術存在的明顯弱點。我們的隱私資料也不斷受到被收集和傳輸的風險,同時我們又完全無力保護孩子免於假資訊和宣傳手段。

凱梅尼的話一針見血,這是我們害的,是我們自己的錯。

摩爾定律的結束

「既然運算速度已經在二十五年內加快一百萬倍,我們或許可以說接下來二十五年會有同樣的速度增長。不過,這將使我們對上自然界的絕對速度上限——也就是光速。」[19]

他當然是對的。1970 年代早期的 1 微秒週期到現在只增加了幾千倍,而不是一百萬倍。我們的處理器時脈增加幅度也不太可能會像以前那樣。過去二十

---

[18] 同前。

[19] Kemeny, p. 63.

年來，一般 CPU 時脈一直困在 3 GHz 左右，將來大概沒什麼東西能改變這點 [20]。

> 「我完全期望，我們會在下個世代看到電腦記憶體大到足以容納全世界最大圖書館的內容。」[21]

媽呀，我覺得我能把 1972 年整間美國國會圖書館裝進我的手機呢。凱梅尼認為記憶體的容量和速度都會加大，但他沒想到如今幾兆位元的儲存空間對我們來說根本不值幾個錢。

終端機／控制台／螢幕

「在降低成本方面，唯一落後的地方在於電腦終端機，而且這非常重要。每個月花一百美元租用和維修電腦終端機是相當正常的花費，而且這些終端機還相當原始⋯⋯我完全無法理解，為何沒辦法生產非常可靠的電腦終端機，並用黑白電視機的價格販賣。若要讓電腦走進家庭，這就是絕對有必要的。」

這個預測不到十年就徹底實現了，有過之無不及。Sinclair ZX-81 是台有薄膜螢幕的小電腦，能接上你的黑白電視機。如其名稱暗示的，它在 1981 年上市。我有過一台這種小怪獸，非常好玩，但不太可靠。

當然，凱梅尼想的不是在家裡擺真正的電腦，而是在你的廚房櫃台擺一台終端機，透過電話連到資料中心。

---

[20] 量子運算能在某些非常受限的應用達到高效率，但無法通用。

[21] Kemeny, p. 64.

網路

「下個十年可能會看到電腦網路的重大發展。當今確實已經存在幾個小型網路⋯⋯等到大型多處理器電腦中心在全美各地設立,並有效連接既有的通訊網路,才能使大多數人感受到現代電腦的完整衝擊。」[22]

他這個預測相當準確。1970 年代晚期和 80 年代初是電子布告欄系統(Bulletin Board Services,BBS)的時代,擁有數據機和終端機的人(比如德州儀器生產的 Silent 700 印表機)可以撥號和連上這些小小的「資料中心」並跟別人分享軟體。這在 1980 年被 CompuServe 之類的網路撥接服務取代,最終使得人們能使用電子郵件。1998 年的電子郵件狂熱實在太流行,使湯姆漢克和梅格萊恩的愛情喜劇《電子情書》(*You've Got Mail*)大為轟動。

但「完整衝擊」?凱梅尼完全想像不到完整衝擊是什麼。我們的電話、手錶、冰箱、恆溫調節器、保全攝影機和車輛,全被綁在一個繞著全球跑的高速無線網路裡。

教育

「⋯⋯到了 1990 年,家家都會變成迷你大學。」[23]

COVID-19 疫情想當然證明了這句話——但平時是否為真,就有爭議和令人擔憂之處了。無論如何,任何人只要有網路連線和學習的意願,當然找得到大學品質的教育。

---

[22] Kemeny, p. 67.

[23] Kemeny, p. 67.

猶在鏡中

約翰‧凱梅尼是個程式設計師，他在 1946 年想像馮紐曼的自存程式電腦烏托邦夢想時，就變成了程式設計師。當他寫出 BASIC 編譯器，以及靠著比「石器工具」好一點的東西指導一群研究生造出第一個實用的分時系統時，便證明了自己在這一行是大師。他的目標是電腦民主化──將電腦帶給普羅大眾。他相信所有人都能也應該使用電腦。他在達特茅斯提供免費的電腦存取機會，並建議所有教育機構照做。他甚至提議，獲得資格認可的人都可免費使用電腦。

凱梅尼是透過一面黑鏡凝視未來──但他確實看見了，也將一生志業投注在這個理想上。

凱梅尼果然是個程式設計師。

參考資料

- 達特茅斯學院：「BASIC 的誕生」（Birth of BASIC）。2014 年 8 月 5 日發表於 YouTube。www.youtube.com/watch?v=WYPNjSoDrqw。
- IEEE 計算機協會（無日期）：「得獎人托馬斯‧E‧卡茨」（Thomas E. Kurtz: Award Recipient）。www.computer.org/profiles/thomas-kurtz。
- 約翰‧G‧凱梅尼（Kemeny, John G.），1972：《人與電腦》（*Man and the Computer*）。Charles Scribner's Sons 出版。
- 約翰‧G‧凱梅尼和托馬斯‧E‧卡茨（Thomas E. Kurtz），1985：《回歸 BASIC》（*Back to BASIC*）。Addison-Wesley 出版。
- Lorenzo, Mark Jones，2017：《無盡迴圈：BASIC 程式語言的故事》（*Endless Loop: The History of the BASIC Programming Language*）。SE Books 出版。

Chapter 8　約翰・凱梅尼：第一個「大眾」程式語言—BASIC

- O'Connor, J. J. 與 E. F. Robertson（無日期）：「約翰・凱梅尼生平」（John Kemeny: Biography）。蘇格蘭聖安德魯斯大學數學與統計學院。mathshistory.st-andrews.ac.uk/Biographies/Kemeny。

- The Quagmire：「理查・費曼演講——從基層看洛斯阿拉莫斯」（Richard Feynman Lecture — 'Los Alamos from Below'）。2016 年 7 月 12 日發表於 YouTube。www.youtube.com/watch?v=uY-u1qyRM5w。

- 約翰・馮紐曼，1945：「EDVAC 報告的第一份草稿」（First Draft of a Report on the EDVAC）。賓州大學摩爾電氣工程學院。

- 維基百科：「約翰・G・凱梅尼」（John G. Kemeny）。en.wikipedia.org/wiki/John_G._Kemeny。

- 維基百科：「LGP-30」。en.wikipedia.org/wiki/LGP-30。

- 維基百科：「托馬斯・E・卡茨」（Thomas E. Kurtz）。en.wikipedia.org/wiki/Thomas_E._Kurtz。

第 9 章

茱蒂・艾倫

這則故事深植我心，也跟我這輩子看到的第一台二進位電子電腦有關。這也是一則迷人、鼓舞人心，但有時令人不安的故事，關於 1950 年代末一位成為程式設計師的年輕女性主義者：茱蒂・艾倫（Judith Allen）。

她對於自己的女性主義這麼寫道：

> 「我們在**替自己的女兒和孫女**，還有替所有女性奮鬥。我們出現在職場，擦著口紅、穿著寬肩大翻領套裝和高跟鞋，帶著我們所有的過人技巧、知識與經驗，外加見解與直覺的本領──這些我們也重視──而且更將人際關係擺在利益之前。我們要求平等報酬與尊嚴，並要求通過平等法律。我們在街上示威，在法庭與國會裡作證。
>
> 我們激怒男性同僚，只因我們不肯『閉嘴和聽話』。我們把握所有機會往上爬，經常得犧牲我們的自由時間，有時甚至包括家庭時間。我們從未因懷孕、經期、身為單親母親或疲累就要求特別待遇。我們持續承受輕蔑、無禮、打發和漠視。我們得替每一次升遷奮鬥，我們得比我們的男性『同輩』有更好的教育、更佳的資格和更努力工作，但我們依然得奮力爭取平等工資，然後只能得到一點小幅調薪。我們打的是許多年未曾獲勝的戰役，而在數十年的持續堅持下，我們輸掉了最大的目標：平等權利修正案[1]。」

---

[1] 【譯者註】Equal Rights Amendment，意圖禁止美國法律中的性別歧視，但自 1921 年提出以來在支持者與保守派激烈交鋒下，於本書出版時仍無法通過。

各位要是認為這番陳述過於誇大，她的故事或許會讓你改變主意。

ECP-18

我前面提到的那台機器叫 ECP-18，是非常簡單的單位址機器，用磁鼓記憶體儲存 1,024 個 15 位元字組。它有個《星艦迷航記》式的面板，按鍵按下去會亮起來。有一組 15 個按鈕是給累加器用，另一組給定址暫存器用，還有一組是程式計數器用。這些按鈕排列在一個控制台上，控制台則跟一台 ASR 33 電傳打字機擺在桌上。

1967 年，我是高一新鮮人時，其中一台這種機器被推進我高中的餐廳。當時在推銷這些機器的公司想做個展示。我當時已經是電腦宅，看到那台機器時也呆住了。就算它沒開機，我也得使出九牛二虎之力才能逼自己離開餐廳去上課。我在自修課時會要求上廁所，然後偷跑去看。有次一位業務工程師正在讓機器使出看家本領，我就像隻惱人的蚊子賴在附近不走。我看著那位工程師在機器上按鈕。

Chapter 9　茱蒂・艾倫

我會在本書第三部詳述我跟這台小機器的互動,但現在我只需要說,我透過對那位業務工程師的觀察,猜出了機器的架構還有怎麼給它寫簡單的程式。我甚至趁沒人注意的時候,花十分鐘在機器上讓那個程式跑起來。這件事對我影響非常深遠,但我再也無緣摸到那台機器了。

大約一星期後,那台 ECP-18 被推出我的高中,從此再也沒回來。那天令我心碎不已。但直到最近,在那個愉快日子過了超過五十年後,我才得知各位即將讀到的這個故事。

茱蒂・舒茲

以下內容是我從茱蒂的回憶錄拼湊而成,這回憶錄是她在 2012 年春天治療第五次乳癌復發時寫下的。我不曉得她是否有活過那年年底。回憶錄發展到後面,從她的人生記述轉變成虛構的小說,然後戛然而止。

茱蒂・B・舒茲(Judith B. Schultz)於 1940 年生於奧勒岡州,靠近哥倫比亞河口。她父親崔維斯(Travis)是水仙球莖農夫,她則在農場長大和打雜。但她母親對她的未來有著不同的夢想。茱蒂很早熟,有寫作天分且擅長數學,所以拿到了上奧勒岡州大學的獎學金。

她父親惡狠狠拒絕讓她進大學。「妳才不需要這個,」他說。「妳不准上大學。只是在浪費我們沒有的錢跟時間。妳才十六歲,妳會失身。他們會給妳灌輸誇大的念頭,讓妳質疑妳相信的一切。妳會滿腦袋怪想法回到家,大概會變成無神論者或共產黨。當個妻子跟母親不需要上大學。趕快把那種自大的點子忘掉。」[2]

---

[2] 回憶錄第四章:墮落的無辜(Corruption of Innocence)。

我輩程式人
回顧從 Ada 到 AI 這條程式路，程式人如何改變世界的歷史與未來展望

但她母親把她拉到一邊說：「爸爸交給我處理。」所以 1956 年秋季，茱蒂去了大學。她主攻家庭經濟學，並選修數學和寫作課。

她的第一堂寫作課是由一個出版過作品的小說家授課，而這人對她產生了「興趣」。起先她以為興趣純粹是學術方面；他會讚美她的作品，這也讓她很振奮。但隨著時間過去，這人的邪門意圖變得越來越明顯，她在對方有次出手時逃離了那人的辦公室。在這之後，這人對她的學術興趣當然就消散了。

不過，她的數學教授阿爾維德・隆塞斯（Arvid Lonseth）就是個紳士，注意到她的數學才華和鼓勵她改變主修。所以她在 17 歲時改而主修數學。

1957 年秋天，該校數學系購入第一台電腦 ALWAC III-E，是 32 位元機器，有 4K 磁鼓記憶體。電腦的內部暫存器和其他工作儲存區暫存器是擺在磁鼓上的特殊位置。機器有約兩百根真空管和約五千個矽二極體。加法時間為 5 毫秒，乘法和除法則是 21 毫秒。I/O 使用電傳打字機和紙帶，而寫程式的方式是扳動前面板上的一排排開關。使用這台電腦大概會是極為困難的技術挑戰。

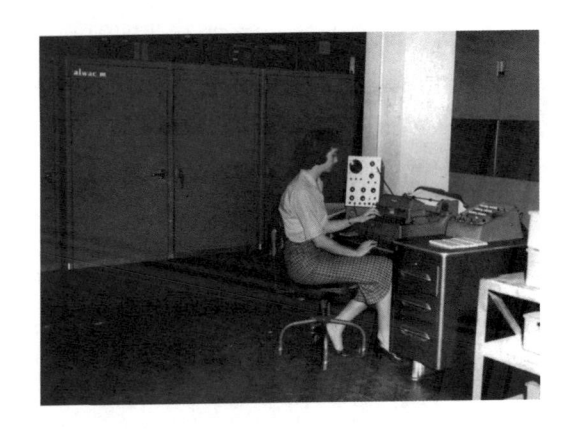

在奧勒岡州立大學史上第一堂電腦課裡，茱蒂是唯一一個女生。男生會擠在機器前面不讓她碰。她靠著觀察和聽課學習，完全沒摸過機器，成績照樣拿了 A。然後她重修了第二次。這次她已經比其他男生早一步知道答案，趁其他人還沒摸清頭緒之前「擠到」控制台前面扳開關。

206

Chapter 9　茱蒂‧艾倫

她愛極了。她被迷住了。

她在十八歲時嫁給另一位數學系學生唐‧愛德華茲（Don Edwards），放下課業和很快生了三個小孩。1962 年，二十二歲的她回到學校完成學位。她的其中一門課就是電腦程式設計，而她在這堂課上見到了該課教授艾倫‧富爾默博士（Dr. Allen Fulmer）發明的電腦。這台電腦就是 ECP-18[3]。

她再次被迷住了，很愛操作這台機器。她熱愛寫程式──用的是二進位機器語言。

她畢業、取得學位和開始教書，但人生打了岔。她的孩子們長大時，她決定「試試看當個全職母親」[4]。於是她離開教職，待在家陪孩子們。唯獨五個月後，她又開始急著尋求出口。當家庭主婦不是她想要的身分。

而就在這時電話響了。打電話來的人是富爾默博士，他有個計畫。他想對高中和大學推銷 ECP-18，但需要有人寫個符號組譯器（symbolic assembler）。她想不想參加呢？

好，我們先暫停一下。我們在說的是磁鼓只能儲存 1,024 個字組的機器，唯一寫程式的方式是扳動前面板的開關來輸入二進位程式，然後唯一的 I/O 裝置是 ASR 33 電傳打字機跟一個紙帶讀取機／打孔機，作業速度是一秒十個字元。而富爾默請她用二進位語言寫一個符號組譯器，還不能用間接定址。這可不是什麼簡單小事。

---

[3] 富爾默是在他母親的車庫使用太克電子（Tektronics）捐贈的電晶體打造出這台機器的。
[4] 回憶錄第六章：變形記（Metamorphosis）。

她當然同意了。她可以在家做，只要偶爾去實驗室跑測試。富爾默當然沒辦法付薪水，但她接受以公司的四成銷售額做為交換。

她先生很不高興，但仍默許了：「我沒意見，只要家裡沒有亂掉就好。我可不想回到家看到屋子一團亂。」[5]

兩個月後，她讓組譯器動了起來。這個組譯器會掃描原始碼兩次，我猜類似愛德華·尤登（Ed Yourdon）寫給 PDP-8 的 PAL-III 組譯器，只不過尤登有 4K 磁芯記憶體、間接定址和自動索引暫存器可用。茱蒂也學會焊接，幫忙富爾默博士在車庫造出那台行銷示範用的原型機。

然後在 1965 年，在只有治裝和旅行津貼、仍然沒有收入的情況下，茱蒂上路去推銷。她帶著那台在車庫造的機器，從西雅圖到舊金山造訪大學、高中和教師大會，甚至有次帶去紐約市參加貿易展，結果跟工會起衝突，機器也被工會弄壞，因為她居然敢靠自己一個人卸下機器和接電。

到了 1966 年，她和富爾默博士已經賣出八台機器，每台售八千美元，然後把公司賣給德州 GAMCO 工業。對於她從銷售拿到的四成收入，她的評論只有一句：「很值得」。

她這時已經成為全美教導高中與大學生電腦的首席權威，搶手得很，還能談到她兩年前想都不敢想的薪資。她的生涯一飛衝天，取得了博士學位，並在 1970 到 90 年代成為電腦教育界的有力人士。

---

[5] 同前。

Chapter 9　茱蒂·艾倫

燦爛生涯

我很想以某種「從此過著快快樂樂的生活」收尾，某方面來說這可能也沒說錯。茱蒂有個燦爛的生涯，和完整豐富的一生。

很不幸的是，她仍然會遭遇對她感「興趣」的男人，其中一次以暴力收場，還被她的男性友人幫忙掩蓋。她跟癌症的奮鬥尚未開始，而她一輩子都沒有停止爭取女性主義的目標。這本書不適合放她更糟糕和令人不安的故事；我推薦各位讀她的回憶錄，裡面充滿了這種細節。有些甚至相當嚇人。

以我而言，我單純十分感激，我有幸碰過那台她花了這麼多力氣開發的機器。我那次短短的接觸經驗，對我的人生和未來生涯起了巨大無比的衝擊。我從未見過茱蒂·艾倫本人[6]，但拜 ECP-18 之賜，她對我的影響無可估量。

---

[6] 本頁茱蒂的照片由艾倫·富爾默提供，出自《奧勒岡期刊》(Oregon Journal)。

參考資料

- 茱蒂・艾倫（Allen, Judy），2012：「新作品：對一九六〇與七〇年代人生與職業的回憶錄」（New Writing: A Memoir of a Life and a Career in the Sixties and Seventies）。lookingthroughwater.wordpress.com/2012/05/25/foreword-a-memoir。
- 茱蒂・B・愛德華茲（Edwards, Judith B.）：《電腦指令：計畫與實踐》（Computer Instruction: Planning and Practice）。美國西北地區教育實驗室（Northwest Regional Education. Laboratory）。files.eric.ed.gov/fulltext/ED041455.pdf。
- 一些關於 ECP-18 的輔助文件與小冊。
- 我與艾倫・富爾默（Allen Fulmer）的私人通信。

第 10 章

湯普遜、里奇與克尼漢

Unix 作業系統與 C 語言在 1968 至 1976 年間的誕生，或許是影響我們產業最為深遠的事件。Unix 的衍生版本，會在從伺服器農場到恆溫器在內的所有東西上跑，而它們使用的軟體幾乎肯定都是用 C 的某種變形寫成的。

C 和 Unix 的發明息息相關，被綁在某種超乎尋常的遞迴迴圈裡。Unix 迫使 C 出現，C 則回頭強迫 Unix 重新發明。這種耦合關係無可避免，而且一直持續到今天。從某種角度來說，它就像吞食自己尾巴的銜尾蛇。但這條蛇與其吞食自己，反而形成強大的創造迴圈，吐出多到令人驚嘆的大量實用點子跟發明。

這個迴圈的故事牽涉到的人，比我能討論的多太多了，所以我在這裡只聚焦在三位帶來最巨大影響的人物：肯・湯普遜（Ken Thompson），丹尼斯・里奇（Dennis Ritchie），以及布萊恩・克尼漢（Brian Kernighan）。

肯・湯普遜

肯尼斯・藍・湯普遜（Kenneth Lane Thompson）於 1943 年初生於紐奧良，老爸在美國海軍，所以湯普遜的人生前二十年都在美國和全球四處旅行。他在同一個地方很少一次住超過一、兩年。

他是青少年時就熱愛數學跟邏輯問題，當時說不定早就被電腦吸引，因為他有時會用二進位解數學問題。他也對電子感興趣，這在他的少年時期一直是他的嗜好。

他在德州讀六年級時加入西洋棋社，讀了一大堆西洋棋的書。他有次打趣說：「我猜根本沒有六年級生讀過西洋棋書，因為你一旦讀了就會比所有人厲害。」[1] 後來他再也不願意、也不曾以個人名義下棋，因為他雖然喜歡贏的感覺，卻很討厭讓別人輸。

他從加州的丘拉維斯塔（Chula Vista）高中畢業，並進加州大學柏克萊分校讀電機工程。他在加大接觸到電腦，徹底被迷住了。他說：「我對電腦迷死了，我愛它們。」[2] 當時沒有電腦科學學科，所以他繼續念電機，於 1965 年拿到學士，然後隔年拿到碩士。

他在學校之外毫無野心可言。他能畢業這件事對他就夠意外了；他壓根沒去管念書這種小事。他甚至不是自己申請研究所的，是他的一位指導教授代他申請，然後在他不知道有申請的狀況下被錄取了。

他的計畫就是繼續忽略念書的小事，想辦法賴在加州大學柏克萊分校。「我掌控了這地方，我介入了幾乎所有事情……我在電腦所及之處幾乎掌管了整座學

---

[1] 電腦歷史博物館（Computer History Museum）：「肯‧湯姆遜的口述歷史」（Oral History of Ken Thompson），2023 年 1 月 20 日發表於 YouTube。

[2] 古董電腦聯邦（Vintage Computer Federation，VCF）：「布萊恩‧克尼漢於 2019 VCF 美東特展訪問肯‧湯普遜」（Ken Thompson Interviewed by Brian Kernighan at VCF East 2019），2019 年 5 月 6 日發表於 YouTube。

校。……大學的怪物主電腦[3]會在午夜關機，我就用我的鑰匙跑進去重新打開，這樣一來它直到早上八點前都是我的個人電腦。我那時很快樂，毫無野心。我是個工作狂，但沒有目標可言。」

他拿到碩士學位後，他的老師們又在他不知情下，串通好要幫他弄個貝爾實驗室的工作。貝爾實驗室一而再再而三試圖招募他，卻屢屢失敗——他會翹掉約定的招募會面。「跟前面說的一樣，我就是毫無野心。」最後是有個招募人員來敲他的門，肯讓對方進來，並拿薑餅跟啤酒招待對方。

招募人員提議出錢讓他搭機飛到貝爾實驗室。肯同意了，因為他在東岸有幾個想拜訪的高中朋友。他也非常篤定對招募人員說，他沒有打算接受工作。

---

[3] 一台 IBM 7094（插圖中是哥倫比亞大學的機器），要價三百萬美元、以電晶體為基礎的電腦，運算週期 2 微秒，支援浮點數和固定小數位的乘法和除法，可記 32K 個 36 位元字組。這是史上第一台開口唱歌的電腦：那首歌是〈黛西貝爾〉（Daisy Bell），也就是《2001 太空漫遊》中 HAL 電腦被斷線前唱的同一首歌。IBM 7094 對 NASA 的雙子星任務及阿波羅計畫，以及 1960 年代的飛彈防禦系統扮演了關鍵角色。

當他漫步過貝爾實驗室的電腦科學研究實驗室時，他目睹的景象令他佩服不已。一間間辦公室門上都是他認得的大名。「實在太驚人了。」但接著他離開，沿著東岸開車去找朋友，這些人分散在沿途不同地點。他在第三站某處收到一封邀約信；貝爾實驗室終究還是找到了他[4]。

他於是接受貝爾實驗室的職位，於 1966 年開始投入 Multics（MULTiplexed Information and Computing System，多工資訊與計算系統）計畫。

湯普遜是個熱衷的飛行員，說服許多同事學習飛行和取得飛行員執照。他會在餐廳跟其他場所舉辦飛行活動。有一次在 1999 年冬天，他甚至跟佛列德・格蘭普（Fred Grampp）付錢給一個俄羅斯單位，教他們怎麼開米格 29 戰鬥機。

丹尼斯・里奇

丹尼斯・麥卡利斯泰爾・里奇（Dennis MacAlistair Ritchie）於 1941 年 9 月 9 日生於紐約州布隆克維（Bronxville），父親是在貝爾實驗室發展電話交換系統的科學家，叫阿利斯泰爾・里奇（Alistair Ritchie）。

雖然他的數學老師有次給他的數學作業評為「好壞斷斷續續」，他在 1959 年從紐澤西薩米特（Summit）的薩米特高中畢業，接著在 1963 年於哈佛取得物理學士。他在哈佛修了一門課，叫「UNIVAC I 程式設計」。這激起了他對電腦的興趣，也替他的研究所方向鋪了路。里奇畢業後申請上哈佛的應用數學碩士班；他的研究領域即是電腦設備理論及應用。

---

[4] 這個故事根據的是他 2019 年版的講法。他在 2005 年的說法是他回家時才看到那封信。這樣比較可信，但沒那麼戲劇性。這兩個不同時間的不同版本故事，能讓我們對湯普遜的精神狀況與記憶看出有趣的內幕。

Chapter 10　湯普遜、里奇與克尼漢

1967 年，里奇跟隨父親的腳步進入貝爾實驗室，開始投入 Multics 計畫，並參與開發給奇異公司 635 電腦使用的 BCPL 編譯器，這編譯器的目的即是要用來驅動 Multics 計畫。他那時還在攻讀博士，睡在爸媽家的閣樓，並在家中地下室的辦公室工作。

里奇差點就取得了博士學位。我說「差點」是因為他的論文雖然寫好和通過了，卻沒有繳交論文精裝本──那是畢業的必要條件。為什麼？人們對此有不同的意見，有人認為是里奇打死不肯付昂貴的裝訂費用，也有人相信里奇就只是懶得弄。他的兄弟約翰（John）說，里奇當時在貝爾實驗室已經有份令人垂涎的工作，而且他「從來不喜歡應付生活小事」。

里奇在讀研究所時的一位研究夥伴阿爾伯特・邁耶爾（Albert Meyer）這樣形容他：「丹尼斯是個迷人、隨和又毫不矯飾的傢伙，顯然很聰明，但又有點沉默寡言……我很樂意跟他繼續合作……但沒錯，你知道，他已經在做其他事情了。他會整晚不睡狂玩《太空戰爭！》（Space War!）」[5]

一年後，貝爾實驗室很擔心里奇的博士學位狀況，於是在 1968 年 2 月寫信給哈佛：

> 「諸位先生：
> ……能否麻煩證實我們收到的消息，即丹尼斯・M・里奇將於 1968 年 2 月取得數學博士學位。
> 萬分感激。」[6]

---

[5] 摘自「發掘丹尼斯・里奇的失落論文」（Discovering Dennis Ritchie's Lost Dissertation）。最後這句話讓我起雞皮疙瘩，因為我也是這樣……

[6] 「丹尼斯・里奇論文及 1960 年代打字設備」（Dennis Ritchie Thesis And the Typewriting Devices in the 1960s）。

哈佛則在兩週後回覆：

「針對各位在 1968 年 2 月 7 日的詢問，於此通知丹尼斯・M・里奇先生在 1968 年 2 月不具其博士學位的候選人資格。」

事情大條了！

比爾・里奇（Bill Ritchie）懷疑可能發生了某種創傷事件，使他兄弟不願去想論文的事。他說：

「……發生了某件事……從 1968 年 2 月的那個時刻起，那篇論文或相關的任何事都被埋藏起來，在他過世之前再也沒提過。這包括圖靈獎委員會或日本獎委員會正式指出他擁有博士學位時，他也從未反駁。這不只是五十年前發生的某件事，而是持續終生的行為。這也和丹尼斯大多數的人生習慣大相逕庭，實在很難想像他為何這麼努力隱藏博士學位的真相。但他就是這樣做了。」[7]

另一方面，里奇的另一位兄弟約翰說：

「他在許多方面顯然是很神祕的人，而沒拿到博士學位是個表現神祕感的絕佳方式。沒人知道真相是什麼……我不會像比爾猜測的那樣，把這歸咎於某種創傷事件，但也許真有可能是如此。或者就只是裝訂費的問題。也許他一想到要對口試委員捍衛論文到底，整個人就慌了。我們永遠不會知道。」[8]

---

[7] 出自私人通信。

[8] 出自私人通信。

Chapter 10　湯普遜、里奇與克尼漢

但這反正根本不重要。丹尼斯・里奇單純就是加入我們這群程式設計師之列，在沒有博士證書的前提下被人喊作博士（猜猜我怎麼知道的？）。

里奇的論文佚失了將近半個世紀，不過在他過世後，靠著他姊妹琳恩（Lynn）的努力，其副本被找到和放上了網路[9]。這很值得一讀，就算你只是要看文中所有數學符號都是極為小心用打字機打出來的。根據他兄弟們的說法，里奇說服貝爾實驗室給他一台 IBM 2741 Selectric 打字終端機，然後租了條 WATS[10] 資料線路連到在里奇老家地下室的辦公室，好讓他能持續工作到凌晨四點──「他也當然有這樣」。天曉得要是他有更棒的設備，他可能會使用甚至寫出什麼樣的軟體來，畢竟有能力處理數學式的文書處理器還要好多年才會問世。

對於這段歲月，里奇寫道：「我的大學經驗說服我，我沒有聰明到能當物理學家，而那些電腦又很棒。我的研究所經驗則說服我，我沒有聰明到能當演算法理論專家，而且我喜歡程序式語言甚於函數式語言。」[11]

他在另一個時候說：「等我唸完書，就能很清楚發現……我不想留在理論界。我就只是對真正的電腦和它們能做的事更感興趣。我也尤其震驚……互動性電腦運算比起用一疊卡片更加討人歡心。」

湯普遜有次這樣形容里奇：「很聰明，遠比我有數學腦袋。他一有點子就幾乎像推土機一樣勢不可擋。他會一頭栽下去研究，直到做出來為止。」

克尼漢有次則說：「我看過里奇的很多不同模樣，但基本上都是圍繞在工作而不是社交生活。他不是會開趴的那種人，但絕對是工作上很好合作的人。他有

---

[9]　參閱 www.computerhistory.org/collections/catalog/102784979。
[10]　Wide Area Telephone Service（廣域電話服務），一種固定費率的長途電話線。
[11]　「丹尼斯・M・里奇」，貝爾實驗室人物生平。

217

一種經常冒出來的冷面笑匠式美妙幽默。他很私密、溫和且非常好笑⋯⋯我會形容他是超級大好人，或許有點讓人覺得害羞，但他內心是我很長一段時間以來遇過最親切、最大方的人。」

里奇想必確實不愛表露心聲。在他難得提到自己的時候，也只會是最簡短、最謙遜的自述。他兄弟們說他追求隱私的內向需求就是他的「防護罩」，能擋掉任何親密討論。

最能佐證這點的是他兄弟約翰提到的一則往事，發生在兩千年代初期：里奇的三位手足很擔心他，串通好要讓內向的兄弟談談心聲。有天早上，四人在波科諾山（Pocono Mountains）的門廊上坐著時，約翰開始執行他們的計畫[12]，建議大家輪流用一到十分對自己人生的滿意度和快樂度打分數。琳恩說七分，比爾說大概八分，約翰也提了差不多的分數。然後他們轉身看里奇。後者不發一語坐在那裡良久，一臉痛苦，最後說：「唔，在大概四分鐘之前，我會說有八分吧。」

約翰也替里奇寫了一首歌，在 2012 年貝爾實驗室的「丹尼斯感恩日」獻唱：

> 他是低調的活生生縮影
> 躲在地下室工作到半夜三更
> 老媽納悶她生出來的是啥玩意
> 也依舊對網際網路不明就裡
> 我們身為他的手足三生有幸
> 但他做啥我們心裡實在沒個底
> 他的文采優雅有品

---

[12] 約翰形容說那是「你能想過最笨、最做作的招數」。

Chapter 10 湯普遜、里奇與克尼漢

我隱約感覺是要讓編譯器有型

（副歌）

我們的丹尼斯老哥

世上獨一無二

他是太陽系最奇特的新星

親愛的老 DMR。

丹尼斯‧里奇在 2011 年 10 月過世。他兄弟比爾替他寫了以下悼詞：

「他擁有神奇的才智、他極富創意、他是天生的夢想家、他不可思議地能靠聆聽學習、他深具同理心與善心，而且差不多一出生就生在正確的地點、正確的時間和遇見正確的人。」

喔，附帶一提，根據他兄弟比爾所說，里奇最愛聽的節目、最合他胃口的東西是麻省理工學生廣播電台上播放的搞笑假商品廣告，比如「蘋果黏糊」跟「夜間航空公司」之類[13]。

布萊恩‧克尼漢

布萊恩‧威爾森‧克尼漢（Brian Wilson Kernighan）於 1942 年生於加拿大多倫多。他父親是經營小生意的化學工程師，替農夫「製造各種有毒物質」。經營那個小生意非常辛苦，克尼漢一點也不想接手。

克尼漢年輕時被業餘無線電迷住了，高中時拿「希斯工具組（Heathkits）或類似的產品」造了一套小型摩斯電碼業餘無線電。他變得很擅長用希斯工具組造

---

[13] 參閱 http://www.dpbsmith.com/applegunkies/?%7Cag。

東西，後來從音響系統、彩色電視跟示波器[14]都做過。而他在高中的數學表現夠好，他的數學老師建議他念多倫多大學的工程物理學。他以典型的自謙把那個系描述為「包羅萬象的學程，讓那些不曉得自己到底想專注在哪個學科的人去念」。

他在 1963 年看到的第一台電腦是 IBM 7094，說它擺在一個有空調的房間裡，擠滿模樣專業的人。「普通人（尤其是學生）根本無權靠近。」他在學校試著學 FORTRAN，讀了 FORTRAN II 手冊[15]也懂文法，但就是搞不懂要怎麼起步。

他在 1963 年於帝國石油（現在的埃克森（Exxon）石油）實習，並嘗試寫支 COBOL 程式，但沒辦法讓它動起來。他說那程式是「永無止境的一系列 IF 敘述」。1966 年他花了個夏天在麻省理工實習，透過 CTSS（Compatible Time-Sharing System，相容分時系統）替 Multics 計畫打造工具，使用的語言叫做 MAD（Michigan Algorithm Decoder，密西根演算法解碼器）[16]。隔年，他在貝爾實驗室獲得實習機會，用「非常緊湊」的奇異公司 635 組合語言實作了給 FORTRAN 用的串列處理函式庫（list processing library）。這個經驗終於使他被程式設計迷住了。

---

[14] 我敢說就跟我那台一樣。

[15] 由丹尼爾・D・麥克拉肯（Daniel D. McCracken）著，這名字在我腦海的漫長記憶中迴盪不止。

[16] 如果 MAD 程式產生的編譯錯誤數量超過某個門檻，編譯器會印出一整頁用 ASCII 碼繪成的阿佛列德・E・紐曼（Alfred E. Neumann）肖像。啥？有在怕喔？【譯者註】MAD 是 ALGOL 語言的一種變形，而這「功能」只限發行前版本和 IBM 7040 版。阿佛列德・E・紐曼是美國幽默雜誌《Mad》的著名虛構角色，其口頭禪即為「啥？有在怕喔？（What? Me Worry?）」。其開發者說他們還真的寫信給《Mad》雜誌請求同意用 MAD 這名字，對方幽默地先說要告死他們，然後用附註說「沒問題，請自便」。）

Chapter 10　湯普遜、里奇與克尼漢

他在 1969 年成為貝爾實驗室的正式員工，開始投入跟 Multics 以及跟 Unix 無關的計畫。但湯普遜和里奇的辦公室就在附近，理察・漢明（Richard Hamming）[17] 也是，就是這人讓克尼漢意識到寫作和風格的重要性。漢明很喜歡說：「我們會給他們一部字典跟文法規則，然後說『小子，你現在是程式設計師了』。」漢明認為寫程式應該要跟寫作文體一樣得有格調。

漢明把他的寫作跟風格熱情傳染給克尼漢，而這點在後面會變得非常重要。

Multics

「他們在麻省理工有個非常棒的分時系統，然後決定要把下一套做得更棒——結果這成了死亡之吻。」[18]

——肯・湯普遜

Multics（Multiplexed Information and Computing Service，多工資訊與計算系統）是第二代分時系統，由奇異公司、貝爾實驗室和麻省理工參與。Multics 的用意是要取代麻省理工的 CTSS（相容分時系統）。

1954 年，約翰・巴科斯（John Backus）描述了分時系統的概念，說「如果每個使用者都有一個閱讀工作站，一台大電腦就可以當成數台小電腦使用」。但當時的電腦沒有強大到能應付這種作業；記憶體跟真空管處理器的限制實在太大了。

---

[17] 對，就是那位漢明，漢明碼（Hamming code）的發明人。
[18] 古董電腦聯邦，2019 年。

但這種概念繼續滲入，克里斯多福・斯特雷奇（Christopher Strachey）在 1959 年發表論文「大型高速電腦的分時系統」（Time Sharing in Large Fast Computers），描述一個程式設計師可以在自己的終端機上除錯，另一位程式設計師則能在系統執行不同的程式。麻省理工的約翰・麥卡錫（John McCarthy）對這個點子很感興趣，寫了一篇備忘錄，刺激了麻省理工開發出真正的分時系統。（這稍後也刺激達特茅斯的卡茨（Kurtz）和凱梅尼（Kemeny）開發自己的版本。）

1961 年，麻省理工的實驗性分時系統（Experimental Time-Sharing System）開始運作，起先使用 IBM 709[19]，但接著換成 7090（709 的電晶體版）和 7094。這成了 CTSS，可能是世上第一個營運的分時系統，從 1963 年起提供例行服務。

CTSS 是從原型機直接正式上線的例子，但其設計者們滿腦偉大夢想。他們想要更大和更宏偉的機器；他們要 Multics。

Multics 的最初規劃始於 1964 年，奇異公司想打造一台比 IBM 7094 更大、更強的機器。貝爾實驗室和麻省理工將合作開發軟體，麻省理工負責大部分的軟體設計，貝爾實驗室則偏向實作角色。

Multics 的概念確實很宏大，從今天來看或許稱得上華而不實。它包括記憶體對映（memory mapping）和動態連結（dynamic linking），能把檔案對映到記憶體內，並把記憶體對映到檔案。它能在不停止系統的情況下增減硬體和動態調整自己。根據肯・湯普遜的說法，這是個巨大無比的計畫：「會終結所有

---

[19] 真空管電腦，磁芯記憶體可存 32K 個 36 位元字組，每秒能執行四萬兩千個加法和五千個乘法。這就是 FORTRAN 的開發平台。

分時系統的所有分時系統」。克尼漢說 Multics 就是第二系統效應（Second-System Effect）[20] 的一個好例子。

Multics 準備使用的主要語言為 PL/1，但由於編譯器的開發和撰寫 PL/1 程式都很困難，促使馬丁・理察德（Martin Richards）在丹尼斯・里奇協助下開發了一個簡單得多的語言，叫做基本組合程式設計語言（Basic Combined Programming Language，BCPL）。

貝爾實驗室在 1966 至 1969 年投入三年努力後，決定退出這個計畫。這使得湯普遜、里奇和許多其他員工能做的事情少了一點——但在 1960 年代晚期的貝爾實驗室，這其實也不盡然是壞事。

PDP-7 與星際旅行

「Unix 是為了我自己打造的。我打造它不是要給其他人當成作業系統用，只是要拿來寫遊戲和做我的事。」[21]

——肯・湯普遜

你在貝爾實驗室被指派專案的時間，不會比你自己去找專案做的時間來得多。所以 Multics 結束後，肯・湯普遜找了別的事做。

---

[20] 小佛瑞德・布魯克斯（Brooks Jr., Frederick），「第二系統效應」，《人月神話：軟體專案管理之道》（*The Mythical Man-Month: Essays on Software Engineering*），Addison-Wesley 出版。（【譯者註】第二系統效應指人們造出第一個成功的小系統後，造出的第二個系統在過高期望下變得太大、太複雜，反而因此失敗。）

[21] 古董電腦聯邦，2019 年。

你該做什麼呢？寫一個星際旅行的遊戲嗎？在許多可能性當中，如研究方位天文學和音樂產生器，里奇和湯普遜做的正是這件事[22]。他們身邊有這些龐大的 Multics 機器擺在那兒一陣子了，決定拿來玩玩。

他們替 Multics 寫了星際旅行遊戲，然後又寫了一個版本給奇異公司的作業系統 GECOS，但不喜歡電腦的表現。首先，顯示器會「亂跳」，其次是玩一次遊戲要花掉 75 美元的電腦使用時間[23]。但貝爾實驗室倒是有台很少用的 1965 年 PDP-7，搭配很棒的迪吉多 340 向量繪圖顯示器；它被拿來當一個電路分析系統的遠端任務輸入終端機，工程師會用光筆（light pen）在螢幕上畫電路[24]，然後送去更大的機器做分析。

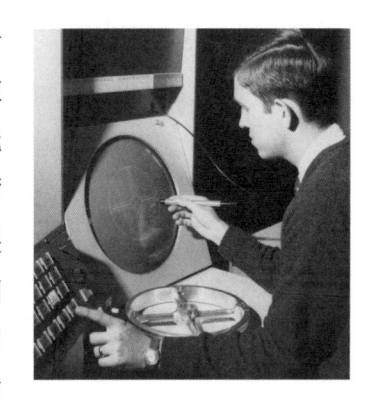

於是湯普遜和里奇用 PDP-7 組譯器寫了自己的浮點數數學程序、字體與字元顯示子程序，以及除錯程序，好讓他們的星際型遊戲能在 PDP-7 上跑。里奇這樣形容該遊戲：「單純就是模擬太陽系主要星體的移動，玩家能引導太空船到處飛行和觀賞景色，然後試圖降落在各種行星跟衛星上。」

克尼漢說：「這遊戲有點令人上癮，我花了好幾個鐘頭玩。」里奇的兄弟比爾則在青少年時期玩過一次，說：「我記得里奇讓我玩過一次，真正讓我忘不了的是遊戲裡的距離好長，你得加足馬力加速，然後快到沒辦法及時剎住。」

---

[22] 我感覺是湯普遜寫了遊戲，里奇則在基礎設施和工具子程序上提供支援。我自己也做過寫遊戲這種事，但我的版本比較像《太空戰爭》而不是《星際旅行》（參閱 github.com/unclebob/spacewar）。

[23] 你那段時間得照 CPU 使用時間付費。

[24] 沒錯，早在 1969 年就有支援指標設備的顯示器。我猜指標設備是感光性的光筆。

Chapter 10　湯普遜、里奇與克尼漢

湯普遜也寫了個多人版的三度空間太空戰爭遊戲。迪吉多 340 顯示器有個雙眼取景器罩能裝上去，而湯普遜的遊戲會利用這個取景器製造立體深度感，讓玩家在太空裡飛行和相互開火。貝爾實驗室裡有幾台 PDP-7 被當作遠端任務輸入站，所以湯普遜用 2000-bps 數據機連接兩台機器，這樣就能玩雙人太空戰鬥。

里奇的兄弟比爾講起這段故事：「當然，《太空戰爭》比《星際旅行》有趣太多了。丹尼斯偶爾會在晚上帶朋友去參觀貝爾實驗室，然後玩《太空戰爭》[25]。」

湯普遜和里奇 GECOS 機器上開發 PDP-7 的程式，因為 GECOS 有個 PDP-7 用的跨平台組譯器[26]。我猜他們把原始碼打在打孔卡上，奇異電腦會把它編譯成 PDP-7 二元碼和打在紙帶上，然後他們把紙帶拿去 PDP-7 載入。

PDP-7 每個字組有 18 位元，標準配備為 4K 磁芯記憶體。湯普遜和里奇用的機器有額外的 4K 記憶體跟一台大硬碟機[27]。硬碟的實際體積真的很大，罩子足足有六呎（近兩公尺）高，碟片本身會像飛機螺旋槳一樣垂直轉動。他們被告誡不要站在硬碟前面，以免碟片「鬆脫」。硬碟的容量在當時來說也很大，可存一百萬個 18 位元字組。

---

[25]　【譯者註】《太空戰爭》是麻省理工的一些人在 1961 年於 PDP-1 上開發的，在早期電腦圈子極受歡迎，並因而被移植到不同的機器上。

[26]　里奇在《C 語言開發史》（*The Development of the C Language*）把這跨平台組譯器描述為 GEMAP 組譯器的一組巨集指令，外加能輸出 PDP-7 相容打孔紙帶的後期處理器。

[27]　DEC RB09，是基於 Burroughs 公司的 RD10（【譯者註】可存 2.5MB）。

PDP-7 的指令集非常簡單，基本上就是 18 位元版的 PDP-8：4 位元給指令代碼（共 16 個指令），一個位元用於間接定址，13 個位元則用來參照記憶體位址，所以它能直接指向 8K 記憶體的所有位址：

```
== 指令 == 定址 ========== 位址 ==========
[][][][]    []    [][][][][][][][][][][][][]
```

PDP-7 有一個單一暫存器（累加器）和一個溢位位元（叫「鏈結」）來儲存任何加法的進位值。它沒有減法指令，所以若要做減法，你給減數取補數然後加上被減數。PDP-7 是二補數機器，因此在取累加器的補數時，只要用 CMA 指令給每個位元反轉再加 1 即可。

硬碟的讀寫速度在當時算非常快，轉移一個字組只需要 2 微秒。它使用 DMA（Direct Memory Access，直接記憶體存取）硬體方式把字組寫進記憶體，不必靠電腦介入。PDP-7 的磁芯記憶體週期為 1 微秒，執行大多數指令則需 2 微秒，而 DMA 之所以能運作，是因為它會跳進去在指令之間「偷」一週期[28]。

但指令如果有使用間接定址位元（indirect addressing bit）來控制指標，就需要三週期。若 DMA 在嘗試讀寫硬碟的時候有個間接定址指令執行，DMA 就會被迫等太久、拋出溢出錯誤。這給了湯普遜一個挑戰：他能不能寫出一個通用的磁碟排程演算法（disk scheduling algorithm），特別是能在這台挑剔的機器上跑？他於是著手開始證明他辦得到。

---

[28] 既然 DMA 會「偷」電腦處理週期，所以在寫入資料時，電腦跟硬碟會爭相搶著用磁芯記憶體。

Unix

「……在某個時間我明白過來，在此之前也尚未意識到，我只要再花三星期就能實現一套作業系統。」

——肯・湯普遜

湯普遜在 Multics 的經驗對他影響甚深—— Multics 有樹狀檔案系統、獨立程序架構、簡單的文字檔，還有以獨立程序形式執行的命令列殼層（shell）。湯普遜認為檔案系統（file system）其實是排程和流通量問題；他想要在最短時間內從硬碟擠出最大的讀寫資料量。當然，挑戰就在於怎麼把實體磁碟的資料結構轉譯成檔案和目錄，並用盡可能最佳的效率處理這種轉譯。

硬碟是塗著磁性層的碟片，讀寫頭會在其表面快速移動。在寫入資料時，這些頭會在圓形磁軌上留下一串磁化的點。這些磁軌通常會分成多個磁區，基本上就是碟片上的弧形區域。讀寫頭的「進出」搜尋動作會在碟片上留下同心圓的磁軌。有些硬碟會有多個碟片像盤子一樣疊起來，每個碟片都有自己的讀寫頭。

所以若要存取硬碟上的資料，你得知道四件事：該選擇哪個讀寫頭、該搜尋哪條磁軌（track）、該讀取哪塊磁區（sector），以及資料坐落在磁區的哪個位置。

湯普遜想把這種可怕的讀寫機制簡化成抽象化的檔案，也就是讓 18 位元字組漂漂亮亮排成直線陣列（PDP-7 沒有用位元組）。這樣一來，一個檔案可以由多個磁區構成，可以擺在多個碟片的多條磁軌上。它們得用某種方式連結起來，而且得賦予索引，這樣才能被找到。

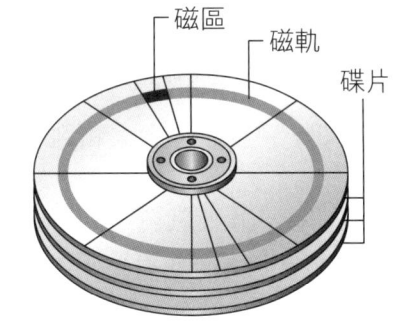

這催生了從此永駐在 Unix 系統的 inode 資料結構。

概念其實很簡單：硬碟的每個磁區會被指定一個相對整數[29]（磁區指標），可以藉此計算讀取頭、磁軌和磁區參數。一群固定數量的磁區會指定索引節點（index node，即 inode），每個都會有自己的數值。每個 inode 都包含一些元資料（metadata），描述檔案的存取權限和擁有者，後面是 n 個指標串列（在 PDP-7 可能是 11），用來放檔案內的資料。如果檔案需要比 n 組指標更多的空間，inode 的最後一個元素會指向額外區塊。資料夾也是一種檔案，內容是一串檔案名稱跟對應的 inode 數值。

就這樣，簡單得很。而且全部是用 PDP-7 組合語言寫成的。

湯普遜把檔案系統弄起來後，需要用些程式來測試。他的目標是寫出幾個會競相存取硬碟、對他的「排程」演算法造成負擔的程式。而這麼做當然需要加點任務切換（task switching）機制。而這就把我們帶回這小節開頭的引言：湯普遜就是在這時意識到，他再努力三星期就能得到一套作業系統（operating system）。

為什麼是三週？因為他需要三支程式：一個文字編輯器（text editor），一個組譯器（assembler），以及一個殼層／內核（kernel）。他認為每一個都要花一星期，特別是他太太和剛出生的兒子會花大約三週的假期去加州拜訪爸媽。

三星期後，我們就有了 Unix —— Multics 的雜種後代，靠著硬碟排程的挑戰跟家人的三週假期而誕生。那段時期的 Unix 還不是以位元組為基礎，這受到 PDP-7 的 18 位元字組掌控。但這點很快就會改變。

---

[29] 這我也做過。

Chapter 10　湯普遜、里奇與克尼漢

PDP-7 在當時的標準來看也不是很快的機器，記憶體又極度受限。作業系統本身就佔掉 4K，剩下 4K 是使用者的。Multics 跟 GECOS 系統都是替「速度快十倍、記憶體也大得多的機器」設計，可是在 PDP-7 上跑湯普遜的這個小作業系統、只靠一台 ASR 33 電傳打字機當終端機，卻莫名地更方便，用起來也更好玩。

湯普遜寫了一個程式，自稱為文字塗鴉（scribble-text），使迪吉多 340 能充當第二終端機，讓 PDP-7 可同時讓兩位使用者操作。「我開始吸引一些非常驚人的使用者，」湯普遜對那段時期這樣形容。這些使用者包括布萊恩·克尼漢、丹尼斯·里奇、道格拉斯·麥克羅伊（Douglas McIlroy）和羅伯特·莫里斯（Robert Morris）。

「Unix」之名顯然是出自克尼漢和彼得·紐曼（Peter Neumann）的合作成果，但兩人對事件經過有不同的記憶。克尼漢考慮把 Multics 簡化成 Unics，這是把字首 multi- 換成 uni- 的文字遊戲。紐曼則想出了個簡寫：單純資訊與計算服務（UNiplexed Information and Computing Service）。傳說貝爾實驗室的律師認為 Unics 聽起來太像「太監」（eunuchs），所以 Unix 成了被接受的名字。

PDP-7 雖然有趣和用處多多，它的限制仍然很大。所以這一小群人開始遊說貝爾實驗室給他們更大、更好的機器。那段時期的貝爾實驗室簡單說就是「錢淹腳目」[30]，他們的哲學是實驗室的任何人都有權利把他們帶有津貼的薪水花在任何東西上，但你仍然必須取得上級的同意。

---

[30] 其實錢淹腳目的是 AT&T，他們正壟斷市場，而為了避免聯邦政府來糾纏，他們就把一小部分錢倒進貝爾實驗室。

起先這群人直接要求買 PDP-10 來研究作業系統。這會是台怪物級機器，有 36 位元字組可用。它也會花上五十萬美元。貝爾實驗室以毫不猶豫的態度告訴他們，他們沒有錢用在作業系統研究。Multics 是個超級滑鐵盧，完全浪費資源，沒有人想重蹈覆轍。

於是這群人開始密謀和算計，並靠著喬伊・歐桑納（Joe Ossanna）幫忙，想出了個極具創意的提案。（或者依據肯・湯普遜更簡潔的引述，是個「謊言」。）

貝爾實驗室的專利辦公室有個困擾：用打字機寫專利申請表極度耗費勞力。申請表必須格式化到「正確無誤」，而且得加上行號。要是有個電腦化文書處理系統能懂專利申請表的「正確無誤」格式，連需要的行號都能加上去，那該有多好？確實，專利辦公室當時很認真向一間供應商求助，後者保證能提出解決方案。該廠商的產品還沒辦法做到，但他們保證只要有時間就一定可以……

因此，這群日益茁壯的 Unix 信眾在狡猾的歐桑納帶頭下，提議購買 PDP-11 並做出專利辦公室需要的軟體，讓後者能編輯、儲存和列印正確格式化的專利申請表。

這招太完美了。如湯普遜所說：「第二個提案的目的是省錢而不是花錢。連作業系統都不必買，真的！而且電腦也是買給別人用。這是三贏局面。」

PDP-11

「藉口是文書處理，但真正的理由是拿來玩。」

—— 肯・湯普遜

Chapter 10 湯普遜、里奇與克尼漢

於是在 1970 年，貝爾實驗室購買了 PDP-11/20[31]。CPU 在夏天送達，其餘周邊設備則在接下來幾個月陸續進場。這群人使用 PDP-7 上的跨平台組譯器[32]做了個初步、以位元組為基礎的 Unix 在新機器上跑，而且全部用紙帶。然後機器就擺在那裡，花了三個月等硬碟送來，在這段期間一直在六乘八的棋盤上模擬封閉式騎士巡禮（Knight's tour）。

PDP-11 的記憶體是以位元組（byte，8 位元）來定址，但內部架構為 16 位元，兩個位元構成一個字組，而字組是以端序（最低位元組擺在前面）儲存在記憶體中。電腦有八個 16 位元內部暫存器，其中 R0 到 R5 可通用，R6 是堆疊暫存器[33]，R7 則是程式計數器（目前執行的指令的位址）。

而電腦的豐富指令集[34]能把暫存器當成值、指標或指標的指標（pointers to pointers）。指令也能讓一個暫存器在使用前或使用後遞減或遞增 1 或 2（很適合用來讓指標指向下一個字組），這稍後在 C++ 會變成超級方便的 i++ 或 --i 運算式。

等硬碟送到後，Unix 就飛快上線。PDP-11 有 24K 位元組的磁芯記憶體跟半 MB 的硬碟，還有足夠的終端機接頭能讓十位專利職員輸入專利申請表。喬伊·歐桑納寫了 norff 和稍後的 troff 作為原始的文字處理和排版工具，然後大家就跑去找樂子了。專利辦公室愛死了。

這群男孩跟女孩晚上則會繼續把玩 PDP-11，但他們得小心翼翼，因為要是他們把脆弱的檔案系統弄掛，所有專利文件就會遺失。但專利辦公室對這套系統

---

[31] /20 是後來才加上的；這台機器實在太新，迪吉多還沒有想到要給它不同的型號。

[32] 用 B 語言撰寫，見下一小節。

[33] 通常這種分配只是出於慣例，但有的指令會指定用它。

[34] PDP-11 屬於複雜指令集電腦（complex instruction set computer，CISC）。

著迷到不行,給團隊買了另一台 PDP-11 來玩。根據克尼漢的說法,貝爾實驗室那段時期花錢「不是用預算,而是用配額——某種角度來說就是被授權花錢——但目的是造福所有人」[35]。

有一天,湯普遜從道格拉斯・麥克羅伊在 1964 年寫的一篇論文得到靈感。麥克羅伊在該論文提議,程式應該要能像花園水管一樣接起來。於是湯普遜在區區幾小時內實作了 Unix 版的管線,說那只是「小幅」修改。然後,他和里奇只花了一個晚上就修改了所有既有的 Unix 應用程式,把多嘴的控制台訊息抽出來。他們也發明了 stderr 標準錯誤輸出流,以管線方式將程式的錯誤訊息導到那裡。

結果就是現有的 Unix 應用程式都可以像水管一樣串接起來,並成為彼此的過濾器(filter)。這種管線和過濾器效果對 Unix 團隊來說真是「難以置信」。湯普遜說那是一段「瘋狂的」點子跟活動的時期。

C 語言

「我試著用 C 重寫內核,結果失敗了三次。身為一個自大狂,我把問題推給那個語言。」

——肯・湯普遜

C 語言的故事起源於一個叫做 TMG(TransMoGrifier)[36] 的語言,後者的發明者為羅伯特・麥克盧爾(Robert McClure),是道格拉斯・麥克羅伊的朋

---

[35] 克尼漢與湯普遜在 2019 年古董電腦聯邦美東特展的專訪。

[36] 【譯者註】TransMoGrifier 典出每日連載漫畫《Calvin and Hobbes》,是一個上下顛倒的紙箱,能(在主角的想像中)把被蓋住的東西變成任何東西。

友。TMG 是種類似 yacc 的語言，用來產生解析器（parser）。麥克盧爾離開貝爾實驗室時，把 TMG 的原始碼帶走了，於是麥克羅伊只靠紙筆用 TMG 寫出 TMG，然後在紙上執行這個 TMG 程式和輸出 TMG 程式給自己，產生出 PDP-7 組譯器程式碼。他很快便在 PDP-7 版 Unix 上讓 TMG 跑起來。

湯普遜認為所有電腦都需要搭配 FORTRAN 才算完整，所以用 TMG 寫出了 FORTRAN。但產生出的編譯器沒辦法塞進 PDP-7 Unix 分配給使用者的 4K 空間，所以他開始移除語言的一些部分和重新編譯，直到編譯器能塞進 4K 為止。

這產生出來的語言變得不太像 FORTRAN；湯普遜也認為它更像 Multics 語言 BCPL。所以他把這個語言喊作 B 語言 [37]。

他想加入更多功能，但每次一這樣就會超出 4K 限制。幸好 B 語言是直譯語言，它會產生一個能用小型直譯器跑的 p-code。這讓 B 語言很慢，但編譯就變得容易許多。這也表示可執行的程式碼能擺在檔案裡和用**虛擬**方式執行，無須試圖把它塞進記憶體。虛擬執行方式很慢，但很適合用來把編譯器重新縮到 4K 以下。每當 B 語言的新功能使編譯器過大，湯普遜就會用虛擬方式執行新編譯器，修改它產生更小的程式碼，這樣新編譯器就能重新塞進 4K。這有點像在搖晃一罐石頭，讓石頭能塞到最高密度。

湯普遜加入的其中一個功能是史蒂芬・強生（Stephen Johnson）傑出的「分號 for 迴圈」點子。這就是 C 語言 for 迴圈的起源 [38]。另一個則是我們在 C 語

---

[37] 有個不同的理論是他喜歡用妻子邦妮（Bonnie）給語言命名。他幾年前替 Multics 寫了個語言，就取名為 Bon。

[38] 「for(int; 測試運算式; 增減運算式)」格式直到如今仍是最美的抽象化語法之一。在這之前，迴圈都是基於整數和上限的可怕產物。噁。

言熟知和熱愛的 ++ 和 += 式運算子[39]。B 語言的文法非常像 C，以致確實很難想像湯普遜是根據 FORTRAN 發展出 B。里奇對於這點寫道：

> 「我記得，他打算開發 FORTRAN 的事維持了大約一星期，最後他端出的是新語言 B 的定義跟編譯器。B 受 BCPL 語言很大的影響；其他影響包括湯普遜對簡潔文法的愛好，以及編譯器必須要塞進非常小的空間。」
>
> ——「Unix 系統：Unix 分時系統的演進」（The UNIX System: The Evolution of the UNIX Time-sharing System），《AT&T 貝爾實驗室技術期刊》（*AT&T Bell Laboratories Technical Journal*）63(8)：1577-1593。

下面摘自湯普遜在 1972 年使用者參考手冊中的一段 B 語言範例。各位寫 C、C++、Java 和 C# 的程式設計師應該會覺得非常眼熟。

```
/* 下列程式會計算常數 e 減 2 的值至約 4000 小數位，
並以每 5 個字元一組在同一行印出 50 個字元。
此方法為以下展開式的簡單輸出轉換：
  1   1
  - + - + ... = .xxx...
  2!  3!
分母數值為 2, 3, 4, ... */
main() {
   extrn putchar, n, v;
   auto i, c, col, a;
   i = col = 0;
   while(i<n)
      v[i++] = 1;
   while(col<2*n) {
```

---

[39] 雖然在 B 語言及非常早期的 C 語言中，寫法是 =+ 而不是 +=。

```
            a = n + 1;
            c = i = 0;
            while(i<n) {
               c =+ v[i]*10;
               v[i++] = c%a;
               c =/ a--;
            }
            putchar(c+'0');
            if(!(++col%5))
               putchar(col%50?' ':'*n');
        }
        putchar ('*n*n');
    }
    v[2000];
    n 2000;
```

B 語言在 PDP-7 上極受歡迎，但速度很慢和受限於記憶體。所以里奇決定把它移植到紐澤西州默里希爾（Murray Hill）電腦中心的 GE-635 上[40]。而 PDP-11 送來後，他也決定把 B 語言搬過去，但 PDP-11 的架構產生了個問題。

B 語言沒有明確型別，它對所有東西使用的隱含型別就是字組，這在 PDP-7 上是 18 位元整數。但 PDP-11 是以位元組為基礎的機器，單一一個位元組（8 位元）小到沒法做像樣的算數，甚至裝不下指標。所以里奇決定對語言加入型別，最先加入的是 char（字元）和 int（整數）。他也重寫 B 編譯器來產生 PDP-11 機器碼，把這種語言稱為 NB（New B，新的 B 語言）。

里奇將「陣列」和「指標處理」統一，並把 int 和 char 型別系統涵蓋到指標的指標。所以 char **p; 宣告了一個指標指向另一個指標，後者指向一個 char 變

---

[40] 也有可能是更大型的 GE-645。

數，而解除參照的方式是 char c = **p;。他也加入早期的預處理器，提供了 #include 和 #define 巨集。

這發生在 1972 年，而里奇到了這時覺得這語言需要新名字。他稱它為 C 語言。

不久後的 1973 年，湯普遜和里奇認為用組譯器管理 Unix 內核很不實際，必須把 Unix 移植到 C 語言才行。但事實證明這可不是簡單小事；湯普遜嘗試和失敗了三次，並把錯推給 C 語言。里奇則會修改語言和加功能來「充實」它。但直到里奇在 C 語言加入 struct，湯普遜才終於成功移植 Unix。對此湯普遜說：「在 struct 之前，那實在太複雜了，我就是沒辦法掌握住它。」[41]

K&R

在 1970 年代晚期，我在泰瑞達中央公司（Teradyne Central）工作，它是泰瑞達的子公司，替各個電話公司生產測試設備。有一次我和我的同事飛到默里希爾跟貝爾電話公司的工程師討論事情，途中我問他們在用什麼程式語言。工程師看我一眼，一臉訝異加鄙視地說：「C 語言。」

我從來沒聽過 C 語言，所以回家開始做研究。當時的書店已經有電腦書區，而我就在克洛赫與布倫塔諾（Kroch's and Brentano's）書店的該區找到了下面這本書[42]。

---

[41] 令人好奇他在組譯器裡是怎麼掌控住的。

[42] 對，這是我當初買的版本，滿滿的污漬、記號跟磨損都原封不動。我現在把它保存在夾鏈袋裡。

Chapter 10 湯普遜、里奇與克尼漢

封面上大大的 C 讓我想到《銀河便車指南》封面上那行「友善的大字」寫著「別慌」（Don't Panic）。書裡面是宜人的字體、輕鬆的風格、小寫程式碼，以及最重要的第 0 章 [43]。顯然這群作者是我的同類。我把書帶回家開始讀。

我那段時間是組合語言偏執狂，我認為高階語言是給沒出息的人寫的。你要是想把事情做好，真正的程式設計師會用組譯器。但我讀了 K&R（克尼漢與里奇的 C 語言書）後，我意識到一件事：C 就是組譯器，它只是文法比大多數組譯器更好而已，但也跟組譯器一樣有我需要的所有東西。它有指標、位移、AND、OR、遞增、遞減……我是說，我在組譯器天天用的所有操作都是 C 語言的一等公民（直接支援的功能）。

我愛上它了，我完全扭轉我對編譯式語言的觀點。我狼吞虎嚥，細讀每一頁內容，鑽研第 49 頁的運算子優先表，也在我的後院花了好幾小時坐在營火旁 [44] 分析 173 頁起講到的記憶體空間分配器。

我回到辦公室，開始卯足全力宣傳。起先很困難，但我想辦法從 Whitesmiths（P・J・普洛格（Plauger）成立的公司）買來一個 C 編譯器，能替 8080 微處理器產生組譯器。我寫了一大堆工具函式，我寫了作業系統 [45]，我寫了範例應用程式，我替客戶寫了幾個特定用途的專案，這全都是用 C，都是在我們專有的 8080 平台上跑。我當時樂得就像在天堂。

---

[43] 結果居然在第二版拿掉了！真蠢！（【譯者註】C 和許多語言的計數索引是從 0 而不是 1 開始。）

[44] 我的書仍然帶有淡淡的煙燻味。

[45] BOSS（Basic Operating System and Scheduler，基本作業系統與排程）……或者如一個同事說的，「Bob 唯一成功的軟體」（Bob's Only Successful Software）。

這整個努力花了一年或更久，但最終泰瑞達中央公司把他們所有的軟體開發轉換到 C。這本書改變了我的人生，也扭轉了好多好多其他程式設計師的生命。

施加壓力

克尼漢之前寫了 B 語言的教學，也不用費太多力氣就能轉成 C 語言版。這套教學越來越受歡迎，使克尼漢感覺有需要出本書。

顯然里奇起先不太願意，但克尼漢「施加夠多壓力」得到了對方默許。克尼漢寫了教學章節的所有初稿，里奇則寫了針對 Unix 系統呼叫的章節，以及 C 語言參考手冊附錄。克尼漢認為里奇的貢獻堪比 C 語言本身：「精準、優雅和緊湊」。P・J・普洛格則補充說這種精準度「令人激賞」。

兩位作者合作改進草稿，然後書在 1978 年由普林帝斯霍爾（Prentice Hall）出版，版權由貝爾實驗室持有。作者們在前言說：

> 「Unix 作業系統、C 編譯器和基本上所有 Unix 應用程式（包括所有用來製作本書的軟體）都是以 C 語言寫成。……大部分範例都是完整、真實的程式，而非分離的片段。所有範例都直接從原文測試過，也是機器可直接讀取的格式。」

如今我在寫軟體書籍時，我會在整合開發環境（IDE）讓程式跑起來，然後把程式碼直接貼進我的文書處理軟體。但在還沒有文書處理器和整合開發環境的年代，這些作者開創先河，會確保書上印的程式碼是真正能跑的程式碼。

在 1978 年，沒人想得到 K&R 會成為史上最暢銷、最多人用、最受重視、最被珍惜和最受讚賞的電腦書籍之一。

軟體工具

我在那天對 K&R 一書產生如此大的迷戀，因此在克洛赫與布倫塔諾書店瀏覽時，看到另一本有克尼漢名字的書，想也不想就買下來。那本書叫做《軟體工具》（Software Tools）。

這本書對我而言是另一個分水嶺。克尼漢曉得 FORTRAN IV 當時非常熱門，所以寫了一個預處理器，能把一種相當類似 C 的語言（他稱為 ratfor，即「理性 FORTRAN」（Rational FORTRAN））往下轉譯成 FORTRAN IV。接著他和 P・J・普洛格就在我眼前把 Unix 的應用程式庫用 ratfor 寫出來。

我當時對 Unix 不熟；拜克尼漢與里奇的書之賜，我當然有聽過，但我不知道它是什麼。而《軟體工具》徹底揭開其面紗—— Unix 的設計思維簡單、易用且實用。

在某個時候，我找到一卷 DECUS 紙帶[46]，上頭轉錄了他們的軟體，便拿去載入我們在泰瑞達用的 VAX-750 電腦。接著一切就變了；Unix 式工具完全打趴 VMS（迪吉多自己的作業系統）。我從此再也沒回頭。要是我得用 PC，我會確保上面有裝 Unix 工具和殼層。我非常高興蘋果公司決定把 Unix 放在麥金塔系統的底層，我從那之後也用過非常、非常多以 Linux 為基礎的系統。

Unix 萬歲！

---

[46] 迪吉多公司使用者協會（Digital Equipment Corporation User Society）。

結論

前面我說的 Unix 與 C 語言的誕生故事，發生在 1969 至 1973 年間——或許總共就只花了四年。當然，故事還會繼續發展，而且同樣豐富和令人印象深刻。但這幾個月發生的事就改變了一切。

沒有人叫湯普遜和里奇做這些事，他們主要只是被自己的玩心驅使，外加他們的熱情與日益壯大的社群的需求。他們是自由奔放、不受拘束的探險家，在資金充裕和非常放鬆的環境裡工作。當然，他們也絕頂聰明。

這能出什麼差錯呢？畢竟，他們才剛剛改變了世界而已。

參考資料

- Anasu, Laya，2013：「丹尼斯・里奇，1963 年，你的科技背後的催生者」（Dennis Ritchie '63, The Man Behind Your Technology）。《哈佛克里姆森報》（*The Harvard Crimson*）。www.thecrimson.com/article/2013/5/27/the_dennis_ritchie_1963。

- 貝爾實驗室（無日期）：「丹尼斯・M・里奇」（Dennis M. Ritchie）。貝爾實驗室人物生平。www.bell-labs.com/usr/dmr/www/bigbio1st.html。

- Brock, David C.，2020：「發掘丹尼斯・里奇的失落論文」（Discovering Dennis Ritchie's Lost Dissertation）。於 2020 年 6 月 19 日發表於電腦歷史博物館（Computer History Museum）。computerhistory.org/blog/discovering-dennis-ritchies-lost-dissertation。

- 電腦歷史博物館：「肯・湯普遜的口頭歷史」（Oral History of Ken Thompson）。2023 年 1 月 20 日發表於 YouTube。www.youtube.com/watch?v=wqI7MrtxPnk。

Chapter 10　湯普遜、里奇與克尼漢

- Computerphile：「重現丹尼斯‧里奇的博士論文」（Recreating Dennis Ritchie's PhD Thesis - Computerphile）。2021 年 5 月 28 日發表於 YouTube。www.youtube.com/watch?v=82TxNejKsng。

- 「丹尼斯‧里奇論文及 1960 年代打字設備」（Dennis Ritchie Thesis And the Typewriting Devices in the 1960s）。摘自由里奇家人維護的網站 dmrthesis.net。

- 布萊恩‧克尼漢（Kernighan, Brian），2020：《UNIX：歷史與回憶錄》（UNIX: A History and a Memoir）。Kindle Direct Publishing 出版。

- 布萊恩‧W‧克尼漢與丹尼斯‧M‧里奇，1988：《C 程式設計語言第二版》（The C Programming Language, 2nd ed.）。Pearson Software Series 出版。

- 布萊恩‧W‧克尼漢與 P‧J‧普洛格（P. J. Plauger），1976：《軟體工具》（Software Tools）。Addison-Wesley 出版。

- Linux 資訊計畫（Linux Information Project），2005：「PDP-7 定義」（PDP-7 Definition）。2027 年 9 月 27 日更新。www.linfo.org/pdp-7.html。

- Losh, Warner，2019：「讓 Unix 誕生的 PDP-7」（The PDP-7 Where Unix Began）。發表於部落格 Warner's Random Hacking Blog。bsdimp.blogspot.com/2019/07/the-pdp-7-where-unix-began.html。

- 國家發明名人堂（National Inventors Hall of Fame，NIHF）：「讓科技超越極限：肯‧湯普遜與丹尼斯‧里奇的故事」（Pushing the Limits of Technology: The Ken Thompson and Dennis Ritchie Story）。2019 年 2 月 18 日發表於 YouTube。www.youtube.com/watch?v=g3jOJfrOknA。

- 諾基亞貝爾實驗室：「丹尼斯‧里奇的不朽建樹：軟體對社會的影響」（The Lasting Legacy of Dennis Ritchie: The Impact of Software on Society）。2018 年 10 月 3 日發表於 YouTube。www.youtube.com/watch?v=19va5NWMIJw。

241

- Poole, Gary Andrew，1991：「真正的丹尼斯・里奇是何人也？」（Who Is the Real Dennis Ritchie?）。《Unix World》雜誌，1991 年 1 月。dmrthesis.net/wp-content/uploads/2021/08/BLR-Article-UNIXWorld-Jan1991-A.pdf。
- Richie McGee 家族頻道：「DMR 的早年影響」（DMR Early Influences）。2020 年 6 月 21 日發表於 YouTube。www.youtube.com/watch?v=59ByWr0jWSY。
- 丹尼斯・M・里奇，1979：《Unix 分時系統的演進》（The Evolution of the Unix Time-sharing System）。貝爾實驗室。
- 丹尼斯・M・里奇，2003：「C 語言開發史」（The Development of the C Language）。貝爾實驗室／朗訊科技（Lucent Technologies）。www.bell-labs.com/usr/dmr/www/chist.html。
- SHIELD：「史上最偉大的程式設計師：丹尼斯・里奇 | C 語言之父 | Unix」（The Greatest Programmers of All Time: Dennis Ritchie | Father of C Programming Language | Unix）。2021 年 3 月 31 日發表於 YouTube。www.youtube.com/watch?v=lmbN1qqQYLY。
- Supnik, Bob：2006（修訂）：「迪吉多 18b 電腦架構演進」（Architectural Evolution in DEC's 18b Computers）。2006 年 8 月 8 日修訂。www.soemtron.org/downloads/decinfo/architecture18b08102006.pdf。
- 肯・湯普遜（Thompson, K.），1972：「B 語言使用者參考」（Users' Reference to B）。貝爾實驗室技術備忘錄。www.bell-labs.com/usr/dmr/www/kbman.pdf。
- 肯・湯普遜（無日期）：「我如何度過冬季假期」（How I Spent My Winter Vacation）。genius.cat-v.org /ken-thompson/mig。

- 古董電腦聯邦：「布萊恩・克尼漢於 2019 VCF 美東特展訪問肯・湯普遜」（Ken Thompson Interviewed by Brian Kernighan at VCF East 2019）。2019 年 5 月 6 日發表於 YouTube。www.youtube.com/watch?v=EY6q5dv_B-o。
- 維基百科：「B（程式語言）」（B (programming language)）。en.wikipedia.org/wiki/B_(programming_language)。
- 維基百科：「相容分時系統」（Compatible Time Sharing System）。en.wikipedia.org/wiki /Compatible_Time-Sharing_System。
- 維基百科：「Inode 指標結構」（Inode pointer structure）。en.wikipedia.org/wiki/Inode_pointer_structure。
- 維基百科：「肯・湯普遜」（Ken Thompson）。en.wikipedia.org/wiki/Ken_Thompson。
- 與布萊恩・克尼漢、比爾・里奇（Bill Ritchie）和約翰・里奇（John Ritchie）的私人通信。

PART III

轉折點

在本書的這個部分，我們將檢視 1970 年代起持續到 2000 年代在程式設計產業的瘋狂成長。

這是我自己的生涯故事，這些事件都是從我的個人觀點來訴說。因此，本書這部分會帶點傳記性質，但焦點會擺在程式設計產業，所以我還是會排除絕大部分的個人資訊。

這個故事講的是一個十二歲的年輕人（我）在 1964 年被電腦迷住，在 1970 年代早期找到工作、繼續當程式設計師，最終在接下來五十餘年成為顧問與培訓者。更重要的是，這故事是關於一個產業在同一個時期從青少年發展成熟。我和軟體產業踏上的是相似的道路。

各位在閱讀時，請試著跟上越來越快速的科技進展。這故事始於軟體開發仍然相當原始的時刻，但等到故事結束時，我們就有了整合開發環境、虛擬機、圖形處理器、物件導向程式設計、設計模式、設計原則、函數式程式設計等等，不及備載。

第 11 章

六〇年代

1960 年代，我能說什麼呢？那是反文化（counterculture）的年代：「激發熱情、內向探索、脫離體制」（turn on, tune in, drop out）[1]。越戰、古巴飛彈危機、約翰・F・甘迺迪遇刺、羅伯特・甘迺迪遇刺、馬丁・路德・金恩遇刺、歌手吉米・罕醉克斯和尼爾・楊、校園暴動、肯特州立大學槍擊案、性、毒品、搖滾樂，以及永遠無所不在的核武毀滅威脅。而人類也是在這個十年初次踏進太空。

1964 年，年僅十二歲的我成了程式設計師。我母親送我一個生日禮物，我直到今天都還留著：由教育玩具公司 E.S.R. 製造的 Digi-Comp I。

---

[1] 【譯者註】典出心理學家提摩西・李瑞（Timothy Leary）在 1966 年舊金山一場集會中的用語。他成為當時反文化運動的代表人物。

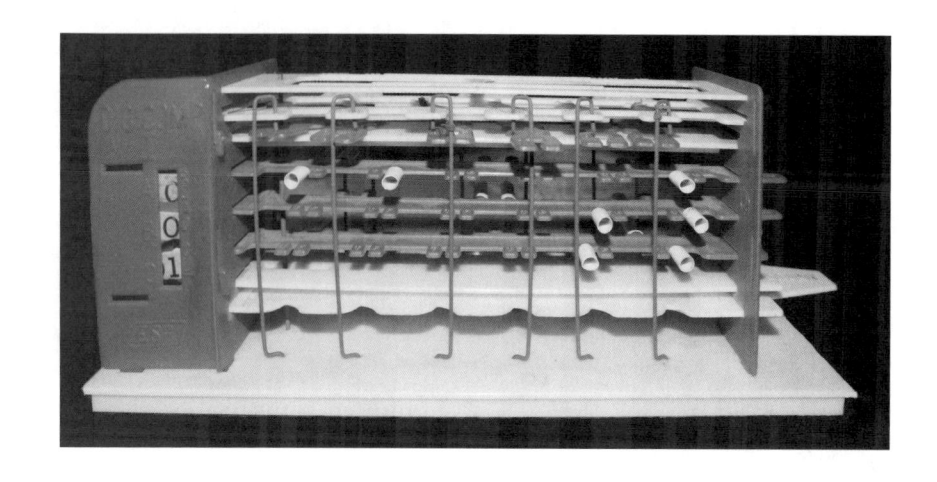

這台小機器讓我迷住了。它有三個紅色的切換開關，能來回移動和驅動左邊的 1 跟 0 顯示器。機器上的六條垂直金屬桿是三個 AND 邏輯閘，可以藉由觸碰白色小圓管來「判斷」切換開關的位置，而這些圓管的位置是由程式設計師決定。金屬桿的彈性是用最頂端的彈簧或橡皮筋來維持（從前面幾乎看不見）。如果一根金屬桿沒有被一條白色圓管擋住，那麼程式設計師在來回移動最右邊的白色循環開關時，金屬桿就會滑進一個溝槽，觸發裝置背後的機構來改變一個或更多個紅色切換開關的狀態。

簡而言之，這是有三位元的有限狀態機器，靠六個 AND 閘來控制狀態轉移。

我在這台小裝置上花了好幾個小時，嘗試做附帶手冊上的所有實驗。這些實驗教你怎麼讓機器以二進位方式從 0 數到 7，然後再回到 0。另一個實驗則反過來從 7 數到 0，然後回復到 7。有個實驗會把兩個位元相加，產生總和與進位值（你得用一個叫做 OR 閘的特殊塑膠零件來連接其中兩個 AND 閘才能做到）。還有一個實驗則能玩有七顆石頭的 Nim 拿石子遊戲。

我反覆玩這些實驗，但十二歲的我搞不懂到底要怎麼讓機器做到我想讓它做的事。你瞧，我腦中有個程式想讓這台機器跑；我叫它派特森先生的電腦閘門。派特森先生是一個睿智的人，負責給人建議，而這個簡單的程式會模擬派特森

Chapter 11　六〇年代

先生的等候室。前一個聽取建議的人離開後，閘門就會放下一個人進來。我想讓我的 Digi-Comp 執行這個程式，但我不知道切換開關上的白管子要怎麼擺才能做到。

手冊結尾有一段說，只要寄一美元給公司，就可以收到**進階程式設計手冊**。所以我寄出我的一美元和等待——等了整整六週。（當時還沒有亞馬遜，等六星期是很正常的。）

我仍然留著那本小手冊，放在夾鏈袋裡。我猜它大概是史上寫給十二歲孩子的最有說服力的布林代數描述。毫不保留的它在 24 頁篇幅中探討邏輯運算、真值表、文氏圖、布林變數、關聯性和分布性、AND 邏輯閘、OR 邏輯閘以及德摩根定律。

然後它就單純建議我把我想要的位元變換過程寫下來，改寫成布林表達式，然後用我剛剛學到的布林代數把它轉為最簡式。這個過程會產生一組不多於六個 AND 的簡單敘述，各代表三個切換開關的「設定」（1）和「重設」（0）。然後，這本書教我怎麼把這些敘述轉換成切換開關上的白管子。

於是我寫下**派特森先生的電腦閘門**的位元轉換，把它們改寫成布林數學式和簡化到最簡式，產生出我需要的六個 AND 敘述。我根據換算的指示放上白管子，然後拉白開關讓機器循環。我的程式能動了！我是個程式設計師！這種威力無邊感帶來的強烈狂喜（每個程式設計師都曉得）確立了我的人生方向。一日程式設計師，終生都會是程式設計師。

有一天，我的對街鄰居霍爾（Hall）先生帶著一箱 24 個老繼電器出現。他在電傳公司（Teletype）工作，照我父親的要求搜刮了這些老設備。繼電器是很簡單的裝置，一組線圈通電就會變成電磁鐵，而電樞被磁鐵吸住時會把接點關上或推開，使電路接通或斷掉。這種繼電器也可以有多重接點，以便同時連接或切斷多重電路。

十三歲的我手裡拿著這些裝置，把電樞挪來挪去看接點的動作。我能看到線圈，知道這意味著什麼。所以我啟動一個老舊的電動模型火車變壓器（48V），接上其中一個線圈，看接點會怎麼動作。

我開始做一個由數個繼電器構成的電路，能用來玩 Nim 撿石子遊戲。我也設計了一套能模擬 Digi-Comp I 的繼電器系統。我很努力想讓這群繼電器動起來，但我的電子知識不足以應付。所以我訂了《大眾電子》（*Popular Electronics*）雜誌，認真啃完每一期。

我學到電晶體、電阻、電容、二極體、歐姆定律、克希荷夫電路定律，不及備載。我和我的高中死黨提姆・康拉德（Tim Conrad）[2] 造了很多不同的機器，有些是用繼電器，有些用電晶體，也有的是用市場剛出現的積體電路（Integrated Circuit，IC）。

---

[2] 我在寫這段的時候，我正在醫院等候室等著看我剛出生的第十位孫子，名字就叫康拉德。（【譯者註】本書開頭提獻的對象也是作者這位好友。）

到最後，我們在 1967 至 68 年投入好幾個月的努力，使用電晶體、十六進位轉換積體電路、雙重 JK 正反器積體電路，外加過多的電阻、電容跟二極體，組裝出一台能做加減乘除的 18 位元二進位計算機。我們在那年的伊利諾州科學博覽會拿了首獎。

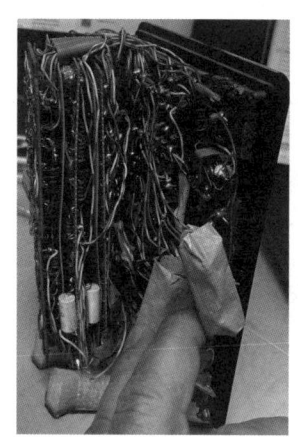

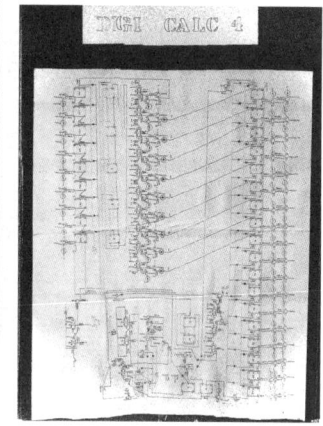

ECP-18

這是我身為高中新鮮人的那年，數學系弄來一台電腦試用兩星期。它不是要給學生使用；它的存在只是要讓數學老師們評估能否用在電腦科學課程。

這台機器是 ECP-18。我在第九章提過，這是茱蒂‧艾倫（Judy Allen）的公司打造的，他們希望推廣到全美國的學校。它是 15 位元機器，能用磁鼓儲存 1,024 個字組，而且看來就像《星艦迷航記》的控制面板。我愛上它了。

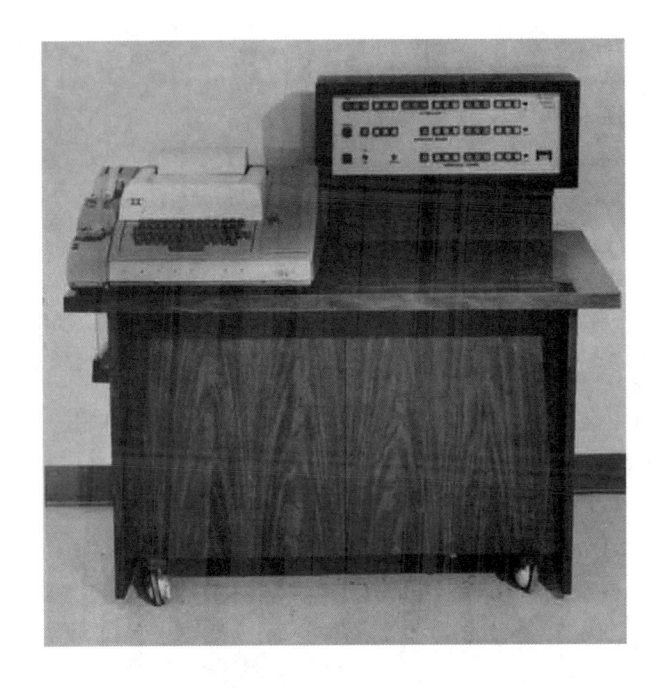

他們把它放在餐廳,剛好就是我的自修課所在處。技師給它接電和檢查,我則像個影子貼在這人附近,目睹他[3]做的每一件事、聽見他每一句喃喃自語。我看著他扳動開關輸入程式給機器測試。

我在使用 Digi-Comp I 的經驗中學到什麼是八進位,所以當他在機器上輸入位元,用那些按下去就會亮起來的漂亮小按鈕時,我注意到這些數字都是三個一組。他會按下１５１７２,然後低聲說:「在累加器儲存１７２」。然後他會按１２１７０並說:「給累加器相加１７０」。

---

[3] 過去這幾年,我經常好奇那位技師是否就是茱蒂·艾倫本人,但我記憶中對方的嗓音的確是男性。

Chapter 11 六〇年代

機器的架構突然跳進我腦海。我了解到記憶體位址是什麼,每個記憶體單元都會儲存 15 位元,然後有個累加器用來做所有記憶體單元的處理。我發現指令在記憶體中是 15 位元,而且會分成操作代碼跟位址。

而我這段花三十分鐘觀察那位技師的時間,就對我打開了電子式電腦的大門。我突然搞懂它們是幹嘛的了。

隔天機器仍然在餐廳裡和開著,但旁邊沒有人。所以我跑過去輸入一段小程式。其實蠻蠢的,就只是計算 a + 2b 而已,大概長這樣:

```
000 10004
001 12005
002 12005
003 12006
004 00000
005 00010
006 00003
```

位置 000 的指令會把位置 004 的內容載入累加器。出於某種原因,我以為我必須把累加器的內容歸零。接下來三行指令是相加兩次位置 005 的值,然後再加一次位置 006 的值。

程式就這樣!(你有看出程式的問題嗎?)我開始從位置 000 執行,然後累加器跑出 023。程式奏效了!耶!我真神!

但他們再也不准我碰機器了。數學老師們把它帶進自己的辦公室,也只有他們能靠近。我花了幾天遠遠看他們把玩那台機器,但很可惜,他們不願意再讓我靠近到能按按鈕的距離。兩星期後,他們就把機器推走,再也沒有出現。多麼悲傷的一天。

那麼,我的小程式的問題出在哪呢?

位址 003 是最後一個可執行的指令。不知為何，我單純以為電腦會知道程式已經跑完和自己停下來。我不知道 00000 其實是停止指令（halt instruction）。後來，我在數學老師辦公室的桌上找到其中一本留下的電腦手冊，才得知了這點。

人父的職責

我失去 ECP-18 的沮喪沒有維持太久，因為我前面提到的好友提姆找到一間迪吉多（Digital Equipment Corporation，DEC）展售辦公室，離我們家只有半小時車程。我父親魯道夫・馬丁（Ludolph Martin）每個星期六會載我們去那裡，我和提姆會「玩」他們展示的 PDP-8。辦公室員工似乎覺得這有助於行銷，更何況我父親在這方面可以非常有說服力。

我父親買了相當大量的書籍供我閱讀，包括 COBOL、FORTRAN 和 PL/1 的手冊，以及關於布林代數、作業研究跟各種其他題材的著作。我把它們當成水通通喝下去。我沒有電腦能執行程式，但我對程式語言和概念就產生了微薄的理解。

等到我十六歲時，我便準備好了。

第 12 章

七〇年代

1970 年代準備展開，但 1960 年代在大霹靂中落幕：尼克森宣布就職美國總統，阿波羅八號的博爾曼（Borman）、洛威爾（Lovell）和安德斯（Anders）剛剛回到地球，他們稍早才在環繞月球時於聖誕夜朗讀了《創世紀》。披頭四的《艾比路》即將發行，這個天團也面臨解散危機。阿姆斯壯、艾德林（Aldrin）和科林斯（Collins）也會在最後一年登上阿波羅十一號，史上第一次有人類走在月球表面上。

70 年代見證了迪斯可舞曲和雅痞的誕生，第一位美國總統辭職，阿拉伯石油危機，以及美國「最偉大的一代」的孩子們日益強烈的抑鬱感。

1969 年

我在 1969 年得到第一份程式設計師工作。我是個笨拙的十六歲少年，還不懂有工作是什麼意思。我父親魯道夫‧馬丁大步走進 A.S.C. 製表公司（A.S.C. Tabulating Corp.），跟那邊的主管說他們夏天會給他兒子一份工作。

我父親就是這種人，高大、壯碩、令人生畏又直言不諱，會毫不猶豫告知別人他的要求，也不容許對方拒絕。他也是高中科學老師，我的科學興趣大概就是被他影響的。他過世後，我們收到好多前學生寄來的信，跟我們說我父親私下替他們做了哪些慷慨之舉。

我以臨時兼職員工受雇——這表示他們不打算久留我。我猜既然他們沒辦法對我父親說不，這就是次佳選項吧。A.S.C. 離我家只有幾英哩遠，在伊利諾州的布拉夫湖（Lake Bluff），大概在芝加哥北方三十英哩處。所以我能騎腳踏車去做我的新工作。

頭一個星期左右，他們把我關在儲藏室裡，叫我更新 IBM 手冊。那段日子 IBM 每個月會送技術手冊的更新版來，是一包一包的紙，包括更正內容和新資訊。我的工作就是把一份手冊的三環活頁夾拆下來，把新版的頁面換上去。這是我第一次看到有頁面寫著「本頁刻意留白」（This page intentionally left blank）。他們有很多手冊，也有很多更新，全部收在那個儲藏室裡。但我人在那裡時，從來沒有人會拿手冊參考，所以我相當確定那只是消磨時間的差事，免得我礙手礙腳。

我猜我父親逼他們承諾會讓我見識點程式設計的東西。我已經知道不少，讀過 COBOL、FORTRAN 和 PL/1 手冊，周末跟提姆·康拉德跑去迪吉多展售辦公室時也寫過簡單的 PDP-8 組合語言程式。於是我的主管巴納（Banna）先生給我一本關於 EASYCODER 的書，要我寫一個非常簡單的程式。

EASYCODER 是 Honeywell H200 系列電腦使用的二進位組合語言，跟 IBM 1401 用的相容，但速度比較快、指令集也比較豐富。不過以今天的標準來看，這指令集非常詭異。記憶體能用位元組來定址，但這「位元組」不是你我熟知和熱愛的那種，我甚至不認為他們叫它位元組。他們喊它「字元」（character）。

每個字元為 6 位元，外加一個「詞標記」位元和一個「項目標記」位元。一個詞（word）是一連串以「詞標記」位元結束的字元，而一個項目（item）是一連串以「項目標記」位元結束的字元。一筆記錄內的字元串則是兩個標記都有。

數學指令通常都是處理詞，所以若兩個 10 位元的數字都以「詞標記」收尾，你就可以把它們相加。至少我記得是這樣。

反正，巴納先生要我寫的程式是要給他們的一個客戶用：伊利諾州獎學金委員會（Illinois State Scholarship Commission，ISSC）。他們有一個磁帶，上頭有所有學生的記錄。我的任務是讀每一筆學生記錄和給一個編號，然後把更新的學生記錄寫到新磁帶上。編號就只是六個字元的整數，隨著記錄遞增。

巴納先生把我帶到一個儲藏室，裡面有一疊打孔卡，疊得很高、像理髮師的招牌一樣有條紋。每塊條紋是大約一百五十張卡，不是紅色就是藍色，而且彼此交錯：紅、藍、紅、藍……

巴納先生叫我把最上面那塊顏色的卡拿下來，並給我卡片內容的列印紙本。這是一個小型 I/O 子程序庫，能讀寫磁帶、讀寫卡片和列印。他說我應該把這疊卡加在我的程式後面，這樣我就能從我的程式呼叫這些子程序。

我在迪吉多展售辦公室做過類似的事，所以我很熟這概念。於是我研讀原始碼和 EASYCODER 手冊，然後開始用巴納先生提供的程式設計表格（coding form）寫程式。

我仍然留著一疊這些老舊的程式設計表格，看起來像這樣：

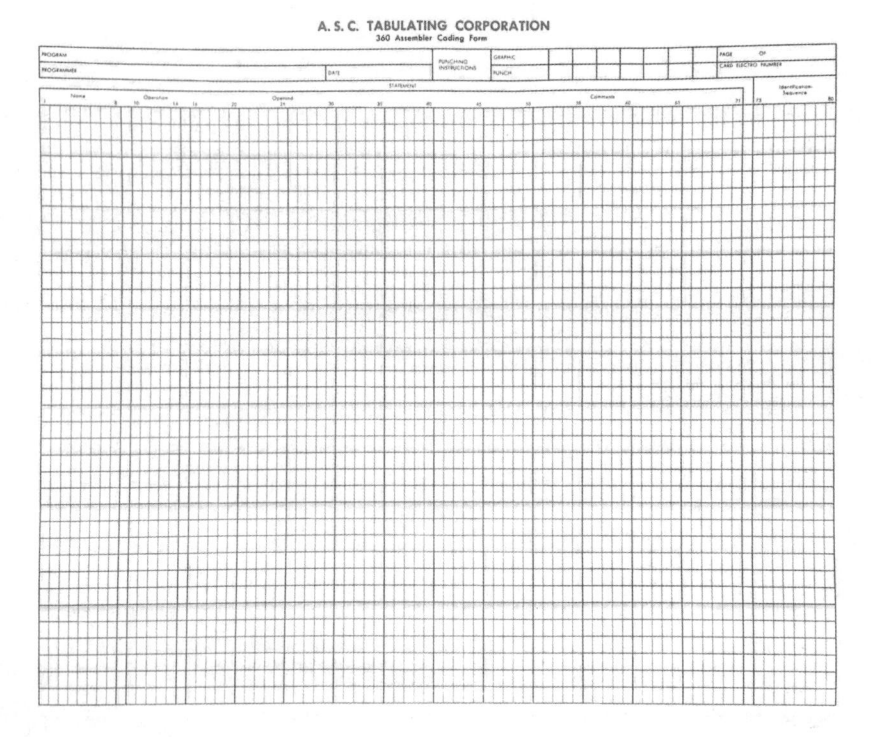

我的程式相當小，我想它只需要一張表格就塞得下。所以我寫好和檢查過後，我就交給巴納先生。一天後他叫我坐下，給我看我寫錯的地方（比如我在表格上應該用項目標記，卻用了詞標記等等）。他在程式設計表格上修正程式，然後叫我拿去給打孔辦公室，留給打孔操作員處理。

隔天，那一小疊 20 張左右的卡片就準備好了。巴納先生教我怎麼檢查卡片是否跟程式設計表格有出入，並如何用打孔機修正任何錯誤。卡片疊就緒後，巴納先生就陪我走到電腦室。門上鎖了，但他知道通行密碼，於是我們進去。

房間裡有三台大電腦：兩台 IBM 360 和那台 H200。房間裡的噪音不算震耳欲聾；電腦的冷卻風扇很吵，但還沒有列式印表機（line printer）跟讀卡機／

打孔機來得大聲。巴納先生對一位操作員揮手,兩人陪我走到 H200 那邊。巴納先生把卡片交給操作員,要我在一旁看。我看著操作員裝上組譯器磁帶,把我的卡片放進讀卡機,用 H200 前方面板扳開關輸入一個位址,然後按下「執行」。

磁帶開始旋轉,接著讀卡機開始噠噠讀取我的卡片。組譯器解讀我的原始碼時,機器的燈閃爍一陣子,然後它打出兩或三張卡片。這些卡片的內容就是程式的二進位可執行版(binary executable)。

巴納先生從架子上拿下 ISSC 學生磁帶和交給技師,後者把它裝上其中一台大磁帶機。接著,巴納先生從寫著「暫存」的架上拿下一捲磁帶,給我看怎麼確保磁帶背後的寫入環(writing ring)有插上,這環能確保磁帶可被寫入。他把暫存磁帶交給操作員,那人把它裝上另一台磁帶機。

操作員從打孔機漏斗拿出那一小疊二進位卡片和放進讀取機,在控制台輸入一個不同的位址,然後按「執行」。卡片開始被讀取,然後磁帶機幾乎是馬上就開始旋轉。整個過程只花了幾分鐘。最後磁帶倒帶,磁帶機也打開。操作員在暫存磁帶上貼一個空白標籤,把背後的寫入環拔下來,再遞給巴納先生。巴納先生用黑色奇異筆在標籤上寫下磁帶的身分(identity)。

巴納先生把有新標籤的磁帶遞回給操作員,要他把內容傾印(dump)出來。操作員重新裝上磁帶,又在前面板設定一個不同的位址,然後按執行。磁帶開始轉動,列式印表機也噠噠動起來。

等列印跑完後,操作員把磁帶從機器拿下來交給巴納先生,並把印表機的輸出列表紙撕下來交給我,還對我微笑跟眨眨眼。接著,我和巴納先生就下樓回到程式設計辦公室。我們兩人檢查五十頁左右的列表紙,就只是那捲磁帶的簡單字元列印內容。我們確保每筆學生記錄都有插入新編號,而且編號欄的數字正確。

我們檢查完後,我說:「程式能用欸!」巴納先生則回答:「沒錯,Bob。現在我也得讓你走人了。」

我的第一份程式設計師工作就這樣結束了。

1970 年

我十八歲時回到 A.S.C.,頭幾個月先擔任第二輪班的離線印表機操作員,負責印垃圾郵件,然後他們雇用我當「程式設計分析師」。我寫了一兩支 COBOL 程式,但很快就被拉進一個大型迷你電腦[1]計畫。

H200 不見了,取而代之的是我在第八章提過的奇異 DATANET-30。這是台機器怪獸,有幾台非常原始的磁帶機,還有一個巨大的硬碟機,裡面有幾片 36 吋寬、厚數吋的碟片,剛啟動時會讓地板搖晃、聽起來也像在發動噴射引擎。這台機器執行的是 705 號地區卡車司機工會(Local 705 Teamsters Union,現國際卡車司機兄弟會)的即時遠端資料輸入會計系統,用十幾條數據機線連

---

[1]【譯者註】minicomputer,跟過去大型主機相比相對「迷你」的電腦,微電腦出現之前的主流。

到工會在芝加哥的總部，秘書會在那邊輸入會員、雇主及代理人的資料。我猜那邊某個地方會用上凱梅尼的學生寫的分時系統程式吧。

A.S.C. 顯然對這台巨大破爛老機器的成本和可靠性不太滿意，決定買一台迷你電腦，然後從頭重寫整套會計系統（當然是用組合語言）。那時迷你電腦是新寵兒，所有人跟他們的兄弟姊妹都想在迷你電腦市場分一杯羹。迪吉多顯然排第一，但挑戰者也多得很。其中一間競爭者公司叫做瓦里安（Varian）。

A.S.C. 選擇來重寫卡車司機工會系統的機器是瓦里安 620/F。我找到下面這張 L 型的照片，跟 F 型幾乎相同。

這機器的磁芯記憶體可存 64K 個 16 位元字組，存取週期 1 微秒。它有台讓人討厭的小讀卡機，跟一台更討人厭的打孔機，外加一台 ASR 33 電傳打字機、兩台磁帶機跟一部與 IBM 2314 相容的硬碟。它也有一排 RS-232 埠能接上數據機。

這台系統的程式設計師就是我、我的兩個高中死黨（提姆・康拉德和理查・洛伊德（Richard Lloyd）），一個二十三歲的系統分析師，以及兩位三十多歲的女性。我們是個超級戰隊。天哪，我們那時玩到超瘋的！我們也會蠢呼呼地

瘋狂加班，有時做一整晚做到隔天。那時一個星期的工時能多達六十、七十、八十小時。

A.S.C. 的老闆是個老空軍軍官，把這地方當成營隊一樣管理。他提出的時程都緊湊到不切實際，但我們無論如何還是會趕上。

我們仍然在用程式設計表格寫程式，但接著我和我的死黨自學怎麼用 IBM 026 打孔打字機，所以我會打我們自己的卡片。我們系統的原始碼存在磁帶上，我們會用一個行列編輯程式（line editor）讀取來源磁帶，同時讀取並執行卡片的編輯指令，再把結果拷貝到輸出磁帶上。組譯器會在瓦里安 620 上跑和輸出二進位程式碼磁帶，讓我們能很快載入跟執行。

我們寫了那個系統的所有部分，電腦上跑的程式通通是我們寫的。我們寫了作業系統、會計系統、數據機管理系統、磁碟管理系統跟覆蓋載入器。那台 64K 機器上執行的所有位元都出自我們之手。我和我的死黨們才十八歲，我們稱霸了這個專案。我們做到了不可能的事；我們是天神。

而在花了一年成功交付系統後，我們有些人一怒之下離職，覺得我們的英雄之舉沒有得到適當的補償。我花了六個月試著找下一份程式設計工作，這段期間都在修理刈草機。我發現一個怪現象：沒有人想雇用一個拿不出前雇主推薦信的十九歲小子。（提示：找到工作之前別隨便裸辭！）

我當時已經訂了婚，我母親也把我拉到一旁，用最親切的方式說我真是個滿口胡說八道的笨蛋（這是我的用詞，不是她）。我不得不同意她。於是我低聲下氣爬回 A.S.C.，請求他們把我的工作還給我。

A.S.C. 讓我回去了，但薪水被砍掉很多。我在那邊多待了一年跟他們重修舊好，也結了婚。等我和公司和好、我跟我非常年輕的妻子也在伊利諾州沃基根（Waukegan）的小小公寓定下來時，我才開始尋找新工作。我的好兄弟提姆．

Chapter *12* 七〇年代

康拉德幾個月前在芝加哥的泰瑞達應用系統（Teradyne Applied Systems，TAS）找到工作，他們透過康拉德的內推招我進去。我在保持良好關係和得到推薦信的情況下離開 A.S.C.，並在 1973 年初進入 TAS。

1973 年

TAS 打造以電腦控制的雷射修整機，裝有**轟隆作響**、水冷式的 50 千瓦二氧化碳紅外線雷射，透過以電腦控制的檢流計所驅動的 X-Y 鏡面來移動。電阻會以絲網法（silk-screened）印刷在陶瓷電路基板上，然後雷射會小心翼翼在這些電阻上切割，我們的測量系統也會持續監看電阻值。我們能把這些電阻修整到 0.01% 的誤差。我是說，這種事對一個二十歲年輕人會有趣到哪去？嗯！

我在 1973 年 12 月滿二十一歲。我在生日那天早上被電話吵醒；我母親說我父親在睡夢中猝逝。他那時才五十歲。

這是迷你化（miniaturization）和精準化（precision）的年代，TAS 雷射修整系統會把迷你化電路裝入修整和測量裝置中，然後用高威力雷射把電子元件修整到非常精準的規格。我們修整過的產品中，包括世上第一隻數位手錶（摩托羅拉 Pulsar）使用的石英晶體。

泰瑞達打造了自己的迷你電腦 M365，以 PDP-8 為基礎，但使用 18 位元字組而不是 12 位元。我們是在同樣由泰瑞達生產的**影像終端機**（video terminal）上寫組合語言程式。再也不用給卡片打孔了！

M365 使用波士頓的泰瑞達母公司所開發的主作業系統（master operating program，MOP），而我們弄到原始碼和大幅改造它，把我們自己的應用程式加進去。它是個龐大的單體程式，當時事情就是這樣搞的。我們會分享和修改自己的原始碼版本，但當中沒有共用的二進位碼。那時還沒有「框架」這種概念，我們也完全沒想過「原始碼控制系統」這種東西。

我們的原始碼存在一種磁帶卡匣上，它只能往一個方向讀，卡匣內的磁帶其實是很長的連續迴圈。你不會把它們倒帶，而是一直往前轉，直到回到開頭。

磁帶機的速度很慢，所以把一百呎長的磁帶往前捲到讀取點，可能就要花上兩、三分鐘。因此，卡匣有分十呎、二十五呎、五十呎跟一百呎規格，我們會明智地選擇適當長度。太短會塞不下資料，太長則得永無止境等磁帶回到讀取點。

在影像終端機上編輯，可不像如今在整合開發環境（IDE）用滑鼠那麼輕鬆，也不像在 vi 用游標控制鍵。這編輯器是行列編輯程式，許多方面來說很像我們在 620/F 用的打孔卡編輯器。至少你能在螢幕上捲動程式碼；但若要修改，就得在鍵盤上輸入編輯指令。例如要刪除 23 至 25 行，你得輸入「23,25D」。

那段時期的 M365 磁芯記憶體是以 8K 為單位擴展，所以編輯器沒辦法把整個磁帶的原始碼載入到記憶體。因此若要編輯原始檔案，你在一個磁碟機裝上來源磁帶（source tape），在另一個裝上暫存磁帶（scratch tape），從來源磁

帶讀取一「頁」[2]、在螢幕上編輯，把那頁寫進暫存磁帶，再從來源磁帶讀入下一頁。

而且請記得，磁帶只能往一個方向轉，所以你寫入一頁後，你沒辦法用簡單的方式倒回去看你剛剛修改的程式碼。因此，我們會把程式碼印成龐大的輸出列印本，用紅筆在紙上標出計畫好的變更，然後一頁頁對照紙本和依序修改每一頁。如果這聽起來很原始，它確實也是如此。磁帶只比高速紙帶好一點點而已；事實上，編輯器是從迪吉多原本設計給 PDP-8 的紙帶編輯器程式衍生而來的，它以為它編輯的是紙帶。

編譯程式也是同樣簡陋的苦差事。我們把原始碼磁帶裝進一台磁帶機，並載入組譯器。組譯器衍生自 PDP-8 的 LAP-D（在 1960 年代由愛德華‧尤登撰寫），需要掃描原始碼三次。第一次只是要建立符號表，第二次產生二進位碼，這會寫在一條暫存紙帶上，第三次印出程式碼輸出紙本。若是一個相當大型的程式，這程序得花四十五分鐘以上。

紙帶不怎麼可靠，紙帶讀取機每天至少會有一次無法正確讀取。既然它沒辦法倒帶重讀，編譯期間若發生這種事，編譯器就會異常終止。影像終端機上的小鐘會「叮」一聲，我們也會聽到印表機開始嘰喳吐出錯誤訊息。

我們有個開放實驗室，裡面有幾台 M365 編輯站，還有一台更大的機器拿來跑編譯。所以我們一聽到「叮」和嘰喳聲，我們就都會哀號，有人會去機器那邊等磁帶回到讀取點，然後重跑編譯。這讓人非常挫折。此外，影像終端機也對靜電相當敏感，你在冬天可能會走到終端機附近和不小心撞到它，感覺被電到，

---

[2] 一「頁」並不是對應到一個列印頁，就只是一組資料（a block of data），裡面包含一行行程式碼。我們習慣會讓每一頁不要太大，以免編輯時記憶體不足。

然後聽到「叮」和嘰喳聲，你就知道你毀了某人的編譯。後來，我們學會在靠近終端機之前先用接地法給自己消除靜電。

TAS 比 A.S.C. 更好玩——喔，我們的工時仍然很長，但幾乎沒有像在 A.S.C. 那麼慌忙。但有別的事情在 TAS 發生了。我開始慢慢理解軟體設計（software design）的一些概念。

我和提姆・康拉德會永無止境爭論這些概念，寫各種跟雷射修整關係不大或完全無關的有趣程式。我們在 TAS 多得是時間，有時間思考、計畫、探索和……把玩。我們兩個想出了排序演算法、搜尋演算法、索引結構跟佇列結構。我們沒有高德納寫的《基礎演算法》（*Fundamental Algorithms*），因為我們不知道它存在。但我們在替不同的有趣專案寫程式時，一起發明或發現了很多書裡有的演算法。那真是令人振奮的時期。

我發現泰瑞達的影像終端機有種原始的游標定址，速度也飛快，因為它直接連上電腦的 I/O 匯流排。所以我開始做起泰瑞達到這時還沒有人做過的事：設計螢幕版面和表格，然後寫程式來即時更新這些畫面跟表格。這算不上圖形使用者介面（GUI），但當中的無限可能在我腦海竄個不停。

此外，我也是在 TAS 工作時遇見我的第一台手持計算機：HP-35。我看到時驚呆了。它又小又快，可以算平方根和三角函數，而且有個 LED 顯示器。前一個星期我們辦公室的工程師都還在用掛在腰帶上的滑尺，下一個星期大家通通改用 HP-35。空氣中瀰漫著改變，而且改變來得好快。

Chapter 12 七〇年代

如今回首，我應該留在 TAS 的；那是充滿可能性的環境，但一個二十一歲的年輕人沒什麼人生智慧可言。通勤過程又長又麻煩，我也很想換個環境。於是我在家鄉——伊利諾州沃基根——的艇尾機器海事公司（Outboard Marine Corporation，OMC）找了工作。

1974 年

我選這份工作是因為離家近，近到能騎車上班。我不會說那工作的技術難度不高；其實很高。但我不太適合那間公司的文化。當我第一天上班、老闆叫我之後要打領帶時，我就意識到了。

OMC 製造「草坪小子」（Lawn Boy）刈草機，以及強生（Johnson）牌船用舷外馬達。他們建了一個鋁壓鑄工廠來生產引擎，走在工廠裡令人嘆為觀止。壓鑄機器是又大又令人生畏的裝置，每台由一個人操作。模具會闔上，液態鋁灌進去，然後模具打開，操作員則把熱呼呼的壓鑄鋁塊挖出來、放在一個大金

屬籃裡。頭上有個軌道系統，車輛會載著裝有熔化鋁的大桶子在火爐跟各別壓鑄機之間來回，把鋁倒進機器的儲存槽。這景象真是令人敬畏。

我們的工作是替一台 IBM System/7 寫程式，來監督所有壓鑄機的進度。我們能追蹤每一台機器製造的零件數、每次壓鑄的時間，並在產生廢料時回報。這是透過一個大型區域網路把廠房的壓鑄機跟幾個回報站連接到上方控制室的 System/7，那兒能透過觀景窗一覽無遺看到整間廠房。

IBM 很晚才加入迷你電腦競賽，他們本來押寶大型主機，我猜他們大概認為迷你電腦只會是曇花一現吧。若他們真的這麼想，他們錯得離譜。最後，他們發現迪吉多跟其他迷你電腦公司霸佔了生產現場控制應用，想要分一杯羹，便推出了 System/7。

Chapter 12 七〇年代

只要看一眼控制面板，你就會知道這是 IBM 的機器。System/7 是 16 位元架構，記憶體是固態記憶體而不是磁芯。我記得我們那台可存 8K。它有八個暫存器和非常簡單的、以暫存器為基礎的指令集（RISC 或精簡指令集電腦）[3]。它的週期是以微秒為單位。我記得我們那台也有個小型內部硬碟。它的體積以當時來說也很大；PDP-8 或 M365 可以藏在桌子底下，但 System/7 卻和餐廳冰箱一樣大。

OMC 派我們幾個人去芝加哥的 IBM 大樓，就在馬利納雙塔（Marina Towers）旁邊。我們在那裡花了五天學 System/7 的組譯器。我記得那堂課真是個笑話，指令集學起來完全不費吹灰之力。花五天就是太多了。無論如何，我們帶著證書回來，成了如假包換的 System/7 程式設計師。

在花了一年用影像終端機編輯程式碼之後，我突然被丟回打孔卡的世界。System/7 沒有原生編譯器，編譯時要用工廠沿路過去半哩遠的 IT 大樓裡的 IBM 370 大型主機。所以我又只能劃程式設計表格和給卡片打孔了。

原始碼存在 IBM 370 的硬碟檔案裡，我們會用我以前在 A.S.C. 的那種老舊列式編輯辦法（old line-editing approach）編輯它們，在卡片上打編輯指令，將卡片輸入 370，然後要機器開始編譯。

IBM 370 是台龐大的主機電腦，擺在我從來沒親眼看過的電腦房裡。它是批次作業機器，一次只能處理一個任務（嗯，有時可以做兩個，但跟你我如今想像的方式不一樣）。我們的編輯跟編譯工作得在硬碟的批次佇列上等到天長地久。等機器找到時間處理我們的工作時，它會透過私人網路把二進位碼傳給

---

[3] Reduced Instruction Set Computer。這跟把電腦指令集做得越來越複雜的趨勢背道而馳，概念是 RISC 機器需要比較少硬體，因此就能做得更便宜和更快。

269

System/7，並存在後者的內部硬碟裡。程式碼輸出紙本會傳到控制室的遠端印表機印出來。

所以我們這群程式設計師得在工廠和電腦設施之間往返，在 IT 大樓給卡片打孔和載入工作，然後開車回廠房等編譯結果送來。取決於 IBM 370 的忙碌程度，編譯可能會花一小時或一天，我們永遠無從得知要多久。等到二進位碼檔案出現和安穩存入 System/7 的內部硬碟後，我們就可以執行和測試它。電腦前方面板就是我們的除錯器，它能逐步執行程式，我們也能透過燈光看暫存器的內容。我們會除錯、在輸出列印本上標出修正，然後開車回 IT 大樓重來一次這整個過程。

我恨死它了。我恨透打領帶，我討厭官僚體系，我對無效率的作業恨之入骨。我恨公司的文化，嫌惡到沒辦法準時上班或認真看待進度。最後他們開除我──這也是我活該。

但就在我被趕走的那個大日子之前，我在 OMC 遇到了兩件好事。首先，我的第一個孩子，我的女兒在 1975 年 6 月出生；然後在 1976 年初，我首次意識到我的未來會走上顧問、作者跟教學者之路。

OMC 的一些程式設計師有訂閱行業雜誌，我在這之前完全不知道有這種出版品存在。我在 IT 大樓的餐廳看到這些雜誌四處擺著，就開始拿來讀。大部分文章都很無聊，但有一篇文章讓我大感驚奇。那篇文章討論了所謂的**結構化程式設計**。我狼吞虎嚥讀完它，我搞懂了它。感覺就像醍醐灌頂；原來 GOTO 是有害的。

我沒辦法放掉這個概念。我當時在用 System/7 組譯器寫程式，但原理同樣適用。子程序很好，在模組之間亂跳很不好。我對這個概念實在太入迷，甚至開始寫關於它的文章。我在替誰而寫？沒有人。也許是我自己吧，我不知道。幾

Chapter 12 七〇年代

星期後，我意識到我寫下的是一天份的結構化程式設計課程。所以我把它放在 IT 大樓的訓練主管的桌子上。

那位訓練主管安排我搭 OMG 的私人飛機，飛去給聖路易斯的一個程式設計團隊上課——這令我老闆大感不悅，因為他認為我應該把時間花在，你知道的，「我雇用你來做的專案」。這是我第一次搭機出差，我第一次替一群程式設計師上課，也是我第一次搭小飛機。我整個人簡直就像飛上雲霄！

這趟出差很成功，我訓練的程式設計師也十分感激我。我老闆則跟我說再也不准做這種事了。就像我說的，那裡的文化不適合我。

我過去幾個月已經曉得我的工作岌岌可危。我跟老闆互動時，我能從他給我的表情和講話的語調聽出端倪，所以我開始到處找新工作。我打給好朋友提姆，問他 TAS 是否還有工作機會。他說他們目前處於人事凍結[4]，但母公司在伊利諾州的諾斯布魯克（Northbrook）開了個新部門——離我家近多了。

我打電話給這個新部門——他們叫做泰瑞達中央公司（Teradyne Central，TC）——然後得到面試機會。進展很順利，他們在這裡只有幾個人，正深深處於新創階段。所有人都是工程師，都在用我熟悉的設備，而且他們亟需程式設計師。

他們想雇用我；我當下也應該接受的，但二十三歲的年輕人可不懂什麼人生智慧。我認定我得至少做好一份工作，所以決定回到 OMC 把它搞定。真蠢，蠢斃了。

於是我在 OMC 死撐著，直到他們在 1976 年炒了我魷魚。

---

[4]　你們有些人或許記得 1973 年的石油危機，以及 1970 年代的物價膨脹和經濟蕭條。

1976 年

所以我落到這種處境，失業和（又一次！）沒有推薦信，我太太也懷著我們的第二個孩子，已經七個月了。

所以我打給泰瑞達中央公司，說我（在幾個月後）想要重新考慮。他們請我過去，討論得也很順利，直到他們問我為何離開 OMC。我實在沒辦法隱瞞發生什麼事，只能一五一十坦白。我看到他們的臉整個垮下來；他們沒料到會是這樣。於是我離開了，不抱持多少希望。

他們一星期後回電給我，說他們跟我的 OMC 老闆談過。我真該請我前老闆喝杯啤酒才是！我前老闆跟他們講了實話：我沒法融入那邊的文化。他說我很聰明又有創意，但就是討厭在那裡工作，最後他別無選擇，只好讓我走路。他對他們說，我大概會覺得新創公司能帶給我多更多動力。

我很幸運[5]，他們聽信了他的話，決定雇用我。

這個工作就是我有做好的工作；老天，我做得可真好！這完全又回到了 TAS 的時光。公司很小、活力十足、創意無限，工作時程極為緊繃，截止期限短到趕不上。但我們仍然有時間，有創造、閱讀和玩樂的時間。對一個年輕軟體開發人員來說，我想不到有哪個環境更適合成長了。

我們賣的產品是用來測量電話系統品質的分散式處理系統，稱為 4-TEL。那段時期電話公司的服務區域（service area）是分開的，你若打 611 就會接到服務地區總部，然後總部會派維修技師來修理電話系統故障。每個服務區域大約涵蓋十萬條電話線，分成幾個中央辦公室，每個辦公室能處理至多一萬條線，

---

[5] 「上帝偏愛三種人：傻瓜、酒鬼和美國人。」——奧托・馮・俾斯麥（Otto von Bismarck）

並有交換機連到每一個電話服務用戶。電話線的銅線會從中央辦公室拉出去，穿過地面連到每個家庭和企業。

我們的系統會在服務中心擺一台 M365 迷你電腦，叫做服務區域電腦（Service Area Computer，SAC）。SAC 會透過數據機線路連到每個中央辦公室的 M365 電腦，後者叫做中央辦公室線路測試機（Central Office Line Tester，COLT）。COLT 會接上我們製造的複雜撥號與測量系統。COLT 能對一條電話線撥號但不讓電話響起、連接線路，然後測量其交流電／直流電特徵。這麼做能讓我們測量線路長度、線路末端電話的狀態，以及線路途中可能有的任何斷點。

SAC 有多達 21 台終端機能由測試員操作。測試員只要花幾秒鐘，就能測試服務區域內的任何線路，並得到線路品質的全面報告，電腦也會推薦哪類維修技師比較合適。SAC 每天晚上會指揮每台 COLT 測試中央辦公室的所有線路，然後 SAC 會印出明早的故障報告。於是，他們能在客戶發現出問題之前就派技師修好問題。

我為了替這系統寫出正確的程式，跟硬體工程師、現場服務工程師、安裝工程師和其他軟體工程師一起混。TC 不太會區別他們，我們就都只是工程師。硬體工程師會寫軟體，軟體工程師會打造硬體。我們都會負責現場服務跟安裝。若有客戶打電話來回報問題，實驗室的一個大鈴鐺會響；我們某個人會接現場服務電話，直接跟客戶或現場服務工程師交談。

簡而言之，這是個新創小公司；大家什麼都做。

我學會如何排除故障和安裝複雜系統。我在建造於 1900 年代的中央辦公室地板上爬。我飛奔到都會跟鄉下的各種地方。但我大部分的工作就是寫程式——極為大量的 M365 組合程式碼，跟我在 TAS 和提姆共事時做的差不多，差別

在於這回程式碼多了很多。SAC 使用的 M365 有可存 128K 個 18 位元字組的磁芯記憶體；在 COLT 上的磁芯記憶體則有 8K。

SAC 既然得同時控制 21 台終端機和一、二十來台 COLT，就需要某種多元處理任務切換器。波士頓的團隊做了個叫做 MPS 的東西（我只能猜意思是多元處理系統（multiprocessing system）），而我想我們拿它來做的事遠多過他們的預期。

MPS 是不可搶奪資源的輪詢任務切換器（polling task switcher）。M365 有原始的中斷系統，但我們沒有用到；我們把軟體轉成程序，會呼叫任務檢查子程序（event-check subroutines，ECS）和等待事件。如果一個程序呼叫 ECS 而收到為真（true）的結果，它就會繼續被擋下。若系統有 50 個程序在跑，那麼其中一個會執行，另外 49 個會等待放行。如果正在執行的程序決定等待一個事件，那麼它的 ECS 就能加到所有等待的程序身上。隊列中的 ECS 都會照優先順序輪詢，直到其中一個傳回真，然後那個程序就會被執行。

某些 ECS 等待的事件，就是終端機按下的每個鍵、數據機收到的每個字元，或者某個字元輸出到螢幕上。我們在系統上跑了一大堆程序，每台終端機、每台數據機、每個計時事件等等都有。雖然 M365 時脈只有 1 MHz，系統卻有如行雲流水般順暢。沒有延遲、沒有中斷、沒有字元遺失。在大多數時候，這看了真是賞心悅目。

我那時就像置身天堂。這是非常複雜的系統，有很多活動單元，我不只得摸透這些單元背後的軟體，也需要學很多電子理論來了解它們。我們都有自己的辦公室或共用辦公間，但我們大多時候會在開放實驗室工作。你會在實驗室看到人們寫程式、給程式除錯、在板子上焊接零件、用示波器測試電子裝置、在麵包板用零件組出原型電路，外加大量跟工程相關的活動。由於我在做的事跟硬體有很大的關聯，我得學硬體工程流程和相關紀律，而我最終會將這些紀律帶到軟體裡。

原始碼控制

我們有四到五個人主要擔任程式工程師，維護 SAC 和 COLT 原始碼。沒有人專門負責哪一塊，大家什麼都做。

我們有一捲 SAC 主來源磁帶（master source tape）和一捲 COLT 主來源磁帶，兩個都分成幾塊有命名的模組。你可以把這些模組想成原始碼檔案。在來源磁帶的架子旁邊則是一張桌子，擺著 SAC 和 COLT 的主要輸出列印紙本。它們裝在三環活頁夾裡，用標籤把每個模組分開。至於架子跟桌子旁邊則是一面軟木板，垂直分成兩欄，一個給 SAC，一個給 COLT。每欄裡面是對應模組的名稱，還有不同顏色的圖釘。我是藍色，肯（Ken）是白色，CK 是紅色[6]，羅斯（Russ）是黃色[7]。

當你想修改一個模組時，你把「代表你顏色的圖釘」釘在軟木板的模組名稱上，然後打開活頁夾拿出模組的紙本版，用紅筆標記出必須修改的地方。然後，你拿來源磁帶做個拷貝，只在拷貝版上編輯模組，跟我們在 TAS 做的方式一樣。接著，你編譯和測試它──這同樣和我們在 TAS 的做法相同。等你對修改滿意後，你拿「原本的主來源磁帶」拷貝成「新的主來源磁帶」，並只把你修改的模組換掉。你把舊磁帶抹掉，把新磁帶放到架子上，拿新的模組輸出內容換掉活頁夾的紙本，最後把你的圖釘從軟木板拿下。

你要是真的相信我們有照這一套做事，你就太好騙了。喔，理論上是要這樣沒錯，我們多數時候也會照做。但我們都很了解彼此，我們知道各自在做什麼，

---

[6] CK 是我的好朋友跟同事，他要我們叫他 CK，是因為他說芝加哥人唸不出他的名字。他常常笑我講自己名字的方式，因為我會把羅伯（Robert）裡面的 o 發成美國中西部的強音（聽起來就像醫生叫你張開嘴巴「啊～」）。他稍後把名字改成克里斯·艾爾（Kris Iyer）。

[7] 羅斯是總經理，他在那段早期日子寫了非常多程式。

大部分時間也一起待在同一個實驗室。所以我們有比較多時候只會喊聲說我們要處理某個模組了，而這招居然也奏效──至少大部分時間是這樣。

1978 年

M365 是台使用磁芯記憶體的大機器，配備有磁帶機，大小像兩台微波爐，耗用很多電力，也不是設計給問題真正所在的中央辦公室工業環境。我們出貨的這些電腦越多，現場服務負擔就更加吃重。我們需要更好的解決辦法。

當時單晶片微電腦相當新，Intel 在 1971 年做出四位元的 4004，在 1972 年推出八位元的 8008 和 1974 年的 8080，並在 1976 年推出更棒的 8085。這就是我們選擇的型號。我們的計畫是把 M365 COLT 換成 8085 COLT。硬體工程師做出處理器電路板、固態隨機記憶體（RAM）板和唯讀記憶體（ROM）板，我和 CK 則忙著將 M365 COLT 程式碼轉譯成 8085 組合語言。

8085 組譯器在 M365 上執行，所以我們能像寫 M365 程式那樣使用一樣的編輯和編譯流程。我們還接了一個特別拼裝的電路板，能讓我們把 8085 二元碼從 M365 寫進我們那台 8085 原型機的隨機記憶體。

要把針對 18 位元字組、只有單一累加器的電腦而寫的組合語言程式，轉譯成以位元組定址、擁有數個暫存器的 8 位元電腦的組合語言程式，是非常有趣的挑戰。但我們動作很快，我記得我們六個月內就完成了整個專案。我們甚至讓那整個東西在唯讀記憶體內跑起來。最後我們把 32K ROM 跟 32K RAM 塞進一個小盒子，只有原始 M365 COLT 的五分之一大小。沒有磁帶機、只使用最低限度電力，密封在層架式的防彈工業外殼裡。太完美了。

只除了一件小事：程式是龐然大怪物。任何模組就算小幅修改，也會讓程式的所有位址跑掉，迫使我們得重新燒錄和部署 32K ROM。既然每個 ROM 晶片

各佔 1K，我們就得燒錄 32 片。這對現場服務工程師來說簡直是惡夢，而且零件費用貴得嚇人。

我的老闆肯・凡德（Ken Finder）有個解決方案：向量。我們會在 RAM 建立一個向量表（vector table），指向 ROM 中的所有子程序。我們會確保所有對子程序的呼叫會先經過這些 RAM 向量。然後我們寫個小啟動程序，在開機時把這些子程序的位址讀進 RAM。小事一樁。

我花了三個月才實作出來，遠比我們任何人當初想像的還困難。我得把所有子程序抓出來測量大小，設計一個排序法來把這些子程序裝進 1K ROM 晶片，然後確保所有子程序都能被正確呼叫。

奇怪的是，我們實作出的東西預示了物件（object）的來臨。每片 ROM 晶片現在都有自己的虛擬表（vtable），所有呼叫都是透過這些表來間接實現。這讓我們能獨立修改、編譯和部署每一片 ROM 而不至於動到其他地方。

1979 年

到了這時，我們已經有多更多程式設計師和大得多的既有客戶群，客戶也在要求更多功能。瓶頸出在 M365 以及我們必須遵從、超沒效率和令腦袋麻木的編輯／編譯流程。所以我們該換台更大和更好的電腦：這台電腦就是 PDP-11。

我們買了台 PDP-11/60，有兩個 RK07 可移除式硬碟，一台印表機，兩台備用磁帶機（用來備份和散布軟體），與十六個 RS-232 序列埠。RK07 是容量 25 MB 的可拆式硬碟，但我們從來沒有拆下來，直接把這 50 MB 當成主要儲存空間。

這聽起來似乎沒有多到哪去，但在那個時候感覺就像逼近無限。我記得我們下訂這台系統後，我在泰瑞達中央公司的走廊上大步走來走去，像《綠野仙蹤》

的西方壞女巫一樣瘋狂大笑，嚷著「五十百萬位元組！哇哈哈哈哈哈哈哈哈！」

我們也訂了幾台 VT100 終端機。我請維護人員建了個小房間，有六個工作站，全部用漂亮的太空照片裝飾，並把 VT100 擺進去。我們的總經理對我們說「程式設計師**不准**在自己桌上放 VT100」。你能想像那條禁令維持了多久。

手冊比電腦先送來，我拿回家花一個漫長的週末啃完。我學到 RSX-11M 作業系統、編輯器、組譯器和 DCL 指令語言。等機器送達時，我就準備好了。

我們替機器打造了電腦室，我也確保門上裝了組合密碼鎖。這台機器是**我的**，沒有人能在沒有我允許下踏進房間一步。沒錯，我就是**那種人**。但相信我：沒有人想做我的工作。

讓機器開機和跑起來費了一番功夫。它有台 DECwriter 終端機，和主控制台一起放在電腦室。電腦也附了一捲磁帶，裝有最基本版的 RSX-11M 作業系統。所以我從磁帶載入作業系統，讓基本版系統跑起來。這系統讀不到硬碟或 RS-232 埠，只知道磁帶機的存在。若要讓作業系統能使用 RK07 和 RS-232 埠，作業系統就得重新編譯，並修改某些關鍵原始碼檔案。

我在某個星期五展開這個流程，而等到最後一個編譯結束時，我的系統在星期六早上便順利運作。這花了很長的時間，但這下我們工作站房間裡的所有 VT100 ——以及擺在我桌上那台 VT100 ——都能正常運作。

波士頓的泰瑞達公司也有幾台 PDP-11，他們寄給我們一個給 M365 用的跨平台組譯器。我們接了一條特殊的 RS-232 線到一台真正的 M365，好從 PDP-11/60 下載二元碼。於是，M365 的開發就逐漸轉移到 PDP-11/60 上了。而我從波士頓軟體系統（Boston Systems Office，BSO）弄來一個 8085 編譯器，我們用它來替 8085 COLT 編譯程式。所以 8085 的開發也有了轉變。

我從 DECUS 用戶群組拿到一捲磁帶，上頭有各種實用小程式，有個是叫做 KED 的真正螢幕編輯器（true screen editor），讓我們能在 VT100 上編輯原始碼，而不必擔心頁面長度或得打難背的指令，有點像在用 vi。

PDP-11/60 是很可靠的機器，有 256K 位元組記憶體和 1 微秒指令週期，固定小數位和浮點數運算都快如閃電，也能輕易同時支援六台工作站。（如果把我辦公室那台算進去就是七台，但我通常會在工作站房間工作。）不過，BSO 的 8085 編譯器非常吃記憶體，你只能一次跑兩個這種程序，不然其他所有終端機都會變得超級頓。於是我寫了個小腳本，能把編譯請求排成佇列，並把它們變成單一檔案來處理。這很挫折，因為你可能得等三到五分鐘才能讓你的編譯開始，但這還是遠比用 M365 編譯所有東西好太多了。

我找到一個給 PDP-11 用的簡單電子郵件程式，只能在辦公室內用，畢竟我們沒有對外網路連線，但這讓所有程式設計師、最終是在 PDP-11 上有帳號的人都能以電郵溝通。這對所有人——包括我——都是相當新穎的體驗。

參考資料

- 高德納（Knuth, Donald），1968：《電腦程式設計藝術第一冊：基礎演算法》（*The Art of Computer Programming, Vol. 1: Fundamental Algorithms*）。Addison-Wesley 出版。

第 13 章

八〇年代

戰後嬰兒潮那一代人這時已經年過三十,正達到他們的權力顛峰。雅痞少年們已經轉大人。這是雷根總統口中「美國迎新晨」(Morning in America)的年代。所有事情看來都在好轉,好像沒有壞事能發生。摩爾定律威力全開,網際網路日益茁壯。到了這個十年的尾聲,全球資訊網會在歐洲核子研究組織誕生,柏林圍牆會倒下,冷戰會落幕,而漫長的核子浩劫威脅則有如幾乎淡忘的惡夢褪去。

1980 年

泰瑞達中央公司靠著把 4-TEL 系統賣給通用電話(General Telephone)和聯合電話(United Telephone)而賺了很多錢。這些是好幾百萬美元的合約,讓我們公司成長茁壯。但我們仍然打不進最大的電話網路:貝爾公司。

貝爾電話公司有自己的線路測試系統,叫做機械化線路測試機(Mechanized Line Tester,MLT)。我們想把我們的 COLT 和/或 SAC 賣到貝爾的服務區域,所以跟貝爾開了幾次工程討論會。你會好奇貝爾幹嘛給我們時間,但他們當時正被反托拉斯法纏上,想要表現出他們沒有獨佔太兇的樣子。

反正,我和我老闆去了紐澤西一趟跟 MLT 的人談談,其實也沒什麼進展,但這對我來說是個非常特別的時刻。我在某個時候問其中一位工程師,他們是用什麼語言來開發 MLT。那個工程師用最高傲的表情看著我說:「C 語言。」

我從來沒聽過 C 語言，被激起了好奇心。所以我在附近的克洛赫與布倫塔諾書店買了一本由克尼漢與里奇（K&R）寫的《C 程式語言》（*The C Programming Language*）和開始讀。幾天後，我已經成了信徒。我們一定要在 PDP-11 上弄到 C 編譯器！

我在 P・J・普洛格創立的公司 Whitesmith 買到一個編譯器，它不僅能把 C 編譯給 PDP-11，連 8085 也可以！我在 PDP-11 上執行它，出於好玩開始寫點 C 程式。這在 PDP-11 上跑起來沒什麼問題，但要在 8085 上跑就有點挑戰性了。C 函式庫會期待有 I/O 裝置存在，就算你只是要跑 helloworld.c 也一樣。所以我替 8085 寫了個 I/O 子系統，非常原始，但表現良好。這麼一來，我就能讓 C 程式在我們的 8085 系統上執行了。

我也買了本由克尼漢和普洛格寫的《軟體工具》，他們在這本書展示怎麼把 FORTRAN 轉換成一種類似 C、叫 ratfor 的語言，並展示如何用 ratfor 打造許多標準 Unix 工具，如 ls、cat、cp、tr、grep 和 roff。

我記得在 DECUS 磁帶看過一個軟體工具資料夾，所以把整套工具載進來跑。現在我們在 PDP-11 上有類似 Unix 的指令（Unix-like command）了！我很快就變成 roff 標記語言狂熱者，接下來幾年都用這種美妙的格式寫我所有的文件。

我很愛 M365 上使用的 MPS 任務切換系統，覺得我們應該也要在 8085 上有類似的東西。所以我用 C 語言（大部分）寫了個 MPS 的模仿版，讓它在 8085 上運作，我稱之為基本作業系統與排程（Basic Operating System and Scheduler，BOSS）[1]。這替我們接下來的幾個重要專案鋪了路。

---

1 在辦公室裡被喊作「Bob 唯一成功的軟體」（Bob's Only Successful Software）。

我成了C語言的擁護者，在公司去哪邊都會推廣它。但這公司是組合語言工坊，而人們對我的慫恿的主要反應都是：「C語言太慢了。」我打定主意要用幾個可行的專案來反駁這種成見——到頭來也沒有等太久。

我在 1980 年訂閱了我的第一份軟體雜誌：《多伯博士的電腦古典體能訓練及齒顎矯正期刊》（*Dr. Dobb's Journal of Computer Calisthenics & Orthodontia*）。我把它們當成神作來讀，並目瞪口呆地發現，1980 年 5 月號刊出了朗・坎恩（Ron Cain）的迷你 C 語言（Small C）的完整原始碼。

系統管理員

我仍然是 PDP-11 實質上的系統管理員，出問題就要找我。我是負責確保每天晚上有做增幅備份、每星期則有做完整備份的人。我負責每個月重整一次硬碟，我也負責確保我們在系統上有正確的軟體跟工具在執行。

我設了幾條數據機線，讓我能撥號進來檢查狀況。我買了台 VT100 跟一個使用聲音耦合器的數據機放在家，這樣我週末就能維護系統。偶爾我得搭機去客戶現場超過幾天，我就會用空運把一台 VT100 跟一台數據機送過去，然後架在我的旅館房間裡。我就只是非得保持連線不可。

pCCU

電話公司正在經歷數位化革命，這背後的原因來自銅的價格。紅銅是珍貴金屬，電話公司也有大量的銅埋在地底下或掛在電話桿上。他們想收回這些金屬。

所以電話公司開始把中央辦公室的老舊繼電器交換器換成數位交換器，它能用數位方式把電話訊息加密，然後在同軸電纜上進行多工傳輸。電纜能延伸好幾英哩到一個社區，接收單元會做多工解訊，把電話訊息放回短得多、通往客戶家庭與企業的銅線上。

你能想像這搞得我們的 SAC/COLT 架構大亂。撥號仍然得在交換機所在的中央辦公室進行，但測量必須改到銅線所在的接收單元。於是我們想出 COLT 控制單元（COLT Control Unit，CCU）這個點子，可以跟中央辦公室的交換機溝通，而 COLT 測量單元（COLT Measurement Unit，CMU）則會放在每個接收單元，透過數據機連到 CCU。

這是 4-TEL 系統的重大架構變動，我們也跟客戶保證會做到。但我們的客戶沒有照原始時程部署新系統，所以我們也沒有特別覺得有壓力要投注資源。但接著有個小客戶安裝了數位交換機，請我們盡快交付 CCU/CMU。

我老闆告訴我這件事，我整個人慌了。我說，CCU/CMU 至少還要花一年時間。但他只是笑笑和揚起兩邊眉毛（他經常這樣）說：「啊，但這次是特例。」

所謂的特例（special case），是這客戶只有兩個接收單元，我們可以用電話號碼的其中一個數字來判斷它會用到哪個。更棒的是，接收單元其實是擁有交換機設備的衛星中央辦公室，所以撥號其實是在接收單元而不是主要中央辦公室。因此，我們只要做一個新裝置在中央辦公室接收 SAC 的指令，它只需查看電話號碼，然後把指令傳給衛星中央辦公室的對應 COLT 就行了。小意思。

我們把這新裝置稱為 pCCU。我在 BOSS 上用 C 語言寫出這整個東西，短短幾天就讓它跑起來。我們把它送到客戶那邊……哈，恁爸就是神啦。

就在 1980 年令人陶醉的那段日子裡，我開始讀大量的軟體書籍。附近的克洛赫與布倫塔諾書店的電腦書區越來越大，我每兩個星期都會去瀏覽。我讀了《佇列理論》（Queuing Theory）、《基礎演算法》（Fundamental Algorithms）、《結構化分析及系統規格》（Structured Analysis and System Specification）和許多其他作品。這些書撼動了我的世界。

Chapter *13*　八〇年代

1981 年

DLU/DRU

我們有個在德州的客戶只有一個服務區域，但地理範圍非常大。德州嘛，你也知道那邊是什麼地方，那邊大到得設兩個維修站，一個在貝敦（Baytown），一個在聖安吉洛（San Angelo）。SAC 放在聖安吉洛，他們在貝敦也需要放幾台我們的 SAC 終端機。

SAC 終端機是自製的，使用自家製的超高速序列埠連線，沒有辦法能接上數據機。所以我們的解法是做兩個新裝置來連上 9600-bps 數據機線：本地顯示單元（Display Local Unit，DLU）會接上聖安吉洛的 SAC，遠端顯示單元（Display Remote Unit，DRU）則會插在貝敦的架子上，我們的終端機則會接在 DRU 的高速序列埠上。DLU 和 DRU 都是以 8085 打造。

我們得在 SAC 本身產生虛擬終端機——這是我做的。我對舊的 M365 SAC 程式碼瞭若指掌。我也用 C 和 BOSS 設計跟開發了 DLU 用的軟體。DLU 的設計是典型的資料流生產者—消費者系統（data flow consumer-producer system），它有個程序會聆聽 SAC 的資訊，然後打包成要傳給 DRU 的封包。另一個程序則會從佇列取出這些封包，透過 9600-bps 數據機線傳輸出去。它也有幾個其他程序用來處理雜務。

DRU 則是由我的門徒麥可・卡魯（Mike Carew）設計和撰寫；這傢伙絕頂聰明、意志堅強，而且跟騾子一樣固執。我們常常會一起玩《龍與地下城》紙上角色扮演遊戲，他總是扮一個大個子壯漢戰士[2]。他在 DRU 的解法是用一個單

---

[2] 角色名字是史帝加（Stilgar）。（【譯者註】和《沙丘》的一個角色同名。）

一程序把數據機的整個字元流（character flow）寫到終端機，然後對每台終端機複製同樣的程序。

所以我的做法是讓幾個非常不同的程序平行運作、用佇列相互傳遞資料，他則是拿一個大程序來如法炮製。我們兩個永無止境辯論這兩種做法。有一次我們在一群其他開發人員面前教導 DLU 跟 DRU 的內部設計，還當著學生的面繼續吵下去。想也知道那真是樂趣無窮。而且儘管設計理念不同，系統運作得當然很棒。客戶跟公司都很高興。

過去四年的專案經驗給我帶來了一些啟發；我開始理解什麼是軟體設計的原則。8085 ROM 晶片的最初向量設計讓我意識到獨立開發性和獨立部署性的重要，而 pCCU 和稍後的 DLU/DRU 則讓我思考協同程序的各種模式。當然，C 語言對這些點子都成了莫大的助力。而這些點子將會集結成一個超大型專案，占據我好幾年的精力。

公司繼續成長，被迫搬出我們在諾斯布魯克的小辦公室。現在該來蓋屬於自己的大樓了。計畫圖畫好，雇了建築師，然後開始施工。我們在這段期間則搬到惠靈（Wheeling）的沃府路（Wolf Road）的一間暫時設施，就在幾英哩外而已。我們在那邊待了一年。

我們藉著搬家的機會把 PDP-11/60 換成 VAX 750。VAX 電腦快多了，威力更強大。它有 1 MB 的記憶體和 320 奈秒週期。超猛的！我們把它裝在電腦室裡，接好了全部的線。

跑 VMS 作業系統比 RSX 11-M 棒太多了。我們所有的編譯器跟工具仍然在用 PDP-11 模式運作，但我們在 BSO 組譯器上的困難消失了，因為我們現在有超多記憶體和更快的機器可用。人生真美好！

蘋果二號

同一時間，有個新東西出現在我們財務長的辦公室：他桌上擺了一台蘋果二號（Apple II）電腦。他用它來跑世上第一套試算表應用程式（spreadsheet application）VisiCalc。

這是我第一次看到個人電腦被用在商業環境，也是第一次看到電腦被擺在某人的辦公桌上。我相信不久後我的桌上也會有台電腦，只是我不確定我要怎麼合理化弄來電腦的藉口。

接下來兩年，越來越多蘋果二號出現在辦公室，但總是放在商業人員桌上。會計師、業務經理、行銷經理──他們都需要製作試算表，所以他們都有電腦。我羨慕死了。

新產品

成長的公司需要新產品。總經理把我們幾個人叫來，挑戰我們思考我們能生產和販賣哪些新產品。我們正身處在電腦和電話革命當中，機會永無止境。我老闆肯、我的同事傑瑞・費茲派崔克（Jerry Fitzpatrick）和我被選來決定新方向。

首先，我們得搞懂一大票科技，所以玩樂時間到了。我們花了大約半年試驗語音技術，並且把玩 Seagate 新的 5MB 5.25 吋 ST-506 硬碟。有段時間我們考慮使用音位產生器（phoneme generator）。傑瑞用麵包板做了個簡單的音位產生器和電話介面，我則寫一支 8085 C 語言程式，它會讀取鍵盤輸入的句子、拆成單字和查詢其音位，然後傳給音位產生器。程式也能用來撥電話。8085 透過序列埠從 VAX 讀取音位函式庫，並以二元樹結構存入記憶體。這是我第一次寫遞迴二元樹走訪程式，讓我十分振奮。

等這些準備好後，我們就用這系統打電話給公司裡的不同人，問他們一系列問題，比如「誰是美國第一任總統？」。電腦音位非常機械化，但根據我們的研究，那還是聽得懂的。不過到頭來我們還是選了一種相當不同的技術。

我在這段時間是 VAX 750 的系統管理員，但我們急速擴張，已經超出電腦的負荷。所以我計畫要在新大樓安裝一台 VAX 780。

我們準備搬進新大樓時，肯、傑瑞和我敲定新產品的方向。1981 年秋天，我們提出新產品構想：電子接待員（Electronic Receptionist），簡稱 E.R.，全球第一個數位語音留言和來電管理系統。

1982 年

你有沒有注意到，你如今打電話給一間公司，電腦會接起來，然後讀一大串討厭的免責聲明和指示，比如「洽詢醫師請按 1，新預約請按 2，客訴請按 3……」？別把這種系統怪到我身上，我設計 E.R. 的原始用意不是這樣。我希望 E.R. 扮演的是傳統的電話接線生，能把你接到你想找的對象，不論對象身在何方。

你打給裝有 E.R. 的企業時，它只會要你用電話按鍵拼出你想找的人的名字[3]，然後替你把電話接過去。那個人得先告訴 E.R. 能找到他們的電話是幾號，E.R. 則會把來電者轉去那個號碼。若對象沒接電話，E.R. 會讓來電者留訊息，然後晚點再轉達留言。

---

[3] 還記得約翰・凱梅尼的預言嗎？

Chapter 13　八〇年代

請記住，行動電話還要很久才會發明，所以要在人們離開辦公桌電話時找到人通常是不可能的。但有了 E.R.，你只要告訴它哪支電話能找到你。你甚至能給它多重選項，它會一一試撥。

我們申請了專利，並握有美國第一個語音留言的專利。現在我們有好多事情要忙，有一大堆硬體得設計、除錯和準備生產，有好多軟體需要設計和撰寫。我們也需要一個開發環境。

我們的一位頂尖工程師厄尼（Ernie）以 Intel 的 16 位元晶片 80286 為基礎，設計和打造了一片新電腦主機板，跟 8085 相比根本是頭怪獸。我們叫它「深思」（Deep Thought）[4]。這會是 E.R. 使用的主電腦。我們給它配備了 256K 記憶體和 10 MB 的 Seagate ST-412 5.25 吋硬碟。

那段時間沒有太多小型作業系統能選擇。數位研究（Digital Research）的 CP/M[5] 已經存在幾年，但我們需要比它更強一點的東西。他們有個新版本 MP/M-86 相當新，不過我們試用後覺得似乎可行。我們替 VAX 780 弄了個組譯器和 C 編譯器，並拿一些現成電路板組裝一個開發環境。接著，我們便開始撰寫 E.R. 原型的程式。

語音和電話硬體是由一個 Intel 80186 處理器控制，共用「深思」的記憶體空間。傑瑞·費茲派崔克設計了一些語音和電話電路板，用特殊連線接到

---

[4]　當然，我們全部都是《銀河便車指南》的書迷。

[5]　【譯者註】IBM 推出 PC 時想要用 CP/M-86 作業系統，也就是 CP/M 的 16 位元版，但無法達成協議，因此改用了微軟的 MS-DOS（以 86-DOS 為基礎，是參考 CP/M 開發的替代品）。

80186 上，我們把這些板子喊作「深音」（Deep Voice）。語音技術是單位元 CVSD[6]，讓我們每 MB 能儲存五分鐘的語音。

為了方便除錯，我寫了個類似 Forth 語言的直譯器，可以拿來在「深音」上跑。我們能用它讓板子發出特定聲音或播放語音檔，還有回應電話按鍵音跟其他事件。這套 Forth 系統不會用在正式系統，但我們想除錯的時候就會用到。

這又花了一年，和另一次辦公室搬家，但最後這整套裝置塞進了跟大型微波爐一樣大的機殼，有兩台 5.25 吋軟碟機拿來讀取初始化程式，並有一個能接控制台的 RS-232 埠。

全錄之星

這時，我們公司開始替自家的技術寫作人員採購新的文字處理工作站。全錄之星（Xerox Star）是驚人的機器，有個黑白點陣圖像顯示器，能用不同字型顯示整張 A4 大小的頁面。游標是用叫做「貓」的軌跡板來控制。檔案會存在 8.5 吋軟碟片上，並以「資料夾」形式顯示在螢幕上，跟我們如今看到的很像。

這令我深感著迷，所以我開始研究這套系統背後的概念。我學到了視窗、圖示、滑鼠裝置和其他東西。

1983 年

正當我們著手開發 E.R. 的核心時，蘋果公司宣布推出 128K 麥金塔（Macintosh）電腦。我去附近的電腦店（蘋果專賣店要等到很久以後才會

---

[6] 連續可變斜率增量調製（Continuously Variable Slope Delta Modulation），一種以數位方式將語音編碼的超高效率技術。

出現），看到那邊有台在運作。我有機會坐下來把玩它一個小時左右，打開 MacPaint 和 MacWrite。我被說服了！沒多久我們實驗室裡就有了一台。那年年底前，我自己也買了一台（三千六百美元，好貴！）。

同一時間，我們埋首開發 E.R. 軟體的主體。天哪，我們玩得真瘋！我們從零打造出這整個玩意，寫了所有語音處理、語音留言、檔案管理的軟體。這是我第一次大幅嘗試結構化分析和結構化設計。我們採用了整套紀律，發現成效良好。我們**沒有**用瀑布式開發流程，比較像是不受控管的看板（kanban）管理法。我們只不過是用某種算是合理的次序來把東西弄出來而已。

我學到正規表示法（regular expression）、Unix 哲學、設計原則和許多其他東西。而這些東西都能學以致用。這真是令人振奮的經驗。我們有一台 E.R. 在辦公室裡運作，每天都會使用，運作得很棒。我們在不同地方安裝了幾套 E.R. 試用，也急切對各個公司推銷這裝置。很多人感興趣，但沒人出手購買。這是嶄新市場的全新產品，我們就只是無路可走了而已。

最後公司決定取消計畫**以及專利申請**。專利大概一年後被賣給 VMX。如今煩人的仿 E.R. 機器變得無所不在，搞得大家都很煩。但看在我的良心份上，它們其實也不是 E.R.。所以，就別再怪我啦。

深入麥金塔

我買了 Aztec-C 編譯器給我家裡的麥金塔電腦用。我也買了本《深入麥金塔》（*Inside Macintosh*），這是我第一次接觸到大型框架和 GUI。這本書厚到嚇死人，但我確實從它學到了東西。我在家裡的小麥金塔電腦上寫 C 程式，還因此練到相當厲害。

BBS

個人電腦開始到處出現,電子布告欄服務(bulletin board services,BBS)也是。它們就只是擺在某人家地下室的小電腦,接上自動應答的數據機。你只要有數據機,你就能連上某個 BBS 站台讀新聞、分享意見和下載軟體。

下載東西需要一個叫 XMODEM 的協定,其實簡單到好笑,就只是確認／否定應答加上一個簡單的 checksum 檢查而已,但運作得還算不錯。麥金塔電腦有終端機模擬器(terminal emulator),卻不使用 XMODEM 來下載。所以我打開 C 編譯器寫了個小小的 XMODEM 外掛,讓我能上傳和下載二進位檔案。

我上傳的第一批東西包括我的 Wator 程式[7],能以圖像方式模擬鯊魚跟一般魚類的狩獵者／獵物關係。我上傳了二進位檔,但也包括原始碼跟很多文件,用意是教別人怎麼在麥金塔電腦上寫 GUI 程式。下載的人很多;我的名字開始傳開來了。

泰瑞達的 C 語言

大約也是在這時候,泰瑞達的程式設計師認定 C 會成為標準語言。人們對組譯器的偏見早已被遺忘。所以我們雇了個 C 語言專家,花一星期給所有人上課。

---

[7] A. K. 杜德尼(Dewdney),1984 年 12 月:電腦娛樂專欄,Wa-Tor(Water Torus)。《科學人》。(【譯者註】此遊戲以方格模擬水中有魚和鯊魚,鯊魚會吃魚、沒有食物會餓死,而兩者也能隨時間繁殖。其目的是試圖找到能讓「生態系」維持平衡的設定。)

Chapter 13 八〇年代

1984 至 1986 年：VRS

儘管我們放棄了 E.R. 這個產品，我們仍然有個新的語音技術，而且也有市場能銷售：電話公司。所以我們想出一個新點子：語音回應系統（Voice Response System，VRS）[8]。

要是有松鼠咬斷電話線，4-TEL 晚上掃描所有線路時就會偵測到。一位維修工匠[9]會在早上被派去，他會打給服務中心的測試工程師和請他們測試線路。測試結果會顯示電話線斷了，而且只要測量線路的電容值，就能大致猜測斷點位置。猜測誤差能落在一千呎（三百公尺）左右以內。

工匠會開車到大致位置，爬上一根電話桿和再次打給測試工程師，要求提供「故障位置」。這就是 4-TEL 負責提供的程序：測試工程師會要 4-TEL 執行程序，後者會給測試工程師指令，如「讓線路切斷」、「讓線路短路」或「讓線路接地」。測試工程師會把指令轉達給電話桿上的工匠。工匠完成指令後答覆，測試工程師則進行程序的下一步。最後 4-TEL 就能相當準確告訴工匠，他離故障點究竟還有幾英呎遠。

可想而知，這對工匠來說是極大的福音。與其得沿著幾千呎的電話線走、看到底是哪裡被松鼠咬斷，4-TEL 能讓他們靠近到 10 至 20 呎以內。反過來說，這對測試工程師就不好玩了。他們得坐在那裡跟工匠保持通話，且只能等著按下一個按鈕和轉達指令。

8　這名字是讓工程師比賽想出來的。其他競爭者包括「泰瑞達互動測試系統」（Teradyne Interactive Test System），以及「山姆鯉魚」（Sam Carp，Still Another Manifestation of Capitalist Avarice Repressing the Proletariat：又一個資本主義者壓制無產階級的表現）。

9　電話公司當時的命名習慣是將技師稱為「工匠」（craftsmen）。

VRS 讓電話桿上的工匠能透過按鍵音指令和合成語音來跟 4-TEL 的故障位置功能互動，完全不需要測試工程師參與。此外，我們的語音留言技術早就用來收集維修技師的派遣單，調度員可以把技師一天的工作都輸入成語音留言，工匠也能用類似的留言回報結果。

E.R. 的那整套神奇軟體，就直接被套用在我們已經在銷售的產品上，帶來大大加值。

磁芯大戰

我在 Wator 程式上的成功，使我在家創造了個更大和更棒的作品，是 A. K. 杜德尼的《磁芯大戰》（Core War）的實作版 [10]。它包括兩支程式交戰時的圖像呈現、戰鬥程式本身用的組譯器，以及（在當時）相當酷的視覺特效和音效。我把二進位程式、原始碼和龐大的文件上傳到 CompuServe 網路服務平台。下載的人很多，讓我又進一步出名了。

1986 年

在產品活動的一段平靜期裡，我開始讀阿黛爾・戈德堡（Adele Goldberg）和大衛・羅布森（David Robson）的《Smalltalk-80》。我被這種語言迷住了。

---

[10] 和前面的註解一樣，發表於 1984 年五月份的《科學人》的電腦娛樂專欄。（【譯者註】此遊戲讓兩支「戰士」程式載入虛擬機記憶體的隨機位置，每回合可分別執行一次指令（視版本有十條上下的組合語言式指令），可自我複製、移動、攻擊對手資料甚至演化等等。其中一個程式若執行了變成無效的指令就會終止和輸掉遊戲。此遊戲本來是電腦圈子的秘密，發源於 1970 年前後，但在 1983 年被肯・湯普遜揭露給大眾，並啟發了新一代電腦病毒的誕生。）

我發現蘋果公司有一個給麥金塔用的 Smalltalk 版本 [11]。我買到它和放到我的電腦上跑。我用 Smalltalk 寫了幾支小程式，這也令我的腦筋開始動起來。

工匠派遣系統（CDS）

我們的客戶超愛 VRS，甚至要求我們把它跟他們的問題單系統（trouble-ticket system）接軌。這系統用的是 1970 年代以大型主機營運，並以 COBOL 開發的巨大老舊資料庫。

在那段時間，電話線路偵測到故障時，不管是靠 4-TEL 夜間掃描還是經由客戶投訴得知，都會在服務中心開一張問題單。早期問題單會用小型輸送帶或氣動管傳給測試員和維修調度員，而這在 70 跟 80 年代被電子化，把問題單顯示在 IBM 3270 的綠色螢幕終端機上。

維修工匠完成維修後，他們會打給調度員和回報維修結果，然後要求拿下一張問題單。調度員就會在他們的綠色螢幕上叫出下一張單子和讀給工匠聽。我們的客戶想要消除這個步驟，用我們的語音技術直接把問題單讀給工匠聽。

這於是催生了工匠派遣系統（Craft Dispatch System，CDS）。

問題單有幾個固定欄位，其資料非常好預測，可能有客戶的姓名、地址、電話號碼等等。但上面也可能包含不少準自由格式的資訊，是工匠真正需要的東西。準自由格式資訊（quasi-free-form information）包含一組以「斜線」隔開的標準簡寫跟引數。比如，自由欄位可能會寫類似 /IF clicks loud 的內容，這表示線路有干擾，其形式為響亮喀嚓聲。

---

[11] 肯特・貝克（Kent Beck）就在開發 Smalltalk 系統的團隊中。

這種自由格式縮寫實際上可能有幾百個，而且是由維修職員一邊跟客戶通電話、一邊打進系統，再由調度員解讀和讀給工匠聽。我們的客戶希望 CDS 可以解讀和讀出這種資訊。但這些自由欄位沒有文法檢查，可能有錯字或非正規格式，取決於是誰輸入的，還有輸入者的當天心情如何。調度員通常都聰明到能猜出維修職員的意思。現在變成我們的系統要有能力做到一樣的事——至少是得能夠應付絕大部分的問題單。

欄位標記資料

我需要找個方式在資料封包中表示問題單的所有複雜資訊，好讓它能被查詢、解讀和轉換成語音。這資料非常複雜，而且是階層式的；自由欄位裡面有可能包含其他欄位。這真是惡夢。

當我搭飛機去其中一個客戶的現場時，我靈光一現。也許有個辦法可以把這堆階層式複雜資料編碼成一長串字元，讓我們的系統能解碼和讀取。於是欄位標記資料（field-labeled data，FLD）就誕生了。

FLD 的文法非常難懂，但若撇開差異甚大的文法不談，它基本上就類似 XML。這種複雜階層式資料能在記憶體中以樹狀結構儲存，然後以字串形式傾印出來，以便存在磁碟上或透過網路封包傳遞。

有限狀態機器

此外，派遣和關閉問題單的流程也沒有標準化。每間電話公司和每個服務中心對於這些流程的應有樣貌都各有己見。因此我們得想出一個方案，讓每個服務中心都能輕鬆設定各個流程。或者說，我們得想個方式讓他們能用寫程式以外的方式設定流程。我們還是會替客戶設定系統，但我們不想為了流程替每個客戶寫新程式。

我們得設定簡單、靠事件驅動的逐步流程。我在某個時候想出點子，在一個文字檔中以狀態轉移表（state transition table）的形式來描述流程。文字檔的每一行就是一個狀態機的轉換步驟，每個轉換步驟有四個欄位：目前狀態、事件、下個狀態、行為。你可以如下讀取轉換步驟：「當你處於【目前狀態】並偵測到【事件】，那麼你前往【下個狀態】並執行【行為】」。

狀態只是名稱而已，沒有特別的意義。事件是我們系統能偵測的東西，像是「按下數字」、「電話接通」、「電話切斷」、「有語音訊息傳遞」等等。行為則是會傳給 MP/M-86 殼層執行的指令，就像是從鍵盤輸入一樣。這些訊息能以語音念出訊息、撥號、錄製語音訊息等等。

行為指令（action command）需要彼此溝通，所以我們發明了一種以硬碟為基礎的儲存庫，稱為 3DBB[12]。一個行為指令可以透過代表整個流程的鍵把資訊存在 3DBB 中，下一個行為指令則能從 3DBB 取出資料和繼續處理任務。（如果你覺得這聽起來很像微服務——嗯，天底下沒什麼玩意是完全新穎的。）

只要把 FLD 存在 3DBB 裡，我們就突然有了非常豐富和高彈性的方式能讓行為指令做事。我們能處理的任務複雜性一口氣提高了十倍。FLD、3DBB 和有限狀態機器結構（finite state machine structure）使我們在解讀問題單方面有了大躍進。

物件導向（OO）

回到家裡，我需要一個新專案來做。我對 Smalltalk 的研究使我開始認真考慮物件導向語言。我感覺這會是未來趨勢。

---

[12] Drizzle Drazzle Druzzle Drone。（【譯者註】出自 1960 年美國兒童動畫節目《Tooter Turtle》一個角色巫師先生（Mr. Wizard）常說的台詞。）

我全神貫注讀了史特勞斯特魯普的《C++ 程式語言》（*The C++ Programming Language*）。我想在 VAX 上弄一個 C++ 編譯器，但要價都超過一萬兩千美元，我也沒辦法說服我老闆花這麼大一筆錢。

此外，麥金塔上的 Smalltalk 太慢，做不出什麼認真的東西。所以我決定用 C 語言寫我自己的物件導向框架（類似比雅尼‧史特勞斯特魯普的 C++ 和布萊德‧考克斯（Brad Cox）的 Objective-C）。我進展甚多，但人生打了岔，我的優先順序也就變了。

1987 至 1988 年：英國

泰瑞達在過去幾年把 4-TEL 打入歐洲市場，最後使我們在英國創立了軟體開發團隊。1987 年底，他們要我搬到布拉克內爾（Bracknell）領導那個團隊。我和我太太認為這對我們全家是千載難逢的機會，所以同意了。我把 1988 年的前四分之一用來把 CDS 團隊轉交給新負責人，並把我剩下的系統管理責任交到其他人手上。到了四月，我們就準備好動身了。

我們待在布拉克內爾的時光非常美妙。我、我太太和我的孩子們接觸到新文化和新環境，並且蓬勃成長。但在工作上，這是個管理職位，其程式設計責任比我過去有的少很多。

我不願意完全放棄寫程式，所以培養習慣早上六點騎腳踏車上班，一路寫程式到八點，然後去開會、應付團隊領導與一般管理問題，直到下午四點為止。

這時，我們在布拉克內爾的 VAX 750 和美國伊利諾州總部的大電腦 VAX 780 已經有 DECnet 連線，後者跟波士頓的電腦也同樣靠 DECnet 連接。所以我們可以跨過大西洋移動檔案（速率是 9.6 kps），電子郵件也算是公司內部信件。

英國的其中一個專案是開發和部署 μVAX，用來取代 M365，而美國那邊也在進行類似的事。確實，把 M365 軟體轉換到 PDP-11 之類硬碟系統的專案從 1983 年就開始了，只是進展沒那麼順利。μVAX 是迪吉多的全新產品，英國客戶急著想讓 4-TEL 在上面跑起來。我在這個專案沒有寫過任何程式，大多只是出席會議和猛點頭而已。

我繼續在麥金塔上寫 C 語言個人專案，上傳到 Compuserve 之類的服務。我最喜歡的其中一個作品是給麥金塔玩的遊戲《法老》（*Pharaoh*）。

總體來說，我這部分生涯比較多專注在管理而不是軟體技術。但等我回到美國後，這點很快就會改變。

參考資料

- 阿黛爾・戈德堡（Goldberg, Adele）和大衛・羅布森（David Robson），1983：《Smalltalk-80 語言與其實作》（*Smalltalk-80: The Language and its Implementation*）。Addison-Wesley 出版。
- 布萊恩・W・克尼漢與 P・J・普洛格，1976：《軟體工具》（*Software Tools*）。Addison-Wesley 出版。
- 布萊恩・W・克尼漢與丹尼斯・M・里奇，1978：《C 程式設計語言》（*The C Programming Language*）。Prentice Hall 出版。
- Rose, Caroline、Bradley Hacker 與蘋果電腦公司，1985：《深入麥金塔》（*Inside Macintosh*）。Addison-Wesley 出版。
- 比雅尼・史特勞斯特魯普（Stroustrup, Bjarne），1985：《C++ 程式語言》（The C++ Programming Language）。Addison-Wesley 出版。

第 14 章

九〇年代

樂觀與成長的年代延續，我們稱霸全場，但裂痕已經開始浮現。伊拉克入侵科威特的舉動被美國沙漠風暴行動的「震撼與威懾」打退，CNN 從巴格達直播戰爭實況。然而，剛果、車臣、南斯拉夫、科索沃等地也有戰爭跟開戰的傳言。

恐怖主義也興起了——紐約世貿中心 1993 年爆炸案，奧克拉荷馬市爆炸案，美國大使館爆炸案，還有英格蘭曼徹斯特和阿根廷的恐攻。

這段時期大致算好，並在網際網路泡沫中達到頂點。但不安感日益加劇，我們的時代也即將發生非常醜陋的轉變。

1989 至 1992 年：清晰通訊

我從英國回來後，發現泰瑞達有些事情變了。我幾位原本的同事（和好友）都跑去加入一間叫清晰通訊（Clear Communications）的新創公司，所以我不久後也追隨了他們的腳步。

我們使用昇陽電腦（Sun Microsystems）的 SPARC 工作站，配有 19 吋彩色顯示器！作業系統是 Unix，程式語言則是 C。我們的產品 Clearview 是 T1 載體通訊監測系統，其打算是在螢幕上畫個大型地圖，並把 T1 網路疊在上面。T1 線路根據狀況會顯示為綠、黃或紅色。點擊一條線就能叫出它的故障歷史，

以漂亮的小小直條圖或折線圖顯示。這是貨真價實的圖形使用者介面玩意,我也感覺置身天堂——至少在這裡的第一年是。

新創公司很少能照期望指數成長,也極少會一夕之間失敗。大部分就是勉強應付,而清晰通訊公司也是如此。他們死撐著,靠著稀釋股權來換取更多資金。唉。

不過在技術方面,頭兩年的確很盛大。我們一個朋友待在不同公司,給我們數據機連線連上他的電腦,而他的電腦則有網際網路的永久連線!我們每天有兩次會撥號過去,用 UUCP 協定發電子郵件和收集 Usenet(網路論壇)新聞。我們在上網耶!

一年左右之後,昇陽推出他們的 C++ 編譯器。我們有很多程式是用 C 寫的,但 C++ 編譯 C 不會有問題。所以我們開始在系統那堆 C 原始碼中寫 C++ 程式。我們有半打程式設計師,於是我弄了個課程來教他們寫 C++。

Usenet

現在我有了網際網路連線,我開始讀網路新聞,並加入 comp.object 和 comp.lang.c++ 新聞群組。我讀史特勞斯特魯普的 C++ 著作,包括《C++ 加註參考指南》(*The Annotated C++ Reference Manual*),使我在這個語言的能力飛快成長。於是我開始在新聞群組貼文章,大多是回應其他人的發問,或是參與我們當時那些沒完沒了的辯論。這是最早的社群網路之一。我玩得很快活。

就在我跟新聞群組的互動中,我看到有人引用一本雜誌《C++ 報告》(*The C++ Report*)內的文章。我便開始訂閱那本月刊,如饑似渴地讀完每一期。裡面刊登文章的作者包括吉姆・科普林(Jim Coplien)、葛來迪・布區(Grady Booch)、史丹利・李普曼(Stanley Lippman)、道格拉斯・施密特(Douglas Schmidt)、斯科特・邁耶斯(Scott Meyers)和安德魯・柯尼格(Andrew

Koenig）。寫作跟編輯的品質都奇高，內容也都是無價之寶。我從它們學到了好多。

Uncle Bob

我們辦公室的一位程式設計師比利（Billy）會給每個人取綽號；我是「Uncle Bob」。比利每次發問時就會從實驗室對面嚷著：「Uncle Bob！這個我要怎麼做？」他會連續不斷用這種稱呼，讓我覺得很煩。

我在這段時間盡可能讀物件導向設計的書，當時其中一本最棒的是葛來迪・布區寫的《物件導向設計及其應用》（*Object Oriented Design with Applications*）。這本書是個分水嶺，用教人驚嘆的圖表表示法描繪了類別（class）、關係（relationship）和訊息（message）。這種表示法看起來像這樣：

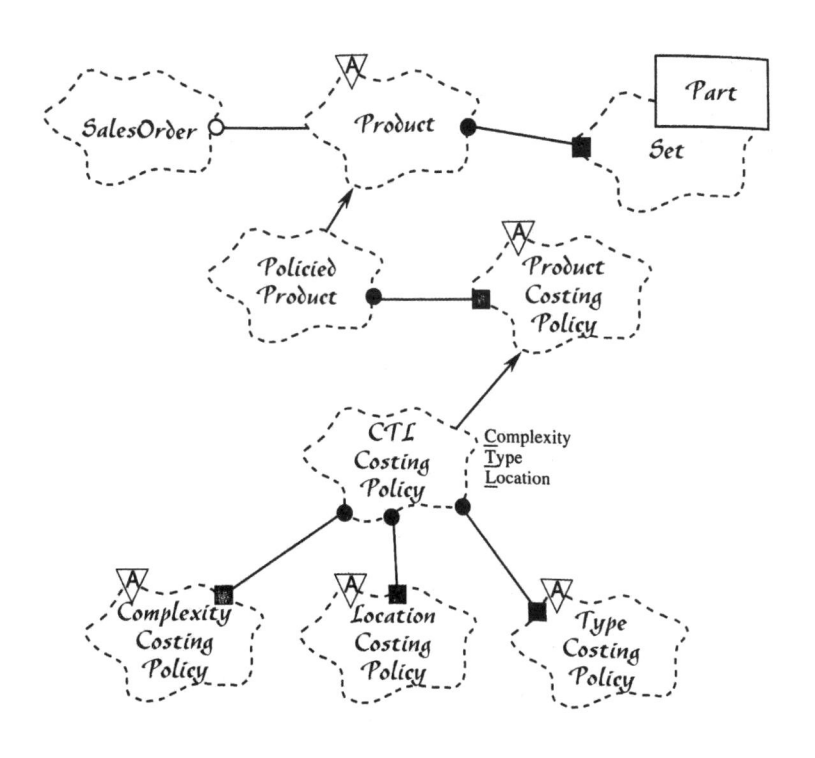

用這種方式呈現軟體，是多麼嶄新的概念啊！我馬上就能看出它的功用，我也真的愛死了這些雲朵。我變得很擅長在白板上畫這些圖表，而我們在清晰通訊工作時，我經常用這種方式設計軟體。

我和好友吉姆·紐奇克（Jim Newkirk）出差幾次跟供貨商和供應商談事情，有一次和使用 Objective-C 的工程師聊過。我聽過這種語言，所以跟他們坐下來看他們的一些程式碼。我覺得很有趣，但我還是偏好 C++。

我們這些出差有幾次去了矽谷，而我和吉姆會利用機會跑去那邊無所不在的電腦書店瀏覽。我們經常會寄價值好幾百美元的書回家。

1992 年：C++ 報告

我仍然在清晰通訊工作，但注意力已經改變了。我很清楚公司陷入泥沼，不過我的生涯卻在往上爬。我繼續跟新聞群組互動，吸引了為數相當多的訂閱者。

我開始投稿文章到《C++ 報告》，並很訝異地發現我的作品常常被接受。我也因此和編輯史丹利·李普曼變得很熟。

清晰領域的工作雖然技術上令人耳目一新，但公司沒能發展起來。漫長的工時和持續的壓力開始帶來影響。最後，我開始覺得我需要改變，而也正是在這時，一通電話改變了我的人生。

1993：瑞理

電話是獵人頭仲介打來的，他們在加州聖塔克萊拉（Santa Clara）有個機會。我沒有打算大老遠跑去美國西岸，所以沒有認真考慮，直到他們說專案是在做

Chapter 14 九〇年代

電腦輔助軟體工程（computer-aided software engineering，CASE）：用來繪製軟體圖表的工具。

當時繪製電腦圖表的技術不多，而瑞理（Rational）公司就在聖塔克萊拉——那也是葛來迪・布區工作過的公司。我的興趣大大提升，請獵人頭多給我一些細節。對方不願透露客戶是誰，但他給我的資訊已經足夠確定了。等我掛上電話時，我就知道我非得把握不可。

我安排了面試。那間公司果然是瑞理，而那個專案 ROSE（玫瑰）就是在布區書中用來畫那些漂亮雲朵圖表的工具。這是我這輩子最棒的面試，我很顯然是適合他們的人選，他們也很適合我效力。所以他們提議給我工作——但我得搬過去。我大概得花點力氣說服家人同意了。

幸好我太太願意搬家，瑞理就付錢讓我們過去找房子。兩天後，我們認定矽谷周圍根本找不到我們負擔得起的房子；那邊的房價是我們住過的任何地方的三倍。所以答案是不，我們不打算搬家了。

我急壞了。一定有辦法吧。於是我太太說：「你為何不當他們的顧問？」我當時四十歲，當了二十年職員，一想到要做自由業就很嚇人。但我對瑞理提出這個建議時，他們願意接受。

我花了三個月在聖塔克萊拉跟瑞理的 ROSE 團隊合作，然後又花六個月在家遠端工作。那是相當美妙的經驗。我們用了個物件導向資料庫來寫 C++。我們的圖表會畫在 SPARC 工作站螢幕上，然後以物件表示法儲存。真迷人的玩意。

我在那段時間見過葛來迪兩、三次，他在丹佛附近定居和工作，偶爾會飛來聖塔克萊拉。我們有一次見面時，我對他提出了一本書的構想。

305

我想寫本關於物件導向設計的書，著重在用 C++，並運用布區的圖表。葛來迪願意引導我走過出版流程，並把我介紹給他在普林帝斯霍爾（Prentice Hall）出版社的編輯艾倫・阿普特（Alan Apt）。

我開始寫示範章節，艾倫也寄給別人審閱。等我拿到評論時，我很震驚發現其中一位審閱者是吉姆・O・科普林，我在 1992 年讀了他的書《進階 C++ 程式設計風格與典範》（*Advanced C++ Programming Styles and Idioms*），把他視為我的其中一位英雄。很不幸，他的評論就沒那麼精彩了。我唯一記得的是一句話「要用九〇年代的流程圖！」喔，好傷人。

但我繼續寫和繼續改進，很快的就拿到出版合約了。

同時我繼續在 Usenet 上發文。有一天我意識到再也沒有人喊我「Uncle Bob」了，而出於某種反常的原因，我居然很想念這件事。所以我把這名字放進我的電子郵件簽名，這簽名也會用在我的 Usenet 貼文裡。這名字開始流傳。我那時貼了非常多文章。

1994 年：ETS

九個月後，我跟瑞理的合約結束了。ROSE 的第一版已經上架，我也該離開去做下一件事。

我陷入恐慌——我要上哪去找客戶啊？我詢問泰瑞達，他們有一些小差事給我做，但長期下來可養不活我家人。

然後我又接到另一通電話。是瑞理，但不是 ROSE 團隊，而是他們的約聘程式設計辦公室。他們有個他們自己沒有能力服務的客戶，想問我是否願意被推薦。這客戶是在紐澤西州的美國教育測驗服務社（Educational Testing Service，

ETS）。我飛過去，開始替他們擔任 C++ 和物件導向設計的顧問。我每幾星期會飛過去兩、三天。這是很讚的工作，普林斯頓真是好地方！

ETS 跟國家建築註冊委員會（National Council of Architectural Registration Boards，NCARB）有簽約，後者希望 ETS 製作一個建築師的自動化認證測驗，概念是做一個能讓建築師畫建築圖表的 GUI，而圖表能儲存起來傳給評分系統，評分系統則會依據建築準則打分數。

建築師得畫十八種不同的圖表，包括樓層平面圖、屋頂平面圖、地界線圖和結構工程圖。GUI 程式跟評分程式都會在 IBM PC 上跑。評分程式的計畫是要用某種模糊邏輯推論網路（fuzzy-logic inference network）來衡量建築師的設計的各種特質，並算出最終合格或不合格的分數。每個 GUI 程式都有其對應的評分程式，而每一對組合被叫做 vignette（意即小插曲）。

ETS 配到四位兼職程式設計師來做這個工作，他們沒有寫 C++ 或物件導向設計的經驗。我要做的是指導他們撐過困難的部分。他們只有三年多一點的時間能完成全部十八組 vignette。

幾個月後，我發現這團隊是絕對不可能及時達成目標了，他們被其他案子嚴重分心，這個專案需要的卻正好就是**專注力**。所以我說服我好友吉姆跟我一起飛到普林斯頓，跟 ETS 提一個不同的解決方案：我和他會組織一個團隊，替他們把專案做好。

這花了點力氣協商，但一個月後我們就有個長期開發合約了。

計畫是我和吉姆會花幾個月開發最複雜 vignette，稱為 Vignette Grande（大插曲），著重在樓層平面圖測驗。我們的目標是讓這個 vignette 的元素能運作，然後創造出一個可重複使用的框架（a reusable framework），讓其他十七個 vignette 能用更短的時間開發。

可重複利用的框架；啊，我們多天真啊。所有關於物件導向的書跟文章都保證可重複利用性。我們自以為是高竿的物件導向設計師，可以直接做出最優秀的可再用框架。

幾個月後，我們讓 Vignette Grande 跑起來了，也做出我們自認能重複使用的框架。所以我們找來我們認識最厲害的人，以約聘形式雇用他們替我們工作。所有人都會待在家作業。

問題馬上就浮現：我們發現我們做的可重複使用框架根本無法重複利用，其他 vignette 沒辦法套入我們撰寫 Vignette Grande 時做的決策。幾星期後，事態就很明顯，要是我們不採取措施，另外十七個 vignette 是不可能如期交付的。

於是我們通知 ETS 說我們要改變計畫；團隊會專注在開發接下來三個 vignette，並重新調整框架，讓這三個 vignette 都能使用。這樣又多花了幾個月，但最後值回票價——我們有三個 vignette 使用相同的框架，而 Vignette Grande 則獨自使用舊框架。我們多雇了幾個人，開始像用灌香腸機一樣火速生產香腸。每個新的 vignette 只花了其他 vignette 的一小部分時間，因為新框架的確是可重複使用的。而在 1997 年，我們如期交出全部十八組 vignette。這些東西如今已經沿用了將近二十年。

事實證明，若要做出可重複使用的框架，你就得把它用在不只一個應用程式。是呀，有誰想得到呢？

同一時間，我繼續寫我的書和交給出版社——晚了一點，但趕上了 1995 年的版權時間。

Chapter 14 九〇年代

C++ 報告專欄

這時我已經在《C++ 報告》刊出了兩篇文章。史丹利・李普曼寫信給我，請我寫一篇每月專欄。葛來迪・布區決定停止寫物件導向設計專欄，所以史丹利想知道我是否願意接手。我當然同意了。

設計模式

我在 1994 年參加了一場 C++ 研討會，吉姆・科普林也在那裡，衣服上別著一張字條寫著「問我模式的事」。我問了，他便要我留電子郵件。幾星期後我收到他的信，說有四位作者在寫一本書，正在找線上審閱者。這本書叫《設計模式》（*Design Patterns*），作者是埃里希・伽瑪（Erich Gamma）、理查德・赫姆（Richard Helm）、約翰・維利西德斯（John Vlissides）和雷夫・強森（Ralph Johnson）。科普林的信指引我去一個電子郵件鏡像伺服器（email mirror），那邊有這本書正在進行的討論。

在那個電子郵件鏡像伺服器上，四位作者親暱地自稱為「四人幫」（Gang of Four，GoF）。每隔幾天，四人幫的其中一人會在鏡像伺服器貼個 FTP 位址，指向他們在寫的某個章節的 PostScript 檔，然後就會引發一連串評論、糾正、辯論和更多範例。能夠參與這件事真是令人興奮的事。

當然，這是在全球資訊網出現之前。提姆・柏內茲—李（Tim Berners-Lee）四年前建立了第一個全球資訊網伺服器，馬克・安德里森（Marc Andreessen）一年前也推出 Mosaic 瀏覽器，但我們沒什麼人知道這些發展。所以電子郵件、FTP 和網路論壇就是我們主要的網路溝通方式。

鏡像伺服器上的一封信在替一個新研討會 PLoP（Pattern Language of Programming，模式語言程式設計）徵求論文，在伊利諾州蒙蒂塞洛（Monticello）附近的伊利諾大學校區舉辦。研討會由 Hillside Group 舉辦，

這組織由葛來迪・布區和肯特・貝克（Kent Beck）創立，參與者包括吉姆・科普林、沃德・坎寧安（Ward Cunningham）等人。該研討會的主旨在討論和推廣模式設計，所以我非常想參加。我於是投了三篇不同的論文，至少有一篇[1]被接受：「在現存應用程式找出模式」（Discovering Patterns in Existing Applications）。

我這篇論文概述，我們發現國家建築註冊委員會（NCARB）的軟體中其實有使用「四人幫」的設計模式，也討論了其他我認為應該當成模式的設計。最後，論文暗示了我當時正在寫、準備隔年出版的書的主題。

1995 至 1996 年：第一本書、研討會、類別與 Object Mentor

我的第一本書討論了一些設計原則（design principle），明確引用了開閉原則（Open/Closed Principle）和里氏替換原則（Liskov Substitution Principle）。我是從伯特蘭・邁耶（Bertrand Meyer）和吉姆・科普林的著作讀到這兩個原則。我也提到依賴反轉（dependency inversion）的概念，但沒有把它描述成原則。此外，我討論了耦合、內聚、穩定性，甚至討論抽象化和不穩定性的指標，不過也沒有特別將它們包裝成原則。這些概念我要在未來才會想到。

我在慌亂的深夜趕稿中完成我的第一本書，並看著它出版。這對我真是一件大事，出版社甚至還把我在封面上的名字放大。我開始在研討會發表演講，而這本書接觸的人越多，出席研討會的人就越多。我的演說次數越多，聽過我的人就變多。最後各大研討會開始邀請我擔任主題講者。

---

1 我不記得是不是每一篇都有被接受。我想沒有；只有一篇出現在會議論文集中。

Chapter 14 九〇年代

我仍然會和新聞群組大量互動，也改了簽名檔，說我能接諮詢和訓練工作。我開始接到邀約。我設計了一個五天份 C++ 課程，然後發現我開始對全美各地的公司教起那個課程。連泰瑞達也找我教了幾次——包括對英國布拉克內爾的團隊。

原則

1995 年 5 月，我在 comp.object 新聞群組讀到一篇貼文，標題是「物件導向程式設計的十誡」（The Ten Commandments of OO Programming）[2]。它提出的建議不壞，但我在經歷過國家建築註冊委員會專案的那段日子後，我覺得這有點太天真了。所以我拿我自己的十一誡回應，當中列舉和封裝了一系列設計原則。我這個回應就是我的 SOLID 原則和元件原則（Component Principle）真正誕生的起點，只是那時還沒有被命名而已。

在一年內，我便改良、命名和開始教授九個一組的設計原則：

- OCP：開閉原則
- LSP：里氏替換原則
- DIP：依賴反轉原則
- REP：發佈／再使用性等價原則（Release-reuse Equivalence Principle）
- CCP：共同封閉原則（Common Closure Principle）
- CRP：共同重複使用原則（Common Reuse Principle）
- ADP：抽象依賴原則（Abstract Dependencies Principle）

---

[2] 參閱 groups.google.com/g/comp.object/c/WICPDcXAMG8。

- SDP：穩定依賴原則（Stable Dependencies Principle）
- SAP：穩定抽象原則（Stable Abstractions Principle）

教學、寫作和參加研討會佔去了我很多時間。我在全美各地跑來跑去教課和提供諮詢時，吉姆·紐奇克就接手 NCARB 專案的責任。我的客戶名單開始變得非常驚人：我教學和擔任顧問的對象包括全錄、通用汽車、北電網路（Nortel）、史丹佛大學 SLAC 國家加速器實驗室、勞倫斯柏克萊國家實驗室（Lawrence Berkeley Labs）等等。

我和吉姆創立了 Object Mentor 公司，吉姆也在 NCARB 專案之外接手了一些顧問工作。上門的企業越來越多，於是我們雇了一位經驗豐富的 C++ 教師鮑勃·寇斯（Bob Koss）來協助訓練。

1997 至 1999 年：C++ 報告、UML 及網際網路公司

我們在 1997 年如期完成 NCARB 專案，順利上線運作，我們也繼續維護它多年。然後在 1997 年底，《C++ 報告》時任編輯道格拉斯·施密特打給我，說他要離開這個編輯職位，問我想不想接手。我當然說我願意。

這是 dotcom（網際網路公司）熱潮的年代，全球資訊網在整個商業社群遍地開花，網域名稱能以數百億美元的價格買入和賣出，沒有產品或員工的公司也能有數十億美元身價。任何人只要宣稱在網路上做任何事，就能當場商品化。太瘋狂了。

而瑞理公司對此的回應是把葛來迪·布區、伊瓦爾·雅各布森（Ivar Jacobson）和吉姆·蘭寶（Jim Rumbaugh）找來，大力鼓勵他們推動軟體最佳實務。這三人被親暱地稱為「三個好兄弟」（The Three Amigos），他們也開始發展統一塑

模語言（Unified Modeling Language，UML）和統一軟體開發流程（Rational Unified Process，RUP）。

我有參與 UML 這塊，因為我在書中大量使用布區之前的雲朵式表示法，但我迴避了 RUP 那塊，因為我當時不相信任何軟體開發流程。

第二本書：設計原則

從 1995 年 5 月那篇 comp.object 的貼文以來，我對設計原則的概念已經定型[3]不少。我最終把元件原則從類別原則分離出來，並加入了介面隔離原則（Interface Segregation Principle）。

我這時發現我的前一本書不僅不完整，探討範圍也太狹隘了。現在該來針對物件導向軟體設計寫篇更完整、更通用的論著。我聯繫我的出版社，很快就簽下合約——但我覺得時程相當趕。

總體來說，我十分忙碌，我參與了這產業的每一個部分。Object Mentor 獲利甚多和保持成長。人生很美好——但接著變得更棒了。

1999 至 2000 年：極限程式設計

我做的所有顧問工作都是技術性質。我建議人們如何使用 C++ 和物件導向設計。這些顧問工作都很受好評，但我有幾個客戶請我幫他們上手開發流程。唉。

所以我坐下來，寫了個我稱為 C.O.D.E. 的軟體開發流程。別問我那縮寫是代表什麼，反正都別問就對了，那玩意糟透了。我當時的目的是建立一個超級精

---

[3] 哈哈，定型（solidified）跟 SOLID 雙關，但這名字當時還沒有用到。

簡的開發流程，不會帶來令人萬念俱灰的難纏官僚體制、扼殺程式設計師的創意跟獨創力。

我寫出 C.O.D.E. 這個孽種的時候，在網路上到處打探，看看有沒有其他人想過更好的點子。當時網路搜尋引擎還不多，所以誤打誤撞是比較正確的詞。我不知道我是怎麼找到的，大概是透過某個新聞群組貼文吧。總之我最後來到 c2.com，這是沃德・坎寧安（Ward Cunningham）用 Perl 語言寫出的第一個線上維基百科。在這百科裡，肯特・貝克的極限程式設計（eXtreme Programming，XP）正受到激烈討論。

哇賽！這完全就是我在找的東西。太完美了——除了我覺得他說「你要先寫測試」這點根本是胡說八道——但這剛好就是我需要教客戶的東西。我興奮極了。

但我在能有所作為之前，我在 1999 年 2 月於慕尼黑舉辦的物件導向程式設計研討會教了一天課。我在休息時間走出教室，然後就看見肯特・貝克在我眼前。他剛好也走出他剛才在教課的教室。我之前在 PLoP 研討會見過他，所以馬上就認出來，並請他多告訴我一點極限程式設計的事。

我們坐下來一起用午餐，他也大方告訴我他使用極限程式設計的專案的故事。我很振奮——但我不喜歡「先寫測試」的那套胡扯淡。我那時仍是《C++ 報告》的編輯，所以請他針對極限程式設計寫篇文章。他同意了，我們也各自回到教室。

肯特寫了文章，並在下一期出版。它深受好評，我也很有信心我能請客戶參考那篇文章。我把我的 C.O.D.E. 孽種殺掉，從此再也不去想它。

然後我想到，極限程式設計的教學和諮詢有可能是不錯的生意。我跟我的生意夥伴吉姆・紐奇克和羅威爾・林斯壯（Lowell Lindstrom）討論，我們都同意

這個方向。於是我寫信給肯特，告知我們的計畫，問他想不想參與，還有我們是否能聚聚來規劃課程。

肯特邀請我去他在奧勒岡州梅德福（Medford）附近的家。我和他花了兩天秘密討論怎麼以極限程式設計為中心打造出商業價值。我們勾勒出五天課程的基本流程，並對一堆其他問題達成共識。我們甚至開車到奧勒岡州的火山口湖——因為我一直想親眼看看。

我們也做了點結對程式設計（pair programming），他對我展示他的「先寫測試」這套理論。於是我們兩個花了兩小時，以我想得到「最小的先寫測試步驟」來寫程式，然後讓一個可愛的 Java applet 跑起來。

我從來沒有看過這種事；我這時已經當了三十年程式設計師，沒想過還能見識到寫程式的全新辦法。我感到驚奇不已。我也對於我們合作兩小時卻完全沒做任何除錯這件事深感佩服。我被說服了，這是我需要摸透的技巧。

我飛回家，然後和肯特、吉姆合作規劃我們提議的課程結構。這會變成一個活動。記住，這是網際網路公司時代，人們會對任何跟軟體有關的東西砸大錢。辦活動正是我們需要的東西。我們租了個大場地，雇了幾位新教師。我們準備趁著網際網路公司熱潮大撈一筆。

我們把這場活動稱為「XP 沉浸體驗」（XP Immersion），是為期五天的課程，每天早上九點上到晚上九點。前八個小時是講課和練習，然後是晚宴，再來有位嘉賓講者。我們拉來馬丁・福勒（Martin Fowler）、沃德・坎寧安和一群其他軟體界名人。我們每三個月就會辦一次這種活動，同時繼續在 C++、Java 和物件導向設計提供訓練和諮詢。

「XP 沉浸體驗」大為轟動；我們每次收六十位學生，而這些盛會都備受好評和讚揚。我們宛如置身雲霄。我們開始接到協助公司**轉型到**極限程式設計的請求，我們會去這些公司待幾個月，教員工怎麼實現這個叫做 XP 的奇蹟。

參考資料

- 葛來迪・布區（Booch, Grady），1990：《物件導向設計及其應用》（*Object Oriented Design with Applications*）。Benjamin-Cummings Publishing C 出版。

- 吉姆・科普林（Coplien, James），1991：《進階 C++ 程式設計風格與典範》（*Advanced C++ Programming Styles and Idioms*）。Addison-Wesley 出版。

- 瑪格麗特・A・艾利斯（Ellis, Margaret A.）與比雅尼・史特勞斯特魯普，1990：《C++ 加註參考指南》（*The Annotated C++ Reference Manual*）。Addison-Wesley 出版。

- 埃里希・伽瑪（Gamma, Erich）、理查德・赫姆（Richard Helm）、雷夫・強森（Ralph Johnson）和約翰・維利西德斯（John Vlissides），1994：《設計模式：可再利用物件導向軟體之要素》（*Design Patterns: Elements of Reusable Object-Oriented Software*）。Addison-Wesley 出版。

- 羅伯特・塞西爾・馬丁（Martin, Robert Cecil），1995：《使用布區法設計物件導向 C++ 應用程式》（*Designing Object Oriented C++ Applications Using the Booch Method*）。Prentice Hall 出版。

第 15 章

千禧年

力不從心,鞭長莫及……

千禧年始於繁榮,但這個十年是充滿不確定與衰退的年代。九一一恐攻、反恐戰爭、蓋達組織、ISIS、黎巴嫩真主黨、第二次伊拉克戰爭、阿富汗戰爭、倫敦地鐵爆炸、馬德里鐵路連環爆炸。社會的不滿與動盪興起,人們更加懼怕氣候變遷,政治也重新洗牌。2008 年發生了金融海嘯,經濟也一直沒法完全恢復過來。

2000 年:極限程式設計領導權

「XP 沉浸體驗」如火如荼發展,我們每三個月就會辦一次,每年有兩次在不同的州,其他時間則在我們位於芝加哥附近的辦公室。同時,諮詢與訓練生意也一飛衝天。人生真美好!

而在 2000 年秋天,肯特・貝克在他位於奧勒岡州梅德福附近的家召開會議,稱之為 XP 領導權(XP Leadership)會議。他邀請了我、馬丁・福勒、沃德・坎寧安和其他極限程式設計專家。這場會議的用意是決定極限程式設計的未來。我們開會的方式就跟其他人一樣:我們跑去健行和划船,然後去會議室腦力激盪和爭吵。

在其中一次這種會議中，有人提議成立一個非營利組織來推廣極限程式設計。房間裡許多人曾經是 Hillside Group[1] 成員，體驗不太好，因此抱持反對態度。我不同意他們的看法，也有點強硬地如此表示。

會議結束、我們也回到各自的房間後，馬丁·福勒過來找我，說他同意我的立場，並建議我們下週人都在芝加哥時應該見個面。我們選在一間咖啡廳會面，敲定一場會議的點子，不只是為了極限程式設計，也是為了過去幾年冒出來的「輕量化」（lightweight）開發流程。

我們的概念是把極限程式設計、Scrum、DSDM（動態系統開發方法）和 FDD（功能驅動開發）等等的支持者集結起來，看能否把我們這些概念濃縮成一個核心理念。我們的論點是這些開發方法的共通點比相異處還多，而若能找出那些共通點，應該會用處很大。

於是我們寫了封電子郵件，提議在 2001 年 2 月於一個加勒比海島嶼安奎拉（Anguilla）舉辦一場會議，並寄給廣大群眾。那封信的主旨大概是「輕量開發流程高峰會」（The Lightweight Process Summit）。

幾小時後，阿利斯泰爾·柯克本（Alistair Cockburn）打給我，說他正打算寄出類似的信，但他比較喜歡我們的邀請。他說，若我們同意把會議辦在鹽湖城，他願意做所有的跑腿工作。

---

[1] 【譯者註】成立於 1993 年，推廣軟體設計模式的非營利組織。

2001 年：敏捷開發與（各種）崩塌

於是十七位軟體專家在鹽湖城附近的斯諾伯德（Snowbird）的滑雪度假村和我會合，並一起寫下了敏捷宣言（Agile Manifesto）。我們當時都不曉得這會對整個產業帶來多大的影響。

不久後，敏捷聯盟（Agile Alliance）的第一場會議在芝加哥附近的 Object Mentor 辦公室舉行。組織已經成立和開始運作。敏捷開發已經成為下一件大事，而我們都曉得自己已經豁出去了。

但世局開始惡化。2001 春天時，網際網路泡沫很明顯已經不穩定，我們所有課程的招生數都稍微下降，諮詢機會也開始萎縮。生意仍然相當好，所以儘管我們對前景持謹慎態度，狀況仍然讓人頗有信心。只是任何防備都沒法讓我們對接下來的事有所準備。

最後一次「XP 沉浸體驗」在 2001 年 9 月 10 日星期一展開，有大約三十位學生從全國各地飛來。課程開始得很順利，我們也滿心樂觀。但到了星期二，一切就改變了；兩架波音 767 被刻意撞進紐約雙子星大廈，另一架撞進五角大廈。美國被攻擊了，我們捲入了戰爭。學生們低著頭繼續上課。搭機飛行大多被取消，但那星期仍安排了特別航班讓出差和出遊的人們能返家。我們有些學生和教師（包括肯特·貝克）搭上那些特別航班回家，其餘則租車開回美國各地的家。

在接下來幾星期，網際網路泡沫惡狠狠破裂，而我們的課程和諮詢在將近兩年時間裡完全沒有生意。我們不得不大砍員工數量和自己的薪水。感覺就像完全沒有人在寫軟體了。

但我也因禍得福（假如能這樣看的話），有很多時間寫我的第二本書——這時已經遲交很久了。這本書已經從物件導向設計論著成長為針對軟體開發原則、模式和實踐的綱要。我已經寫了好幾百頁，但仍在繼續寫。

最後在 2002 年中期，我把我寫的 800 頁左削右砍減到 500 頁出頭，並當成我的定稿送出去。這本書《敏捷軟體開發：原則、樣式及實務》（Agile Software Development: Principles, Patterns, and Practices）在 2003 年出版。

2002 至 2008 年：在荒野流浪

接下來幾年是我生涯中的荒漠。Object Mentor 公司沒有成長，在泥沼中掙扎。我們的確有些生意，有幾個月我們對未來甚至更加樂觀，但那些時間都維持不久。我們靠著緊縮政策讓公司撐著，但生意一直沒恢復到 2001 年前的程度。我們嘗試了幾種不同辦法，但沒有一個真的奏效。

到了 2007 年，我很清楚意識到，我們這種太狹隘專注在訓練跟諮詢的生意是不可能活下去了。

更糟的是，全球資訊網的降臨和後續的網際網路公司崩潰，扼殺了所有軟體環境的生計，導致人人自危。軟體有些新進展，產業有新的點子滲進來，但感覺就像我們陷入了停滯期。就連 iPhone 和 iPad 這種強大的硬體躍進，也未能對軟體帶來指標性的新思想。軟體卡在低潮裡，我找不到能保住公司的出路。

無瑕的程式碼

就在這個荒漠中，我得到了一點天賜良機。我有段時間以來都在想，應該要有人寫本書探討良好的寫程式技巧，但我沒想過我自己有資格寫這種書。畢竟，你需要夠大的膽量跟夠厚的臉皮才能跟程式設計師說怎樣的程式碼是好或壞。我哪有本事這樣說了算？

但我想到：我當程式設計師已經將近四十年了，捨我其誰呢？我最起碼能寫本書，探討這些年來對我自己有用的技巧——而這些技巧可多了。於是我開始寫一本書，標題叫《無瑕的程式碼》（*Clean Code*）。

壓垮 Object Mentor 的最後一根稻草是 2008 年的金融海嘯，終於判了公司的死刑。我們沒有儲備金也沒辦法生存。公司只能關門大吉。

2009 年：SICP 和綠幕

收掉生意可不是好玩的事，但最後我又成了單打獨鬥的顧問，對全球公司提供服務。這足以提供我的家人溫飽和快樂生活，並讓我還債——我為了讓 Object Mentor 公司別倒閉，背負的債務可真不少。此外，《無瑕的程式碼》的銷售狀況挺不錯的。

然後另一個契機落到我頭上。我在網路的通訊方式逐漸從新聞群組轉到推特。有人發推文推薦讀《電腦程式的結構和解釋》（*Structure and Interpretation of Computer Programs*，SICP）這本書。我在不知是亞馬遜還是 eBay 找到一本和買下來，然後它以未拆封的狀態擺在我桌上好幾個月沒動。

接著有天我拆開來和開始讀，結果被迷住了！某種奇異的能量流過我全身，我幾乎是用飛的翻頁。這本書刺激又令人無可自拔，我讀個沒完沒了。書裡的語言是 Scheme，為 LISP 的衍生版本。我一直是寫 C、C++、Java、C# 的程式設計師，總認為 LISP 是學院派的玩具。老天哪，我錯了。這本書我愛不釋手。

然後在第 217 頁，作者們突然踩了剎車，對我說一切即將改變。他們警告說整個電腦運算模型將會被一個巨大的風險推翻。然後他們介紹了這個兇手——指派敘述。

我備感震驚。我讀了兩百頁，幾乎都是程式碼，裡面有數學程式、表格處理程式、點陣圖處理程式、加密演算法等等。完全沒有程式使用到任何指派敘述（assignment statement）！我還得回頭確認這點。我真不敢相信。

為什麼一個在本質上與電腦運算息息相關的事，能從這些程式裡拿掉？他們怎麼能寫出如此複雜的系統，卻完全不改變「變數」的狀態？我得多學一點。我得寫出這種程式碼！

我在另一篇推文中看到有人提到 Clojure，是在 Java 上實現的 LISP 版。我調查它，發現作者是里奇‧希基（Rich Hickey）。我十年前在 comp.object 和 comp.lang.c++ 群組辯論時遇過他，當時認為他非常優秀。所以我下定決心學這種語言，並學會我在 SICP 一書上學到的技巧。

這便是我正式踏進函數式程式設計（functional programming）美妙世界的起點。

拍影片

在這段期間，我注意到網路速度已經提升到能在網路上傳影片了。亞馬遜網路服務（Amazon Web Services，AWS）那時活得好好的，我也不需要特別的硬體跟網路連線就能在網路上存放影片。

我的研討會演講一直非常成功，我也仍然會受邀做主題演講。所以我想也許我應該錄下我自己的一些談話和傳到網路上，也許人們會付費觀看。YouTube 那時還很新，沒辦法放付費影片。我只能 DIY 想出影片解決方案了。

於是我買了台數位家庭攝影機，開始錄下我在辦公室談話的影片。錄影很糟，無聊透頂，沒有觀眾也死氣沉沉，只有我一個人顧著講話。嗯。我把影片拿給一些家人和朋友看，他們都同意很無聊。

Chapter 15 千禧年

然後，我拿給我姊妹荷莉（Holly）看，她說：「你得用色鍵（chroma-key）去背。」我不知道色鍵去背是什麼，就查了。

這時剛好是亞馬遜的轉折點，它起先只賣書，然後偶爾會加入新商品。接著就在 2009 年前後，你突然能買到**所有東西**。我在亞馬遜找到一片綠幕和一些照明設備，然後要它們寄來。

我架好綠幕和燈光，再次自拍，這次把我的背景換成月球。為了做到這點，我得買個影片編輯軟體。我花了幾天開始摸熟，但我的月球影片開始看起來蠻不錯的。

但影片還是很沉悶，還是只有我在講話。於是我想，也許我該寫個腳本，而且與其一口氣拍完整個演說，我會分段拍攝，這些場景可能會有不同視角和在不同地點。也許我能在場景之間換不同的衣服跟舉止，**讓事情變得更有趣**。

我寫腳本和拍了十五分鐘的試播集，然後剪輯它。我這時才發現，每一分鐘的成品影片背後代表的是一小時的寫腳本、拍攝和後製的力氣。你要花上十五個鐘頭才能做出十五分鐘的影片！媽呀！

但這很值得，影片很刺激、觀賞起來很有趣，也能對觀眾傳達資訊。感覺就像變魔法。

cleancoders.com

所以我找上我兒子米迦（Micah），他當時正在營運自己的成功軟體事業。我問他想不想在一個新事業平分收益。我會製作幾集影片，每集長一小時，他則負責寫網站和架站功能來販賣和呈現這些影片。他同意了。Clean Coders 公司就此誕生。

2010 至 2023 年：影片、工匠及專業

我仍然會走遍世界各地演講、提供訓練和諮詢，但我待在家時就會製作影片。一小時的影片等於六十個鐘頭的工。這表示我在現實狀況下，每個月能夠做出一集。

影片一集一集出現，而某個時候米迦也把網站弄起來了。我們開始在 cleancoders.com 販賣這些影片。我有相當大的推特粉絲數，我便貼了網址上去。沒想到還真的有人開始買這些影片。

影片能傳達的資訊多到令人稱奇；你不只能講課，還能示範寫程式的技巧。你能跟你的觀眾做虛擬結對程式設計。我發現這整個過程令人興奮。我能在一小時的影片中講出比二十到三十頁文字更多的內容，而且傳達過程也更可靠。

我的觀眾似乎也同意，因為他們繼續購買影片。到了 2011 年底，我們已經進帳十萬美元，也意識到我們找到了商機。

我雇用我女兒安潔拉・布魯克斯（Angela Brooks）來處理拍攝跟剪輯——我們於是再次展開了競賽。

脫軌的敏捷開發

這時敏捷開發運動已經脫軌；過去由程式設計師推動的這個運動，已經變成由專案經理帶動。程式設計師以緩慢但確實的方式被推出舞台之外。

這件事格外讓我生氣，因為我過去十年本來希望敏捷運動能提高程式設計師的薪資水準。我以為它能讓程式設計師成為深深沉浸在高標準、高紀律與高道德裡的職業，但結果並非如此。

Chapter 15 千禧年

我想到，我這個新的影片媒介能用更好的方式傳達紀律、標準與道德，能夠提高身為軟體工匠的門檻。從這裡開始，我的使命就變得很清楚了。

接下來十年，靠著我可愛的女兒安潔拉和我傑出的兒子米迦之助，我做出了 79 集影片，每集都有一小時長。七十九個鐘頭的講課和示範，七十九個小時由我教授對軟體所知的一切——或至少是我能塞進每集影片的內容。每一年，我會說我大概還有十幾集影片得製作，而每一年，我又會把這數字再延長五、六集。我從沒想過拍影片會演變成長達十年的計畫。

更多著作

在這十年中，我又寫了幾本書：

- 《無瑕的程式碼——番外篇——專業程式設計師的生存之道》（*The Clean Coder*）：包含所有我在《無瑕的程式碼》沒放的非技術內容。這是我第一本探討程式設計師專業舉止的書。
- 《無瑕的程式碼 軟體工匠篇》（*Clean Craftsmanship*）：以深入細節的方式討論軟體專業人士在技術與非技術方面的紀律、標準和道德。
- 《無瑕的程式碼——整潔的軟體設計與架構篇》（*Clean Architecture*）：高度技術化的書，討論整個軟體工程。它重述了設計原則，並描述軟體架構的目標、問題和解法。
- 《無瑕的程式碼 敏捷篇》（*Clean Agile*）：重述敏捷開發運動的起源，並號召回歸這種根源。
- 《無瑕的程式碼 函數式設計篇》（*Functional Design*）：高度技術化的書，討論如何在「函數式程式設計環境」設計系統。

COVID-19 疫情

全球新冠肺炎疫情終結了我身為巡迴訓練師與顧問的生涯。喔，我還是會偶爾造訪客戶，但這已經不再是我生意的主要部分了。我如今大部分的訓練會透過 Zoom 線上視訊會議——而且老實說，我也盡量把造訪客戶的承諾降到最低。

2023 年：停滯期

各位或許注意到，我過去十年的歷史相當稀疏。這可能是跟大部分人成長和變老時所經歷的人生曲線有關。

你在生涯早期幾乎完全是輸入模式，你會盡可能學習和吸收點子，但不會提出太多新概念。等你有了經驗後，你會繼續吸收點子，但也會開始提出自己的構想，從你自己的經驗和學到的東西產生出來。這個過程會繼續，在你三十歲至五十歲達到高峰。在這個時候，你獲得和給予的點子的協同作用會達到最強。

這時你能體驗到非常大量的回饋和智力活動，但隨著時間過去，點子的輸出會超越輸入，協同作用（synergy）與回饋（feedback）也會慢下來。最後，在你接近退休時，你會輸出你身上累積的龐大點子，而收到的新思想就很少。這聽起來也許悲哀，可能也不適用於所有人，但這沒有你想的那麼罕見。而這個成長過程或許就是為何我對過去十年的評論會如此稀少的原因。

但我認為也有另一件事正在發生：同樣的過程說不定也正發生在我們的整個產業身上。程式設計本身可能已經生不出太多新點子了。

這話可能會讓你感到奇怪，畢竟過去十年就有幾個令人興奮的新語言問世：Go、Swift、Dart、Elm、Kotlin 和更多。但我看了這些語言，只能看到一堆舊概念被塞進新包裝裡。我沒在這些語言身上看到特別的創舉——至少不像 C、SIMULA 或甚至 Java 當年那樣。

我們換個方式來看，當我們停止用二進位碼寫程式、改用組合語言時，程式設計師生產力的差異提高了 50 倍[2]或更多。我們再轉到 C 之類的語言時，則提高約 3 到 5 倍。踏進 C++ 或 Java 之類的物件導向語言，可能進一步提高少少的 1.3 倍。而使用 Ruby 或 Clojure 之類的語言則可能另外多個 1.1 倍。

這些比率數字可能不盡正確，但趨勢顯然錯不了。每個新語言帶來的額外好處會漸漸降至零。就我看來，我們等於是正在逼近一條漸進線。

我們的產業也不是唯一成長停滯的領域；我們倚賴的硬體同樣停止瘋狂的指數成長，摩爾定律在 2000 年左右便已經宣告陣亡。硬體時脈停止增加，記憶體也並未每年就加倍。而隨著我們接近原子密度極限，晶片的密度增長就放緩了。

簡而言之，我們在硬體與軟體方面的進步或許已經來到了停滯期。而這點也正好能用來銜接本書的第四部：未來。

參考資料

- 羅伯特‧C‧馬丁（Martin, Robert C），2003：《敏捷軟體開發：原則、樣式及實務》（*Agile Software Development: Principles, Patterns, and Practices*）。Pearson 出版。

- 羅伯特‧C‧馬丁，2019：《無瑕的程式碼 敏捷篇：還原敏捷真實的面貌》（*Clean Agile: Back to Basics*）。Pearson 出版。

- 羅伯特‧C‧馬丁，2017：《無瑕的程式碼──整潔的軟體設計與架構篇》（*Clean Architecture: A Craftsman's Guide to Software Structure and Design*）。Pearson 出版。

---

[2] 見第四章的「編譯器：1951 至 1952 年」。

- 羅伯特・C・馬丁，2008：《無瑕的程式碼──敏捷軟體開發技巧守則》（*Clean Code: A Handbook of Agile Software Craftsmanship*）。Pearson 出版。

- 羅伯特・C・馬丁，2021：《無瑕的程式碼 軟體工匠篇：程式設計師必須做到的紀律、標準與倫理》（*Clean Craftsmanship: Disciplines, Standards, and Ethics*）。Addison-Wesley 出版。

- 羅伯特・C・馬丁，2023：《無瑕的程式碼 函數式設計篇：原則、模式與實踐》（*Functional Design: Principles, Patterns, and Practices*）。Addison-Wesley 出版。

- 羅伯特・C・馬丁，2011：《無瑕的程式碼──番外篇──專業程式設計師的生存之道》（*The Clean Coder: A Code of Conduct for Professional Programmers*）。Pearson 出版。

- Sussman, Gerald Jay、Hal Abelson 與 Julie Sussman，1984：《電腦程式的結構和解釋》（*Structure and Interpretation of Computer Programs*）。MIT Press 出版。

PART IV

未來

要預測未來可是很難的。

第 16 章

語言

我們現在使用的程式語言有多少種呢？我來看看能否列舉它們：

C、C++、Java、C#、JavaScript、Ruby、Python、Objective-C、Swift、Kotlin、Dart、Rust、Elm、Go、PHP、Elixr、Erlang、Scala、F#、Clojure、VB、FORTRAN、Lua、Zig，外加大概幾十種語言。

為什麼？為什麼會有這麼多語言？語言的使用案例真的有如此大的區別嗎？例如，Java 和 C# 幾乎是一樣的。對啦，它們是有某些差異，但只要稍微退後一點看，就會發現兩者是同一種語言。有其他語言彼此也非常像，只不過相似程度略低些：Ruby 和 Python，C 和 Go，或者 Kotlin 跟 Swift。

這當中當然牽涉到商業利益，也有不小的歷史包袱。然後，我們很顯然會恨透我們用的每一種語言，以至於我們總是在尋找程式語言當中的聖杯（holy grail）——能統馭眾語言的至尊語言，禁錮眾語言於黑暗中[1]。

我感覺，我們的產業就好像被困在轉輪裡的倉鼠，想要追尋完美的語言，但依舊在原地踏步。

---

[1] 【譯者註】借用《魔戒》對至尊魔戒的形容。

事情並不是一直都是如此。曾有段時間，每個新語言都截然不同和帶來了創新。比如想想 C、Forth 和 Prolog 之間的差異，這些語言蘊含了點子。但隨著時間過去，這些新語言之間的差距減少到趨近於零。Kotlin 真的跟 Swift 差別很大嗎？Go 真的和 Zig 有天壤之別嗎？這些新語言到底有沒有真正新的創舉？

的確，你能在這些語言邊緣指出一些差異，或許暗示了某個新點子，但整體來說，這些語言以及更新一代的語言都只是舊點子的重新洗牌。我感覺我們已經在逼近聖經《傳道書》所說的：「虛空的虛空，虛空的虛空，凡事都是虛空。……已有的事後必再有；已行的事後必再行。日光之下並無新事。」

好吧，這樣聽來蠻掃興的，但這件事可以有另一個審視角度：發生在我們身上的事，其實已經發生在其他產業身上。

想想看化學，化學家如今有表達化學成分的標準方式，有幾種標記法能表示化學式和實際反應。所有化學家都看得懂 $2O_2+CH_4 \rightarrow 2H_2O+CO_2$。但早期的煉金術沒有標準命名法，煉金術士都是觀察眼前的實驗，然後用他們想用的任何難懂的符號來寫下結果。

或者想想英文，早期寫英文沒有標準拼字，作家會看心情用喜歡的寫法。這使得十四世紀的喬叟寫道：「Whan that Aprille, with his shorures sote / The droghte of March hath perced to the rote / And bathed every veyne in swich licour / Of which vertu engendred is the flour.」[2]

---

[2] 【譯者註】出自《坎特伯里故事集》序篇，用現代英文重寫即為：When that April, with his showers sote / The drought of March has pierced to the root / And bathed every vein in such liquid / Of which virtue engendered is the flower. （四月的甘霖澆灌了三月的旱地，充分滋潤了樹根以孕育花朵。微風甜美的氣息，令滿山遍野的作物萌發新芽。）

Chapter 16 語言

或者想想電子學,我們早期沒有用來表示電容、電阻、電池甚至電線的標準符號。但這些符號隨著時間標準化了。以上論點要表達的是,所有新學科都會歷經混亂但必要的大爆發時期:點子(idea)、標記法(notation)和表示法(representation)。等到塵埃落定後,更冷靜的人們會達成共識,並催生出標準的理念與符號。如此一來,這就像是聖經巴別塔(Tower of Babel)的故事被逆轉,實踐者之間的溝通和學科的紀律都會大大成長。這時才是**真正的**進步得以發生的時候。

所以我預見到這種事會發生在我們身上;我預期在(算是)不久後的未來的某個時間,更冷靜的人們會勝出,我們也終於會同意只採用一小批程式語言,每個都有特定的使用情境利基。要是我們真能將這組語言簡化成單一一種語言,我也不會覺得意外。若那個語言是 LISP 的某種衍生版本,那我就更不覺得意外了。

想像只有單一電腦程式語言有什麼好處哪!企業雇主再也不必四處尋找懂 Calypso 語言的程式設計師了。所有書籍、文章和論文都能以那個語言發表,所有程式設計師也都看得懂。框架與函式庫的數量將會大大減少。你需要移植系統的目標平台種類也會大幅縮減。對軟體業、程式設計師和研究者來說,單一程式語言將會是天大的恩賜。

等到某個時候,我們**必將**逃離電腦程式語言的倉鼠輪。

型別

檢查和強制要求我們資料型別的工作,到底應該由我們的編譯器執行,還是在執行階段來做呢?這種拉鋸戰已經持續了好幾十年,而且毫無解法。

333

型別大概是從 FORTRAN 加入程式設計世界的。變數開頭為 I 至 N 的值是整數，其餘則是浮點數。FORTRAN 的運算式結果只能是整數或浮點數。如果你嘗試在一個運算式混用不同型別的變數或常數，編譯器就會抗議。

C 語言是沒有型別的（untyped）；喔，你的確能替變數宣告型別，但編譯器只會用這些宣告來處理記憶體配置、分配記憶體空間以及做數學運算，它不會用宣告的型別加諸型別限制。所以你可以把整數傳給預期接收浮點數的函式，編譯器也會很樂意產生出程式碼。但程式執行時就會有未定義的行為（undefined behavior）——這通常表示程式在實驗室裡跑得起來，但在正式環境就會崩壞。

Pascal 和 C++ 採用靜態型別（statically typed），編譯器會檢查所有宣告的型別，好確保它們是正確的。這種限制大幅減少（但沒能消除）未定義行為的發生。

Smalltalk、LISP 和 Logo 使用動態型別（dynamically typed），變數沒有宣告的型別，編譯器也不會加上任何型別限制。型別會在執行期間檢查；若發現型別不正確，程式就會以事先定義的方式結束。這些語言沒有所謂的未定義行為，但你的確能在執行階段時遭遇意外的中止。

Java 和 C# 是靜態型別，Ruby 和 Python 是動態型別，Go、Rust、Swift 和 Kotlin 是靜態型別，Clojure 是動態型別，如此下去，有如鐘擺不斷來回。有些十年期偏好靜態型別語言，其他時候我們更喜歡動態型別語言。

為什麼我們會如此猶豫不決？答案是靜態型別語言很難學，動態型別語言很簡單。靜態型別語言就像拼圖，每一塊都得用對的方式擺到對的地方，但動態型別語言卻像樂高或 Tinkertoy 積木組，拼起來容易多了，只是有時會把錯的東西接到錯的地方。

就我看來，解決之道是取折衷：型別檢查應該很正式和嚴格，但也應該由程式設計師決定在執行階段的什麼時間地點檢查。好策略會是依循測試驅動開發（TDD）之類的紀律，寫個全面的單元測試（unit test）。外頭也有很多優秀的函式庫[3]，能在多種語言做廣泛的動態型別檢查。這樣便能阻止我們嘗試把錯的零件裝到錯的位置，但依然維持語言的樂高積木感。

LISP

為什麼我認為 LISP 最可能會是程式語言濃縮後的結果呢？

首先，LISP 的句法（syntax）非常之少。我能在一張標準索引卡的一面寫完所有的 LISP 句法。LISP 句法幾乎就不過是 (x y z...)。

我們現今這堆語言的特徵之一，是它們都包含大量的句法。你得學會很多句法技巧，這讓語言變得很難學，而且大大增加犯錯的機會。大量文法（grammar）也會妨礙語言的發展；新功能得加進該語言的句法和文法，讓語言變得更笨重、更難運用。

想想看 Java 的文法從 1990 年代末之後改變了多少。想想看現在那堆超乎尋常的泛型句法和隨處掛上的 lambda 匿名函式。到了某個時候，程式設計師的單純用意會被這些語言難懂的句法和文法遮蔽，導致語言自我崩潰、被自身的體重壓垮。

我的第二個論點是，LISP 極少的句法使它具備極為豐富的表達力，這個語言很少會妨礙你想說的東西。你得實際體驗過才能完全理解這是什麼感覺，但下面是個簡單的範例：

---

[3] 我喜歡 Clojure/spec。

```
(take 25 (squares-of (integers)))
```

第三，LISP 並不是程式語言，而是一種資料描述語言（data description language），附帶一個能把其描述資料解讀成程式的執行環境（換言之，這是個馮紐曼架構）。所有 LISP 程式都是以該語言的資料格式寫成。程式本身就是資料，也可以**當成資料操縱**。這表示你能即時撰寫和執行其他程式，甚至寫出能即時修改自己的程式。

在電腦的最早期歲月，我們還負擔不起索引計數器或間接定址時，我們就運用了這種威力。我們在用組譯器寫程式時一直保有這種能力，但它的風險實在太接近底層運作，以致我們也很少用。等我們一轉到 C 和 Pascal 之類的語言，我們在毫無意識下就拋棄了這種力量。

但事實證明，有能力**讓**程式即時修改自身或寫出其他程式，這可是極為強大的功能──所有 LISP 巨集程式設計師都曉得這點。這種威力大大延伸了 LISP 的豐富表達能力。而當它運用在 LISP 這種抽象環境、**遠離**底層運作時，它也就相當安全。

而我的最後一個論點則是：LISP 是個拒絕死去的語言。我們試過殺死它好幾次，但它依舊捲土重來。

第 17 章

AI

所有未來主義者都在跟我們說,我們正站在 AI 革命的懸崖邊。他們預測各種變化和動盪,並提出嚴重的警告說 AI 會帶來失業、剝奪自由,最終會毀滅人類。就好像他們年輕時都看太多遍《魔鬼終結者》似的。

不,天網不會覺醒和拿核彈轟爆我們。我們離做出會「覺醒」的機器還早得很呢。

這並不是在說 AI、大型語言模型(large language models,LLM)、深度學習(deep learning)和大數據(big data)就不是有趣和有用處的技術。它們當然是,而且對我們可能有深遠的影響,但它們本身沒什麼超自然的神祕力量,也不可能實現跟人類才智與創造力有絲毫近似度的成果。

人腦

就我們所知,人類大腦的認知活動是將近一百六十億個神經元的互動結果。每個神經元都連接到另外好幾千個神經元,有的近、有的遠。每個神經元都是極端複雜的資訊處理器,絕大部分是用在維持神經元生命和功能的化學過程,但後者也必然在認知過程扮演了要角。

每個神經元都是小型類比電腦,能接收數千個輸入訊號,然後轉換成一個輸出訊號給數百甚至數千個其他神經元。這些訊號是類比性質,因為訊號讀寫的資

訊是以脈衝頻率來表示。於是，若你慢慢抬起手指，你的大腦會對控制手指的各種肌肉送出低頻率脈衝。你希望抬起手指的速度越快，傳給肌肉的脈衝頻率就越高。

出於同樣的原理，若你感覺皮膚上有輕微壓力，這是因為感官神經元傳送低頻率脈衝給你的大腦。壓力越大，脈衝的頻率就越高。

神經元將輸入轉譯成輸出的過程，相當於一個複雜和會動態改變的函數。我們大部分的記憶，以及大部分的感官及肌肉運動技能，很可能都是儲存在這些修改過程裡。簡而言之，你的大腦等於是一百六十億台相互連接的類比電腦，其協同合作創造了「你」的存在。

要把如此複雜的器官跟我們目前的微晶片技術相比是很難的，但我還是來試試。現代晶片的複雜度高得驚人，能包含至少一千億個以上的電晶體，大部分會用在控制周邊活動，比如動態快取、圖形處理、USB 控制、影片編碼、短期 RAM 跟一大堆其他東西。

我們就猜大概只有兩百億個電晶體會實際用在 CPU 本身。這已經算是很慷慨的猜想了，畢竟 1979 年令人崇敬的摩托羅拉 68000 晶片只有（很諷刺地）總共 68,000 個電晶體。

每個電晶體都是簡單的開關，有兩個輸入和一個輸出。它們會透過一個匯流排彼此溝通，該匯流排允許 64 個電晶體在同一時間交談，交談速度是每秒四十億次。稍微計算一下，就會知道資訊交換率差不多是每秒 2,560 億位元。還不錯。

對，我知道這是大幅簡化的算法，但請先聽我說完。

人類一個神經元能儲存多少位元？這不算公平的問題，因為神經元處理的是類比信號，但訊號解析度一定有上限吧。我不知道上限是多少，不過我認為合理

的猜測是兩百個可識別的頻率。實際也許會更多或更少，但請先讓我說下去。如果神經元能存有兩百個可識別的頻率，那就相當於 8 位元。而神經元速度不快，對變化的反應時間大約是 10 微秒，等於每秒 100 次。

所以人腦的資訊處理率是多少？如果每個神經元會從另外五千個神經元取得信號，每個神經元每秒就整合了 5000×8×100 或者四百萬位元。既然有 160 億個神經元，每秒總量約為 512 兆位元。這比蘋果 M3 晶片的吞吐量高了一百萬倍。

這個數字可能錯得離譜；事實上，我認為這比大腦的實際資訊處理量還低太多了，因為我認為 M3 晶片的處理器使用的電晶體連兩百億個都沾不到邊，我也沒考慮到每個大腦神經元的資訊處理器控制的轉換函數，這些複雜的函數會被動態修改。所以我傾向認為人腦會比上面的估計數字再強上兩到三倍。

但我們就姑且先採用一百萬倍這個比率。如果我們能把一百萬片 M3 接在 100 GB 網路上，我們能模擬出近似人腦的運算威力嗎？不行，因為網路的資訊處理量只有每秒一千億位元，每片晶片每秒只能分到一萬位元。這表示那些可憐的 M3 晶片會吃不到夠多的位元——被網路的遲緩傳輸率瓶頸減慢了速度。

當我們討論到資訊處理器時，真正的關鍵是連結的數量，而不是處理器本身的時脈。

好，這些講夠了，我想我已經表達了我的論點。我們現存的科技完全比不上單一人腦的處理威力，所以不可能會有天網覺醒。AI 不會解決全球飢荒，LLM 不會搶走我們全部人的工作。但這不表示它們沒有用處。

神經網路

AI 的其中一塊基石是神經網路（neural networks）這個概念。它們之所以叫神經網路，是因為它們模擬了生物系統中神經元的連結和功能。

基本的概念是它有一層層節點（node），第一層的節點會連到第二層的眾多節點，第二層的每個節點則連到第三層的眾多節點，如此下去。在人類大腦中，大概會有四層左右的神經元以這種方式連結。

每個相連處都有權重（weight），權重也能動態調整，取決於神經網路在目標功能上的表現是否夠好。調整權重的過程通常稱為訓練（training）。拿個最簡單的例子，每個節點會根據前面所有的加權數值輸入的總和來產生一個數值結果。訓練結果的資訊會從第 N 層輸入，然後其結果輸入第 N - 1 層、如此往上，最後輸出會來到第一層。

這種簡單網路能訓練來做神奇的事。例如，只要四層的神經網路就能辨認手寫數字，每個數字寫在 24×24 像素的 8 位元灰階圖（MNIST 資料集）上。這種網路有 784（即 28×28）個輸入節點，中間各層為 512、256 和 128 個節點，然後最後一層是 10 個節點，分別代表每個數字。這個網路的準確率能輕輕鬆鬆訓練到高達 92%。

但處理 24×24 大小的圖片仍需相當大的運算威力。就算在最簡單的情境中，神經網路也得做 1,780 次乘法與加法，以及 1,006 次比較，更別提在調整節點還有處理圖片邊緣所需的資料運算。但一台現代電腦、一張 GPU 卡或特別設計的硬體只要一秒的一小部分就能跑完一輪這種運算。

92% 準確率對某些應用來說算很好了，但若要再提高準確率，你就需要更大更複雜的神經網路。但沒關係，我們有的是記憶體跟運算能力。這使得臉部辨識、物件辨識和狀態感知（situational awareness）的實現都離不開神經網路的威

力。但反過來說，神經網路會犯錯；它們根據大量訓練下產生的權重來做決策，但這些權重無法事先預測。沒有公式能判斷權重應該是多少，我們只能拿大量資料給神經網路訓練，然後*希望*已經涵蓋了所有可能性。

所以既然神經網路會犯錯，我們怎麼知道哪邊做錯了？我們能伸手到網路裡，只調整其中一個權重嗎？還是所有的權重都得調整？後者似乎更有可能，而這也是為何替神經網路除錯是幾乎不可能的。你唯一能做的就是重新訓練更好的神經網路，並回歸到抱持*希望*的策略上。

因此神經網路儘管強大，它依然有限制，而且很多時候*一廂情願*並不是可行的策略。

這種技術很顯然會繼續發展，新硬體會做出來、新演算法會發明、更好的權重與轉換策略會被找到。只要我們也謹記神經網路的限制，這些發展就是好事。

打造神經網路不是寫程式

雖然神經網路是在軟體領域底下發展，創造神經網路並不等於寫程式。替各種應用設計跟訓練大小合適的神經網路，這件事跟寫程式的關係，就和跟設計吊橋的關係是差不多的。打造神經網路不是寫程式；這是一種非常不同的工程學。

試算表程式是程式設計師開發的，但試算表本身是會計師發明的。神經網路引擎是程式設計師做出來的，但神經網路本身是神經網路工程師開發的。神經網路需要軟體才能存在，但軟體的存在不需要神經網路。

因此，我們程式設計師雖然將會密切參與神經網路背後的工具，神經網路本身跟程式設計的未來並沒有太大關係。這就只是我們將來得面對的眾多應用的其中一種罷了。

當你雇用一個程式設計師來寫程式時，你並不會預期要對程式的順利運作抱持希望[1]。你雇用程式設計師，就是要讓你拿到能帶來特定結果的程式。程式設計師的獨家絕活便是決定論（determinism）；我們程式設計師不搞懷抱希望這一套（希望如此！），我們應付的是二元真理，我們打造的系統是有決定性產出的。其他人使用我們做的系統時，系統產生的決定性結果或許會被當成抱持希望的近似版本，但這些結果依舊是決定性的。我們用非黑即白的事實建造出具有決定性的工具，幫助其他人突破含糊不定的灰色地帶。

大型語言模型（LLM）

當你把一點（好啦，不只一點）神經網路設計跟一點馬可夫鏈（Markov chain）、美國國會圖書館的館藏、網路上每一頁內容、所有大學圖書館的所有論文結合在一塊，你就能得出相當令人意外的結果。

令人意外，但不見得非常聰明。

或者我得說，結果有時很聰明，但從來不會很有創意或獨特。而且要是結果很聰明，也絕對不是出於 LLM 軟體與生俱來的智力。反而，你感覺到的任何智力都必然源自 LLM 參考的寫作素材自身。

你瞧，LLM 就是 GIGO 的絕佳典範——垃圾進，垃圾出（garbage in, garbage out）。比如，若你想訓練 LLM 軟體寫罪犯的內容，你就會得到很多犯罪相關的輸出。或者，若你拿很多搞種族滅絕的瘋子的文章來訓練它，你就會得到大量種族滅絕瘋子的描述。要是你碰巧拿相對比較聰明的人的作品來訓

---

[1] 人們對開發時程和預算會抱持很多希望，但能運作的程式只有一種定義（唔……希望如此）。

練，你就會得到相對比較聰明的結果——有時候是。但無論如何，你不會得到獨特或有創意的東西。

舉個例，我有次請一個著名的 LLM 講點睿智的話。它的回應是：

> 人生是一場旅程，其美妙之處不僅在於抵達目的地，更在於細細品味旅途中的每一步。擁抱學習的機會，珍惜每一刻時光，並在交織而成的經歷中發掘智慧，塑造屬於你獨一無二的故事。

如果你看了沒有翻白眼，你可能還沒滿三十歲吧。人生是一場旅程？供蝦毀？我是說，好，是啦，但這種格言已經存在很久了，久到都讓我們耳朵長繭了——如果你已經年過三十的話。

我叫同一個 LLM 講點獨特的話，它說：

> 在存在的交響曲中，每個人都是一個音符，為宇宙這首宏偉的樂章譜寫獨特的旋律。擁抱你自身音調的珍貴，因為正是所有音符和諧多元的交融，展現出生命樂曲真正的美麗。

我知道，我很抱歉這傷了你的眼球肌肉，你的眼睛應該已經翻白眼翻一整圈了。這兩個問題的答案都不會通過圖靈測驗，年過三十有智力的人類不可能會那樣回答問題——除非他們是在拿大型語言模型來表演喜劇段子。

這不是在說 LLM 沒有用；它們當然有用。它們經常是搜尋引擎以外的最佳替代選擇。比如我問它：「是誰寫出『在存在的交響曲中，每個人都是一個音符』」？它則回答：「是我。」

喔！真假？好意外唭，我怎麼想也猜不到。（請閉上眼和壓住太陽穴幾秒鐘，這應該能減輕頭痛。）

所以我接著問它:「人生的交響曲是誰寫的?」

它回答,這乃是「許多作家、哲學家和演說家長期以來經常使用的隱喻。」。

是,我瞭,多謝。

但嘲笑夠了,我們來拿它做點有用的事:「寫一支 Java 程式計算 50! 的結果。」

真沒想到,它回覆了以下內容:

> 當然!計算 50 的階乘 (50!) 會產生一個極大的數值,可能無法適用於標準數據類型,如 int 或 long。因此,通常會使用具有任意精度的數據類型,例如 Java 中的 BigInteger。以下是一個使用 BigInteger 計算 50! 的簡單 Java 程式:

```java
import java.math.BigInteger;
public class FactorialCalculator {
    public static void main(String[] args) {
        int n = 50;
        BigInteger result = calculateFactorial(n);

        System.out.println(n + "! = " + result);
    }
    private static BigInteger calculateFactorial(int n) {
        BigInteger factorial = BigInteger.ONE;
        for (int i = 1; i <= n; ++i) {
            factorial = factorial.multiply(BigInteger.valueOf(i));
        }
        return factorial;
    }
}
```

在這個程式中：

● 我們使用 BigInteger 類來處理大數值。
● calculateFactorial 方法從 1 遍歷到 50，每一步都將當前的階乘值與迴圈變數相乘。
● 最終結果將被輸出到控制台。

編譯並執行此 Java 程式，即可在控制台上看到 50! 的數值。請注意，結果將是一個非常大的數字。

好，如果我們忽略結尾那段討厭又完全多餘的重點條列項目，這倒是蠻厲害的。我編譯和執行程式，它印出：

```
50! = 30414093201713378043612608166064768844377641568960512000000000000
```

你覺得是 LLM 寫出這段程式的嗎？還是它在網路上哪邊找到和抄來的？或是兩者的合併？

LLM 自己寫的可能性比較大，雖然我也找不到完全相同的程式碼。所以 LLM 可能是從不同的來源拼湊的。我猜這個 LLM 有特別針對 Java 訓練過，而且很不幸的會補上條列式的程式文件。

我們來試難一點的題目：「寫一支 Java 程式把輸入值乘上每一個質數，並計算相乘次數，直到乘積超過一兆。」

```java
import java.util.ArrayList;
public class PrimeMultiplication {

    public static void main(String[] args) {
        long input = 2; // 最初輸入
        long limit = 1_000_000_000_000L; // 兆
        int primeIndex = 0;
```

```java
            while (input <= limit) {
                input *= getNextPrime(primeIndex);
                primeIndex += 2; // 移動到另一個質數
            }

            System.out.println("最終乘積: " + input);
            System.out.println("相乘次數: " + (primeIndex / 2));
        }

        private static long getNextPrime(int index) {
            ArrayList<Long> primes = new ArrayList<>();
            long num = 2;

            while (primes.size() <= index) {
                if (isPrime(num)) {
                    primes.add(num);
                }
                num++;
            }

            return primes.get(index);
        }

        private static boolean isPrime(long num) {
            if (num < 2) {
                return false;
            }
            for (long i = 2; i <= Math.sqrt(num); i++) {
                if (num % i == 0) {
                    return false;
                }
            }
            return true;
        }
    }
```

我得說，我蠻訝異 LLM 能正確解讀我的詢問，並產生出真的能跑的程式碼。我也相當訝異程式碼會糟糕成這樣。我是說，它會測試數字 4 來檢查它是不是質數，還有它每次做乘法都會一路重建質數表到迴圈索引值。腦筋正常的程式設計師不會寫出這種東西。這是機器從一堆來源剪貼程式碼和拼湊在一起的。厲害嗎？當然。

但聰明嗎？才不。

再來一個：「寫一支 Java 程式印出圓周率的第 97 位。」

```java
import org.apache.commons.math3.analysis.function.Constant;
import org.apache.commons.math3.util.FastMath;

public class PiDigit {

    public static void main(String[] args) {
        // 取得 pi 第 97 位數
        int digitIndex = 97;
        char piDigit = getPiDigit(digitIndex);

        System.out.println("pi 的第 97 位數為: " +
                            piDigit);
    }

    private static char getPiDigit(int digitIndex) {
        // 使用 Apache Commons Math 計算 pi
        double pi = FastMath.PI;
        // 將 pi 轉為字串並取得目標位數
        String piString = Double.toString(pi);
        return piString.charAt(digitIndex);
    }
}
```

呃，不，這樣寫是行不通的。和前面一樣，這不是腦筋正常的程式設計師會建議的解法，而這就是我的論點：LLM 不是理智的程式設計師（a sane programmer），它根本不理智。其實呢，把理智套用在 LLM 身上是範疇錯誤——LLM 既不算理智也不算不理智，畢竟它們沒有自我意識。

但它們仍然有用處：「Ctrl-L 的八進位碼是什麼？」

> Ctrl-L（Control-L）字元的八進位碼是 \f 或 \014。Ctrl-L 字元表示「換頁控制字元」（Form Feed），其用途取決於上下文，例如在印表機中用於分頁，或在終端模擬器中用於清除螢幕。

好，給的資訊多過頭了，但基本上是對的。雖然另一方面，Ctrl-L 的八進位碼不是 \f，甚至不是 \014，就只是 14_8。我沒有問它這個碼在 C 語言是怎麼寫的，我只想知道八進位數值。細節過多有時能跟細節不足一樣帶來誤導資訊。

我們再試另一個：「大憲章是哪一年簽署的？」

> 《大憲章》（Magna Carta），亦稱《大憲法》，於 1215 年 6 月 15 日在英格蘭國王約翰（King John）統治期間簽署。這是一份歷史性的文件，闡明了特定的法律權利，並限制了君主的權力。《大憲章》的簽署地點位於溫莎附近的朗尼米德（Runnymede），它在憲政法律的發展及個人自由的保障方面發揮了重要作用。

同樣的，資訊太多。若單純回答「是 1215 年」我就很滿意了。我只是想問日期，拜託不要給我一整段文章。

「我要怎麼在 Clojure 中轉置一個二維表格？」

在 Clojure 中，你可以使用 map 函數結合 apply 函數來轉置二維表。以下是一個簡單的示例：

```
(defn transpose [table]
  (apply map vector table))

  (def example-table
   [[1 2 3]
    [4 5 6]
    [7 8 9]])

(def transposed-table (transpose example-table))

(println "原始表格:")
(doseq [row example-table]
  (println row))

(println "轉置後的表格:")
(doseq [row transposed-table]
  (println row))
```

在此範例中，transpose 函數接受一個二維表作為輸入，並使用 map 和 vector 來對其進行轉置。轉置後的表格將被輸出以作示範。

如果有需要，請確保調整此程式碼以符合你的特定二維表結構。

對，這是直接從 Stack Overflow 搬來的經典解答，一大堆多餘資訊。老實說，我根本不需要這個愚蠢的小範例，結尾的評論也對我毫無用處。

所以沒錯，LLM 拿來當搜尋引擎很有用——但它不是理智的作者，其輸出不會通過圖靈測驗。要是你把 LLM 產出的東西當成人類作品端出去，你就一定會被抓包。就連 LLM 自己也曉得這點：

「寫一段文章解釋，若你將 LLM 的輸出當成人類撰寫的內容呈現，為什麼會被揭穿。」

> 將 LLM 的輸出呈現為人類撰寫的內容，可能會因 AI 生成文本所固有的獨特特徵而面臨被識別的風險。儘管 LLM 擅長生成連貫且符合語境的回應，但它缺乏人類寫作者所具備的細膩理解與個人經驗。其回應有時可能表現出不一致性、缺乏超越訓練數據截止點的現實世界知識，或展現出敏銳的讀者或評估者能夠察覺的異常模式。此外，LLM 可能無意間生成過時或錯誤的資訊或觀點。此外，缺乏穩定的個人風格以及真正個人視角的缺失，可能會引起質疑。在真實性與可信度至關重要的情境下，將 LLM 的輸出呈現為人類創作的內容可能會面臨曝光風險，這突顯了在傳達 AI 生成內容時保持透明度的重要性。

大型 X 模型帶來的破壞

若要把 LLM 進一步發展成大型音樂模型、大型藝術模型或大型政治語言模型，這其實都不難，其基本概念是相同的。只要拿一點神經網路加上一點馬可夫鏈，打造一個大型相互連結模型，並整合網路上極為大量的人類貢獻，你就能做出你想要的任何 LxM（大型 X 模型）。

這些 LxM 會帶來大破壞嗎？當然，至少某個程度上會。人們會拿它們來嘗試各種事情，包括讓已故演員在現代電影演出，還有寫出下一張披頭四專輯。他們又有什麼理由不這樣做呢？

喔，這些事會引起一些法律糾紛。要是有人做出一支新 MTV，讓已故演員「老口香糖」（我要 LLM 給佛雷・亞斯坦（Fred Astaire）取個暱稱）跟埃及豔后在屋頂上跳舞和表演二重唱，佛雷・亞斯坦基金會大概會有意見吧。但這些到頭來都會搞定，我們將看到，電影會把 AI 演員的演出貢獻歸功給基金會。

那麼，**我們會被 LCM**（大型程式碼模型，如 Copilot）取代嗎？我希望我前面展示的一些片段已經能打消你的擔憂。沒錯，LCM 變得越來越強，各位身為程式設計師的角色也會因此改變，但這些改變不會取代你。LCM 是工具，正如 C、Clojure 和任何 IDE 都是工具，而工具都需要被人類使用。

記得最初用二進位碼開發的程式設計師看到葛麗絲・霍普的 A0 編譯器，就算這編譯器原始得可怕，他們也仍然擔心會被取代。但事實上完全相反；當工具進步時，人們對程式設計師的需求反而變得多更多。

為什麼？為何對程式設計師的需求似乎會無限成長？為什麼全球的程式設計師數量每五年就會加倍？

簡單來說，答案就是我們根本還沒探索完電腦能做的事。潛在的應用數量比起現存應用還是多太多了。可是 LCM 不能取代的人類又怎麼說？畢竟要是 LCM 變得夠強，想要寫出新應用程式的人只要問 LCM 就行了──不是嗎？

想得美。我也在本書開頭的「我們為何在此？」小節解釋過，我們程式設計師是細節管理大神。不論 AI 和 LCM 變得有多聰明，一定有些細節是它們無法處理的──而這時就輪到我們上場了。

或許將來有一天，我們會用自然語言指揮 LCM 辦事。我們說不定會直接指著螢幕說：「把這個欄位往右邊移動四分之一吋，然後把背景改成淡灰色。」我們甚至可能會說像這樣的話：「把這個畫面調整成更像某某某應用程式的風格。」我們或許會用上很多新手勢、標記法和符號，但我們依然會是程式設計師。

因為我們是負責應付細節的人，而細節將永遠、永遠不死。

第 18 章

硬體

從計算機的最初年代以來，我們軟體執行時倚賴的硬體已有了相當戲劇化的改變。今天——我寫下這段的日期——是 2023 年 12 月 17 日，我們從巨大和未完成的差分機走到這一步只花了不到兩世紀。電磁怪物式的哈佛馬克一號僅僅是八十年前的事，然後是 UNIVAC I（七十一年前）、IBM 360（六十年前）、PDP-11（五十四年前）、麥金塔電腦（四十年前）、筆記型電腦（三十五年前）、iPod（二十年前）、iPhone（十七年前）、iPad（十三年前），以及 Apple Watch（九年前）。

我們可以計算這兩百年期間運算威力的大幅提升速度，但這些數字會讓我們難以理解，因為這遠遠超出人類能想像的幅度。增加的倍數實在太龐大了，但我還是姑且一試。

差分機每秒能做六次減法。我的筆電快十億倍，也就是 1×10^9。

差分機能儲存六個數字，我的筆電則能存三千億倍的量，等於 3×10^{11}。

差分機重八千磅，我的筆電重四磅（這是 ChatGPT 的答案），比率為 2×10^3。

差分機在 1820 年成本大概是 25,000 英鎊，同樣重量的銀在今天會值大約一千萬美元，其購買力大概相當於三百萬美元。我的筆電價值約三千美元，比率為 1×10^3。

差分機和我的筆電的差距已經高達 10 的 25 次方，而我們還沒考慮到使用容易度、操作成本、維護成本跟其他一堆我甚至無法想像的因素。10 的 25 次方有多大？唔，大到天殺的大。如果你把這麼多碳原子並列排起來，它們會延伸大約一百個天文單位——差不多到航海家二號太空船（Voyager 2）目前身在的地方。

我想說的是，運算威力的變化等於天文數字。但這種成長率已經放緩了。

摩爾定律

六十年前（1965 年），快捷半導體（Fairchild Semiconductor）研發長喬治・摩爾（George Moore）預測，半導體晶片的元件數量會以每年加倍的速率成長。從那之後，這定律在每一年都大致成立。1968 年一個電晶體寬 20 微米，現在我們已經逼近 2 奈米。用這個比率的平方來算密度，等於增長了 1×10^8 或大約 2^{27} 倍。這暗示密度每隔兩年才加一倍，但過去這段時間晶片也越做越大，所以實際增加的元件量仍然接近摩爾的預測。

這種趨勢會持續嗎？誰知道？人是聰明的東西，但挑戰無所不在。一條兩奈米寬的電路只有大約 20 個原子寬，相當於光譜中的 X 光波長。在這種距離下，量子穿隧效應（quantum tunneling effect）會降低電線之間的「絕緣」效果[1]。我們可以說，晶片密度的極限至此已經相當接近了。

另一方面，晶片時脈在二十年前就停止成長，提高到差不多 3 GHz 後就止步不前。這種現實已經二十年沒變，將來也不太可能會改變。所以看來我們卡在每秒最多三百億次運算的僵局裡了。

---

[1] 這麼小的規模到底要怎麼討論「絕緣」？

Chapter 18 硬體

這表示若要提升原始的運算威力，我們只能增加電腦的數量，然後想個有效率的辦法連接它們。這便是為何我們看到處理器開始出現多核心，而這也是雲端運算開始變得如此重要的主因。

核心

在某段時期，我們以為處理器核心會大約每年加倍；我們先看到雙核心晶片，然後出現四核心晶片。但核心的指數成長沒有發生。這背後有許多理由，不過，最重要的或許是這些核心必須透過內部匯流排相互溝通，而匯流排的速度也受限在 3 GHz。快取記憶體能減輕但無法消除這種侷限。甚至，平行運算演算法做起來十分棘手，經常也不可能做到。

雲端

雲端上的電腦也有類似的限制：它們必須透過網路分享資訊。400 Gbps 網路非常快，但得由眾多電腦共用，平行運算問題也依舊存在。

停滯期

以上一切因素顯示，我們若不是進入停滯期，就是正要進入這種階段。你可以增加實體電腦的數量來增加原始運算力量，但任何應用程式能存取的運算量可能也在逼近極限。或許有些應用是我們龐大的馮紐曼架構機器網路也愛莫能助的。

不過，量子電腦或許會成為救星。

量子電腦

整個宇宙就是一台大電腦——不，我不是說我們都是某種天神青少年的電玩裡面的角色，而是宇宙會依循即時運作的物理法則來運作。宇宙透過這些物理定律，得以算出某些問題的解答，是我們需要用數以百萬的雲端模擬運算時數才能求出解的。

比如，宇宙能即時解決太陽系的多重天體重力關係。要是我們能把宇宙本身當成電腦來解決我們自己的問題，那不是很棒嗎？

當然，我們過去已經用過很多次這種策略。類比電腦（analog computer）就是單純使用宇宙的物體定律來模擬我們想解決的問題。我們在類比電腦上唯一要做的事，就是設定能解決我們問題的類比定律，然後讓它們自個兒運作。

這做起來比聽起來難一點，也導致我們傾向將類比電腦做成只能解特定問題。類比電腦不是通用機器。舉例來說，如果想設計一台能表現得像文字處理器的類比電腦，那會是艱鉅的任務。事實上，你得讓一台類比電腦跟人類大腦一樣複雜，才有辦法讓人把它當成文字處理器。

量子電腦（quantum computer）很類似類比電腦，概念是把問題弄成近似於量子粒子會有的行為，然後讓量子粒子來解決問題。這同樣聽起來比實際上簡單——首先，要維持必要的量子狀態很難，超級無敵難。量子電腦通常要求逼近絕對零度的溫度，以及幾乎逼近真空的環境。其次，要做一台裝置和能夠在任何實用的時間長度裡合併 N 個量子粒子的值，實在也不容易。最後，能用量子運算解決的問題相對很少。那為什麼我們對量子電腦如此著迷？

因為，量子力學（quantum mechanics，QM）法則開啟了誘人的可能性。

Chapter 18 硬體

量子粒子能以疊加態存在；如果你建立一個粒子，擁有疊加的輸入狀態，然後讓該粒子通過一個實體程序來修改其狀態，最終粒子就會擁有所有可能輸出結果的疊加態。這等於是平行運算，但有個罩門：沒錯，你只用一個運算就能將 N 個疊加輸入狀態轉為 N 個疊加輸出狀態，可是你一旦觀測粒子的輸出狀態，疊加態就會塌縮，只留下一個可能結果狀態。所以一台量子電腦得設計得非常巧妙，在**不測量結果**的前提下運用這種天生的平行運算能力。這可不是隨便就做得到的事。

總有一天，我們或許會看到量子電腦能協助解決某些有趣的問題，但它不會是魔術子彈（magic bullet），不可能讓運算能力像我們在二十世紀下半看到的那樣再度指數增長。

第 19 章

全球資訊網

全球資訊網（World Wide Web）已經誕生三十年了，在這段時間從簡單小巧的文字導向協定成長為以 JavaScript/HTML/CSS 驅動、讓我們再熟悉不過和假裝熱愛的怪獸網站。

但它真的很糟，對吧？我是說，我們想要在網路上做的事，跟我們被允許使用的工具，是兩種非常不同的東西。

全球資訊網的催生用意是分享文字（text）──但這是我們如今最不想做的事。我們不需要另一個標記語言。我們不需要知道樣式表。我們只想要 HTML 之外的人生。來吧──跟我一起唱[1]！

以我的觀點來看，全球資訊網的未來會倚賴簡單的分散式運算。我們會把程式載入自己的工作站，用美好的資料語言跟伺服器溝通。許多現今網站的運作大致就是這樣；我們把 JavaScript 傳給瀏覽器，並用 JSON 格式和伺服器溝通。差不多一樣。

不過，我設想的樣貌相當不同。我認為我們最終會在工作站跟伺服器跑 LISP 引擎，而它們之間交換的資料格式也是 LISP。因為請記住，LISP 不是程式語

---

[1] 【譯者註】這幾句模仿了蒂娜‧透娜 1985 年的歌曲〈We Don't Need Another Hero〉，是《衝鋒飛車隊續集》（*Mad Max Beyond Thunderdome*）片尾曲。

言，而是一種資料格式語言（a data formatting language），可以被 LISP 引擎解讀成程式。只要網路中所有節點都同意用一樣的資料格式和引擎，那所有節點都能平等分享資料和程式。

這也意味著將來網路環境和桌面環境不會再有分別；兩者的區別會消失。你不會再使用你最愛的瀏覽器，因為瀏覽器會不復存在。你不需要搞定 HTML、CSS 或 JSON，因為這些東西也會絕跡。你會直接在工作站和伺服器上跑程式，中間沒有任何明顯的分界線。

簡而言之，全球資訊網會從我們的認知中消失。我們來舉個例子：1960 年代。

我長大的時候，電話是放在桌上或掛在牆上的裝置，它有一個號碼代表我們的屋子。我沒有電話號碼；我家有。

講電話會讓我被綁在特定的地理區域，在一個大約直徑十呎（三公尺）的範圍裡。電話畢竟是裝在牆上，電話線又相對短。我父親把我們的牆上電話改裝了特長電話線，讓我們講廚房電話的時候能走到廚房的幾乎所有角落。但若我們想打開廚房最遠的櫥櫃門，就得把電話放下。

電話機分成兩部分：底座和聽筒。你會把聽筒湊到嘴巴和耳朵旁邊，底座則留在牆上或桌上。當電話響起來時，那多讓人興奮哪！我們不知道打來的是誰。為了查明，你得接電話和說「喂？」。因此電話響時，趕緊接電話就是當務之急，因為說不定是急事。打來的也許是奶奶，或是我的死黨提姆，或者……所以，只要聽到電話響，我們就會放下手邊的事和過去接起來。

我們會背下電話號碼，我們知道所有朋友的號碼，也記得經常撥打的商家號碼。我父親用標籤機寫下我們大部分朋友的電話號碼，也經常會用廚房電話談公事。我們更有一本龐大的電話簿，列出我們撥打區域幾乎所有人和所有商家的號碼。

Chapter 19　全球資訊網

你的撥打區域取決於你們的交換機和區碼。你被收取的電話費取決於你打到多遠的地方。如果你是在交換機的範圍內打電話，費用就很低。撥到交換機之外的範圍會收高更多的通行費。而打到整個電信區域外就變成長途電話了，費用會高到嚇死人。一通非常長途的電話——比如從芝加哥打到舊金山（我祖母住的地方）——需要接線生介入來建立特別連線。這種電話非常、非常昂貴，通話品質也很糟糕。

我們在 1960 年代也有電視，是相當大型的電器，放在我家一、兩個房間的地板或桌上。通常客廳有一台，主臥室則可能有另一台。解析度奇低，干擾一大堆，你得想辦法調整天線指的方向。我們有個小裝置能旋轉屋頂上的天線，好讓我們能收到芝加哥或密爾瓦基（Milwaukee）的電視台訊號。

我們有五台可以看：WGN、ABC、NBC、CBS 和 PBS。這些是透過本地廣播公司放送的，特定頻道的特定時段會有特定的節目播映，這些會列在《TV 指南》上，你可以訂這種雜誌，雜誌每星期會送一次。你得在節目開始之前打開電視，然後等著它開始。想在同一時間看其他節目的人就得用別台電視。許多兄弟姐妹會為了搶電視機的控制權而大打出手。

如今，你自己有電話號碼，它跟著你移動，跟著你到天涯海角，因為你會把電話帶在身上。你也很少去想電話號碼，因為你的手機裡存有電話簿，你只要跟你的手機說「打給 Bob」就好。你也不太會顧慮距離。喔，你可能會小心點別打到跨國電話，但區碼已經沒有意義；它們就只是電話號碼的一部分而已。

如果你想叫披薩，你會跟 Siri 說「打給 Kaisers」。若你想檢查當地的沃爾格林（Walgreens）連鎖藥局有沒有賣 Moose Tracks 冰淇淋，你就跟 Siri 說「打給利伯蒂維爾（Libertyville）的沃爾格林」。我們還是會知道它們的電話號碼，但大多數時候單純會視而不見。我們會預期它們最終都會從我們的認知消失。

你會在手機上看電視，通常不必等節目開始，只要點開你想看的節目直接看就好。沙發上的三個兄弟姊妹可以用各自的手機看不同的節目，但仍然能分享同一碗爆米花。

這個例子的論點在於，1960 年代的基礎設施主宰了應用：電話號碼、電話機、電視節目時間表，乃至電視機本身都是基礎設施的一部分。當時實在找不到好的辦法把基礎設施從應用分離出來。

現今的應用已經幾乎跟基礎設施脫節，你不會查覺到手機基地台的存在，也感覺不到龐大的通訊網路。大部分使用者其實根本不曉得手機通訊是怎麼運作的。也就是說，基礎設施已經從我們的認知消失。

全球資訊網最終也會如此。網路的基礎設施目前非常顯著；我們用瀏覽器輸入或點擊網址，我們會看到表格跟可辨識的文字。這一切基礎設施也將會從我們的認知消失，屆時 HTML、CSS 甚至瀏覽器都會化為雲煙。最終剩下的就是在電腦中執行和彼此溝通的程式——而我真希望那全部會變成 LISP。

第 20 章
程式設計

未來的程式設計會變成什麼樣呢？我們會全部被 AI 取代嗎？我們會終於能靠畫圖表就能寫程式，而不是得寫程式碼了嗎？我們會不會全部戴著擴增實境單片眼鏡，坐在按摩椅上喝著甘藍與蘑菇冰沙，靠著潛意識來口授程式？

我最好的猜測是，五十年後寫程式的面貌看起來會跟五十年前沒有兩樣。五十年前的 1973 年，我會在文字檔裡寫 if 敘述、while 迴圈和指派敘述，然後編譯和測試它們。現在，我會在文字檔裡寫 if 敘述、while 迴圈和指派敘述，然後編譯和測試它們。因此，我只能假設五十年後，要是我活到一百二十歲和繼續在設計程式，我還是會在文字檔裡寫 if 敘述、while 迴圈和指派敘述，然後編譯和測試它們。

若我把你帶回五十年前的過去，把你放在我的程式設計工作站前面，教你怎麼編輯、編譯和測試程式，你就一定做得到。你會對原始的硬體跟粗淺的語言感到驚駭，但你照樣能寫出程式碼。同樣的，要是有人把我傳送到五十年後的未來，教我使用那時的程式設計工具，我認為我應該也能夠寫出程式。

五十年前的硬體遠比我的 MacBook Pro 原始多了，因為我們過去五十年都在乘著摩爾定律的指數成長曲線。我想我們已經抵達曲線的頂點，所以我不認為接下來五十年會看到我在過去半世紀體驗到的那種二十倍餘的增長。但我相信硬體仍會繼續改良，只是速度會比指數成長低得多。因此，我預期會對未來感到驚奇，但不會感受到威脅。

航空學的比喻

人類飛行史的前五十年，把我們從以木材、布料跟纜線造的脆弱機體推向能飛越大西洋的噴射機。這是個瘋狂和劇烈的指數成長時期，靠著經濟、政治與戰爭驅動。

而第二段五十年則是小幅增長的時期；當今的越洋商業噴射機看起來跟早期商業噴射機並無不同。喔，當中的確有大幅進展，但波音 777 和 1950 年代第一架噴射客機哈維蘭彗星（de Havilland Comet）的差異只在於細節，而不是範疇上的區別。相較之下，萊特兄弟的飛機和哈維蘭彗星之間就存在最極端的範疇差異。

我認為，我們的電腦設備正處於哈維蘭彗星的階段，其範疇（category）已經確立。接下來五十年則會繼續改良這個範疇，程度或許就像從哈維蘭彗星進步到波音 777，但不太可能會擺脫這個範疇。

原則

過去五十年中，軟體在基本原則方面幾乎沒有進展。主要的三大典範（paradigm）——結構式、函數式和物件導向——在 1970 年都已經存在，這時軟體的頭三十年還沒結束、下個五十年也根本還沒開始。當然一定會有些重要的改進——我認為 SOLID 原則就屬於其中之一，但這些原則根據的基礎老早就確立了。

我不預期會在接下來五十年看到劇變。事物的名稱可能會變，有些事情會四處洗牌，SOLID 也許會被 NEMATODE（線蟲動物門）或其他重新分類的原則取代。但不管原則在下個五十年變成什麼樣子，它們依然源自 1973 年之前埋下的那些基礎。

Chapter 20　程式設計

軟體在頭三十年，也就是 1940 至 1970 年間的進展程度，相當於萊特兄弟的飛機發展到二次大戰的梅塞施密特（Messerschmitt）Bf 109 戰鬥機。基礎雖然已經打下，但不是所有原則都已經被提出和列舉。

方法論

過去五十年是方法論的時期：HIPO[1]、瀑布式開發、螺旋模型、Scrum、功能驅動開發、極限程式設計還有整個敏捷開發的概念，都是在這半世紀建立的。敏捷開發顯然是這場競賽中的贏家，我也預期接下來五十年雖然會有改良，但不會帶來革新。

紀律

過去二十五年可以見到程式設計紀律的進步，如測試驅動開發（TDD）、測試且提交或恢復（test && commit || revert）、結對（pair）／群體（mob）程式設計、持續整合／持續部署（CI/CD）。這些紀律之所以能實現，幾乎都是拜技術進步之賜。TDD 和 CI/CD 在 1973 年是無法想像的，結對／群體程式設計在那時雖然不算罕見，但也尚未被當成紀律。

我預期接下來五十年，我們會延伸和精進這些紀律。有許多出版品已經在這些方面提高標準了。在這類日益增長的作品中，其中一本最新的便是肯特・貝克的《先整理一下？》（*Tidy First?*）。

---

[1] 一種 IBM 的老技術：階層式輸入，處理輸出（hierarchical input, process output）。

倫理

我的猜測——以及我的希望——是，我們這個新生的職業在接下來五十年將會催生出真正的職業倫理、標準和紀律。我已經在我過去的作品[2]中大篇幅討論過這點，也可能會繼續大力鼓吹之。

在此時此刻，軟體作品幾乎不會提到倫理，但我認為這點必得改變。現在有太多事情指望程式設計師的倫理行為了。我們整個文明現今的日常存在都仰賴於軟體。若全世界的軟體系統突然被關閉，我猜數星期內的死亡人數將會令歷史上的任何時刻相形見絀。

很遺憾的是，我認為真正能刺激軟體展開倫理革命（ethical revolution）的因素，將會是某種重大意外或惡意軟體。我們已經見過太多這些事，其嚴重性也不可避免越來越高。到了某個時候，它將會越界，人們要嘛自願採納一個真正職業該有的倫理、標準與紀律，不然就是人們會強迫我們遵從。我希望到時候會是前者。後者令我感到害怕。

參考資料

肯特・貝克（Beck, Kent），2023：《先整理一下？｜個人層面的軟體設計考量》（*Tidy First?: A Personal Exercise in Empirical Software Design*）。歐萊禮媒體出版。

---

[2] 【編輯註】例如《無瑕的程式碼 軟體工匠篇：程式設計師必須做到的紀律、標準與倫理》（*Clean Craftsmanship*）的「PART III：倫理」。

Afterword

後記

【作者筆】我在大約 2005 年於挪威見到湯姆‧吉爾布（Tom Gilb）。他個子很高、令人印象深刻，腦袋聰明又機靈，且舉止有如彬彬有禮的紳士。他和他迷人的妻子在他們的小屋招待我用午餐，那兒能俯瞰一條美麗的峽灣。我和他談了許多頗有啟發性的話題。

湯姆幾乎打從一開始就在場；我在這本書寫到的許多人物，他都見過和合作過。所以我想不出有誰比他更適合寫一篇後記來替這本書收尾了。

對本書內容的反思

我非常仔細讀完稿子，然後像個注重細節的好程式設計師一樣，興味盎然地抓出稿子裡的錯字跟錯誤並寄給 Uncle Bob。而他也像個好程式設計師一樣，歡歡喜喜地看完和修復這些「臭蟲」。

這本書對計算機史帶來了多美妙的貢獻哪！我很清楚，因為我跟 Uncle Bob 同時經歷過這段時期的大部分。我 1958 年在奧斯陸的 IBM 公司拿到第一份工作，替處理打孔卡的 IBM 服務處做事。相信我，那些接線板上的接頭就是程式，而那些電磁機械式的 IBM 機器——有些源自二次大戰前——就是今日電腦跟程式設計的祖先。這本書清楚呈現了這些史實。

我輩程式人
回顧從 Ada 到 AI 這條程式路，程式人如何改變世界的歷史與未來展望

我和 Uncle Bob 一樣，大半人生都在當顧問、教師和參加電腦研討會。這點的重要性在於，我得以見到這本書提到的許多人物。所以這本書其實是關於我的專業領域朋友，我也能告訴你這些故事十分忠實。事實上，本書的寫作跟研究水準都甚為出色——當年的事情真的就跟書裡說的一樣。

個人軼事或故事

老人（我在 2024 年八十三歲）都很愛講古——只要有人想聽的話。我們有多少人很懊悔沒有跟自己的爸媽或祖父母問起他們過往的故事？

Uncle Bob、我和這本書的角色們都是各位的專業領域「長輩」，所以各位可以叫我「湯姆爺爺」（Grandpa Tom）。我們不只年紀大了，我們也有極為廣泛的經驗。我們和我們那些朋友跟「長輩」一樣，熱愛分享我們的點子。我們能讓你省下很多麻煩，但也許你寧願靠自己從錯誤中學習。

我們希望若把這些寫下來，我們遲早能把我們的智慧傳授給你們。也許再過幾十年、各位變得更成熟後，就會回頭找到這些東西。

我忘不了葛麗絲・霍普在講台上從皮包抽出一段 11.8 吋的編織羊毛線，用這個對我們展示光線走一奈秒的距離。然後，她再從袋子拿出一段 984 呎捲起來的金屬線，展示光線走一微秒的距離。霍普平常會坐在觀眾席後面，一邊織衣物、一邊等待輪到她上台。

後來，我被邀請在倫敦南岸大學替「年度葛麗絲·穆雷·霍普演講」演說。霍普本人親自演講多年，但她和我還有 Uncle Bob 現在一樣，已經沒辦法到處跑了，當時也沒有 Zoom 視訊講課這種東西。於是演講由我接手，但我認為我沒辦法像霍普那樣「預測未來」。於是我讓我的演講以永恆不變的原則為基礎，就算過一百年、不管真實世界發生其他什麼事，這些原則大概也仍然成立（這樣比較保險！）[1]。這些原則像是：

隱形目標原則（invisible target principle）：
所有關鍵系統特質都得明確定義。隱形的目標通常很難達成（除非是誤打誤撞）。

---

[1] 湯姆·吉爾布，1988：《軟體工程管理原則》（*Principles of Software Engineering Management*）（Addison-Wesley 出版）；www.researchgate.net/publication/380874956_Ch_15_Deeper_perspectives_on_Evolutionary_Delivery_later_2001_known_as_Agile_in_Gilb_Principles_of_Software_Engineering_Management。

我對於我打破了「理所當然應該要預測未來」這件事感到自責,所以打電話給霍普,並把我的講稿傳真給她過目。我很高興她覺得相當滿意。她理解良好原則的威力,但她似乎比較在意自己一把老骨頭的全身痠痛:她或許在這點「預測了」她自己的未來,現在則輪到我,或許也包括 Uncle Bob[2]。

我是在荷蘭見到艾茲赫爾・戴克斯特拉,就在他位於尼嫩(Nuenen)的家門口。我最近才從一位傳記作家那裡得知,戴克斯特拉在遇見我那天的日記上形容我是個「自大的顧問」。不知道那種自大程度能算幾個「戴克斯特拉」(自大的單位,見本書第六章)?讀者或許也記得,戴克斯特拉和宗內費爾德使用雙重程式設計紀律,搶先完成了可用的 ALGOL 60 編譯器,打敗了我的研討會老朋友跟客戶,來自丹麥的彼得・諾爾[3]。

我在其中一期 INCOSE(International Council on Systems Engineering,系統工程國際委員會)期刊中,指出開發雙重但各自獨特的程式(dual but distinct program),在幾個方面或許有好處[4]。兩位英國學者在下一期回應「他們不相信吉爾布的雙重獨特程式理念」,而是「相信戴克斯特拉的結構化程式設計理念」(我猜即為「不要用 GOTO」吧)。注意,他們的用詞是相信,不是學術上的科學,就只是信念的選擇而已!

所以我去荷蘭洽公時,逕自跑去敲戴克斯特拉的門,在他家門口問他:「你認為雙重獨特軟體跟你的結構化程式設計,哪種軟體典範比較好?」他想了一下,

---

[2] 預測?當然。實際體驗?算是無感 :p —— Uncle Bob

[3] 諾爾請我用我的 Planguage 塑模方法,替哥本哈根大學挑選一台新電腦。

[4] 湯姆・吉爾布,1974:「平行程式設計」(Parallel Programming)。《Datamation》20 (10): 160–161,以及許多後續的論文與書籍。此外,參閱我談論這種技巧對「核能設施軟體」的影響的筆記: www.researchgate.net/publication/234783638_Evolutionary_development。

說：「你最好進來，把事情定義得更清楚，我們才能討論這個主題」。很好，我很愛「清楚定義」。我是個程式設計師。

戴克斯特拉接著驕傲地告訴我，他和雅各・安東「亞普」宗內費爾德如何各自寫出他們自己的「獨特」（也就是沒有互相抄襲的）ALGOL 編譯器，然後做比較和尋找臭蟲之類的問題。他們藉此比諾爾和丹麥人早一步做出可用的 ALGOL 60 編譯器，本書有講述這個部分。

我接著說：「戴克斯特拉教授，我認為我讀過您寫的大部分作品，但我從來沒有看到任何地方提到雙重獨特程式設計。」他回答：「當然沒有，我從來沒有記錄下來。你瞧，我是工程師，我們非常了解冗餘系統之類的概念。但我也身在電腦科學的學術界，那些人不會懂和欣賞這種實務工程方法。所以我不想搞到他們一頭霧水，乾脆閉嘴不講！」

哇賽！（說這句的時候比出腦袋爆炸的動作。）

我再講一則故事：彼得・G・諾伊曼（Peter G. Neumann），記得他嗎？他提過自己的父親在慕尼黑坐在希特勒跟他的黨羽旁邊用餐，剛好就在納粹黨試圖發動政變、希特勒入獄[5] 和……更多事情發生之前。彼得的藝術商父親很聰明，趕緊腳底抹油逃出國。

這讓我想到我自己父親的一則故事（百分之百版權所有），他和人稱「狡猾狄克」的理查・尼克森總統共用同一位律師。他有次偷聽到這位律師說：「我們來推舉狄克選總統，因為我們能控制他。」（這件事如假包換，但我離題了！）

---

[5] 阿道夫・希特勒在啤酒館政變（Beer Hall Putsch）當中扮演的角色，使他在 1923 年 11 月 8 日被判刑。

當彼得在研討會見到我，發現我住在挪威時，他跟我說他家閣樓有一份未出版的手稿，是他的藝術商父親回憶他知名藝術家客戶的經驗（1920 年代），當中包括我最喜歡的挪威畫家，畫出《吶喊》的愛德華·孟克。裡面有一整章在講孟克。我馬上聯絡孟克博物館，說他們一定得保存它作為歷史紀錄。但我擔心他們沒有採取行動。就我最後聽說，手稿仍然躺在彼得老家的閣樓裡！

因為這本書的關係，我寫電郵給彼得（他現在九十歲出頭，在國際科學研究所（Scientific Research Institute International，又稱國際史丹佛研究所）），問他手稿是否有保存下來，若有的話，能否給我一份副本，或者把正本交給我，我會（在讀過和拷貝後）親手拿給孟克博物館館長。等著看這場進行中的國際歷史好戲吧！（彼得則回覆說，手稿現藏於紐約現代藝術博物館。）

但這件事和本書的真正關聯在於，我發現彼得在 2010 年接受過《紐約時報》訪談，標題為「為了拯救電腦，我們得殺死它」[6]。該文的開場陳述為：

「許多人會引用愛因斯坦的格言：『凡事都應該盡可能單純，但不要過於簡化』。但只有少數人有機會在早餐時間跟這位物理學家討論這個概念。」

而這篇文章，也就是諾伊曼跟一位天才共進午餐兩小時的交談內容，只有一個地方暗示了愛因斯坦「傾向單純」的態度（而且請記住，如訪談所指出的，諾伊曼非常熱愛音樂，而我們也知道愛因斯坦會拉小提琴來紓壓）：

---

[6] 參閱 www.nytimes.com/2012/10/30/science/rethinking-the-computer-at-80.html?pagewanted=all&_r=0（你只要繞過付費要求，就能免費閱讀文章）。文中提到：「諾伊曼博士的父親在 1923 年搬到美國，他記得父親提過自己在慕尼黑的一間餐廳用餐——他父親在當地有一間畫廊——結果發現自己坐在希特勒跟幾位納粹黨羽旁邊。他沒多久就離開國家到美國去了。」（聰明的傢伙！好個早起的鳥兒。）

「諾伊曼博士在大學接觸的事物，開啟了他一輩子對美感和危險複雜性的熱愛，愛因斯坦在他們倆的早餐中暗示了這點。

『您覺得約翰尼斯・布拉姆斯（Johannes Brahms）怎麼樣？』諾伊曼博士問這位物理學家。

『我一直搞不懂布拉姆斯，』愛因斯坦回答。『我相信布拉姆斯熬夜創作，就只是要把曲子搞得更複雜。』」

我本人對複雜性（complexity）和單純性（simplicity）非常感興趣，但這不是我的書，所以我只會給各位一段簡短的見解，談談我自己的複雜性理論。

人們如果認為系統複雜、艱澀到難以理解，他們只是沒有配備正確的工具而已，而這種工具叫做「技術顯微鏡」（technoscope）。光靠剛才這個詞，我就已經給了你一百種方式來解碼複雜性[7]。

而那句關於單純的引言引起了我的注意，因為在我的《軟體工程管理原則》第17頁裡，我引用它和稱之為「愛因斯坦的過度簡化原則」（Einstein's Oversimplification Principle）。多年後，在德州的一場需求工程研討會上，一位年輕人過來問我能否提供那句引言的正確出處。我當然回答：「喔……大家都知道愛因斯坦說過那句話。」（彼得・G・諾伊曼和《紐約時報》在2010年也這樣相信，他們兩個都會做嚴謹的考究，對吧？）

那位年輕人因此說，答案或許是在一本關於愛因斯坦的書裡面，叫做《上帝不擲骰子》（God Does Not Play Dice）。我們開了一小時的車衝去書店和找到那本書，我也用一個晚上讀完（它沒有數位版）。最後……一無所獲。

---

[7] 參閱 www.gilb.com/offers/YYAMFQBH/checkout。

接著，這位幫助甚大的年輕人（我們在軟體研討會做的事真令人稱奇！）又說，他在普林斯頓的一位教授曾會和愛因斯坦一起花很多時間散步（令人想到電影《奧本海默》的情景），所以那位教授說不定能找到來源。於是他在研討會期間打給教授，並得到一個對一半的答案：這句話不是出自愛因斯坦的論文，而是一份五月十七日出版的《新聞周刊》，是在愛因斯坦人生最後幾年進行的訪談。

嗯，我們一直沒找到那份《新聞周刊》，但我們倒是找到一篇《生活雜誌》文章[8]，剛好在愛因斯坦過世前登出（我實在沒辦法裝熟和叫他「艾爾」（Al）。我帶威廉・愛德華茲・戴明（W. Edwards Deming）去倫敦看芭蕾舞的時候（不騙你），我一直喊他戴明博士，而不是威爾、比爾或愛德。有件事或許適合在這邊提起，就是我和戴明博士在 1983 年對於 PDSA 循環式品質管理有些深具啟發性的私人對談，這和敏捷開發有關聯，但各位或許得等其他時候再問我了[9]）。

那篇《生活雜誌》文章也找不到愛因斯坦關於單純的引言，但愛因斯坦顯然喜歡單純，只是沒講過一模一樣的引言而已（準備好聽一段落落長的無聊故事了嗎？）

然後，我在 2010 年重讀馬文・明斯基（Marvin Minsky，沒錯，麻省理工 AI 實驗室的那位明斯基）1986 年的作品《心智社會》（Society of Mind），發現裡面也有這句來源不明、關於單純的愛因斯坦引言。所以我找到明斯基，很訝

---

[8] 參閱 books.google.no/books?id=dlYEAAAAMBAJ&pg=PA62&source=gbs_toc_r&redir_esc=y&hl=no#v=onepage&q&f=false。

[9] 參閱湯姆・吉爾布：「交付的更深層觀點」（Deeper Perspectives on Delivery），摘自《軟體工程管理原則》。

異發現他還活著。明斯基將在 2016 年過世，新聞頭條為：「人工智慧之父馬文・明斯基過世，享壽八十八歲。」

我問明斯基能否給我愛因斯坦這句引言的來源。以下是我們的通信內容：

> 「2010 年 6 月 6 日星期日，湯姆・吉爾布（tomsgilb@gmail.com）寫道：
>
> 明斯基教授：
>
> 我剛剛重讀了《心智社會》，我發現您的愛因斯坦引言可能不正確，且無法指向可查證的書面來源。我自己也犯了一樣的錯。
>
> 請參閱卡拉普利斯（Calaprice）在《愛因斯坦語錄》（The Quotable Einstein）一書的結論。」

明斯基回答：

> 「參考文獻是什麼？你能跟我說她的結論是什麼嗎？
>
> 我的書剛出版時，耶路撒冷有個愛因斯坦檔案庫也請我提供來源，因為他們找不到。我回答說我不記得是在哪裡聽到的，但我在 1950 至 1954 年在普林斯頓時認識愛因斯坦，或許有聽他說過之類的。我也有可能弄錯，因為我很難聽懂他那很重的外國口音。所以他說的也許是更單純的話，但不會簡化**太多**。」[10]

喔，我真希望我當時也這樣回答！但明斯基就想到了。

---

[10] 強調處為我自行加上—— Uncle Bob。

艾莉絲（Alice）·卡拉普利斯也看過這封信，而她有研究權限看愛因斯坦所有的普林斯頓檔案！她跟我說明斯基想必是非常謙虛的人。他大可居功說是他從偉大的愛因斯坦本人口中聽來的，但他馬上迴避了。這對我著實幸運——見以下解釋（更多落落長的無聊故事！）。

我一直很想說句像那樣深奧的話：

「凡事都應該盡可能單純，但不要過於簡化。」

就我聽來就像軟體工程原則。或者說，這難道不就是這整本書的要旨嗎？

嗯，好吧，既然我跟戴克斯特拉一樣自大，甚至可能有過之無不及，我就決定這是我一個人發明的好了。試試看，有本事就證明我亂講！愛因斯坦可沒說過這句話！它就寫在我 1988 年有版權的書的第 17 頁上！你贏不了的。

相信我，我多的是冗長無趣的故事，但它們會放在我的書裡。

當然，要是明斯基能使用 ChatGPT-4o，和我十四年後一樣，他或許就會跟我一樣學到真相：

人們常將一句話歸因於亞伯特·愛因斯坦：「事情應該盡可能簡單，但不能過於簡化。」然而，這其實是一種意譯，而非愛因斯坦的直接引述。最接近經過驗證的來源，是愛因斯坦於 1933 年在牛津大學的一場演講中所說的話：「幾乎無可否認，所有理論的最高目標，是在不犧牲對任何經驗資料的充分表達的前提下，使基本的不可約元素盡可能簡單且數量最少。」

這個意譯版本精準地捕捉了愛因斯坦對科學理論簡潔性的哲學思想，強調在減少複雜性的同時，不能過度簡化。這個普及版的說法

很可能是隨著時間推移，經由他人反覆使用與改寫而逐漸演變成的，更加簡練且易於記憶。

但我們多年前不靠 AI 就查到了——靠網路搜尋 [11]。

對本書內容的反思（二）

這本書的內容、品質、密度都太驚人了，但 Uncle Bob 顯然知道這不過是冰山一角。但他希望我們了解早期的程式設計、硬體跟成本環境——不只是程式碼，系統也很重要。他在這點做得確實很出色。

就連我這個認識（或曾經認識）書中這些人、和 Uncle Bob 一樣有著相似人生經歷的傢伙，卻還是不斷學到有趣的新東西，發現我的老朋友和昔日專業領域同事仍有我不知道的一面。

唉，我們真的很不擅長認識自己的父母呢！抱歉啦，老媽跟老爸！

後記作者的觀點

我的觀點是，Uncle Bob 以很真實和詳細的方式刻畫了一段歷史，讓後續的世代能稍微體會「當初究竟是什麼樣子」。

重新「簡化」（好吧，又要講無聊老故事了）：

---

[11] 見愛因斯坦 1933 年的牛津大學演講：www.jstor.org/stable/184387?origin=JSTOR-pdf。

我早期其中一個「無名小卒」工作，就像 Uncle Bob 一開始做的那種，是 1958 年在 IBM 得進去一個沒窗戶的房間，數接頭（plug）的實際庫存量，預期要進行幾天。這些接頭是早期電腦用來設定指令的基本工具，而我想到不同長度和顏色的接頭一定各自基於不同的重量基準，所以我給每一種顏色跟長度的接頭抽樣測重，然後給同一種顏色的接頭量出總重量，藉此算出總數（用一台 Facit 機械式計算機手動算）。

所以自大的我只花一個鐘頭左右就算完了。好啦，我應該說我當時很年輕、謙遜、溫順，滿心希望他們會把我從那個不見天日的房間放出來。

我稍後發現，要是我重新設計這個流程或產品，我能把任務簡化至少十倍。工程師稱這為限額成本設計（design to cost）[12]。

對未來趨勢的討論

Uncle Bob 在預測未來這部分也表現亮眼，雖然也許沒有〈奇異恩典〉（Amazing Grace）這首歌那麼棒啦。我自己是不敢當千里眼，但這本書讀來很有趣，是一位知識淵博、經驗豐富的人提出的觀點。

不過就像 Uncle Bob 有自知之明指出的，要做預測很難，尤其是針對未來。這和本書許多情境討論的「古老程式設計問題」有關——也就是替程式開發設下截止期限（deadline）。

---

[12] 「成本工程：如何對資源、價值及金錢取得好十倍的控制」（Cost Engineering: How to Get 10X Better Control over Resources and Value for Money）（tinyurl.com/CostEngFree）。本文包括一些相當強大但已經被多數人遺忘的軟體概念。

後記

我在這方面也學到了一些強大的概念，但我在此只給各位摘要（各位可以去讀我的免費書籍《成本工程》）：

- **成本估計的條件**：你必須先理解設計成本，才能理解專案成本，而你必須先考量到所有價值目標跟限制，才能理解設計成本 [13]。
- **限額成本設計**：當成本估計是基於通常很糟的需求，加上同樣糟糕的設計工程時，若要控制你自己的成本，使用「限額成本設計」會比「成本估計」更有效。這些糟糕的需求不可能讓你拿來估計合理的成本範圍。
- **成本增量調整**：控制財務預算與截止期限的最佳做法，就是哈倫·米爾斯（Harlan Mills）在 IBM 聯邦系統部設計的敏捷軟體流程——無塵室（Cleanroom）開發流程 [14]。老天爺，這是多麼有紀律的方法！它替頂尖的太空與軍用軟體採用固定的懲罰截止期限和固定最低標案額，得以「永遠趕上時間和維持在預算之下」。它也是很棒的學習跟設計調整循環。把架構師留在決策圈子裡！

這就是「敏捷開發該有的樣子」。所以問題在於，這為什麼沒有放進這本書裡？

再來個短篇故事：哈倫·米爾斯（人們認為是天才級的軟體工程師）讀了我的 1976 年著作《軟體度量》（*Software Metrics*）後，用傳統信件寫信給我說：

---

[13] 湯姆·吉爾布，2023：「指南：更廣泛和更高級的『限制』理論」（Guides: A Broader and More-Advanced 'Constraints' Theory）。《*Theory of Guides*》，免費下載：www.dropbox.com/scl/fo/4amgzl6wuieo8vfy4hgk0/h?rlkey =rkkszv3yrtrv0twoprdnnm5pl&dl=0。

[14] Linger, Richard C.、哈倫·D·米爾斯和 Bernard I. Witt，1979：《結構化程式設計：理論與實踐》（Structured Programming: Theory and Practice）。Addison-Wesley 出版。此外也參閱「哈倫·D·米爾斯全集」（The Harlan D. Mills Collection），這本書收集了偉大的有紀律軟體工程實踐法，而且在實踐方面保有優異的成績：trace.tennessee.edu/utk_harlan/9。

「為什麼大家沒有都在採用這個？」

稍後，我帶他來奧斯陸演講時，我問他是怎麼想出無塵室開發流程（即敏捷開發）的。我們在聽另一場演講時，我在一張紙條上大膽寫下猜想：

「你看到的比喻是一枚智慧飛彈，嘗試調整並擊中閃避的敵機。」

他寫下回答（我仍然有那張字條的照片）：

「對，一部分是。」

然後他笑了。

我們仍然在問這些問題——為何大家都沒有使用軟體度量和良好工程學？就像他們說，羅馬不是一天造成的。

在斯諾伯德（敏捷宣言會議），有個我敬重的人士曾在《IEEE 軟體》（*IEEE Software*）公開跟我爭辯軟體度量的可行性[15]。我感覺我就像匈牙利醫師塞麥爾維斯（Semmelweis），試著說服百般不情願的醫生要先洗手消毒。

15　湯姆・吉爾布和阿利斯泰爾・柯克本，2008：論點／反論點。《IEEE 軟體》25(2): 64–67。ieeexplore.ieee.org/document/4455634。軟體度量是軟體品質要求的一個特殊部分。第一篇文章「度量之於品質更勝千言萬語」（Metrics Say Quality Better than Words）由湯姆・吉爾布撰寫。第二篇文章「軟體開發的主觀品質最重要」（Subjective Quality Counts in Software Development）則由阿利斯泰爾・柯克本（Alistair Cockburn）著。湯姆・吉爾布的書《軟體度量》（Winthrop Publishing 出版，1976）啟發了 CMMI（能力成熟度模型整合）第四級（透過 Ron Radice 和 IBM CMM）。www.dropbox.com/scl/fi/1zff9owastior8ybcu1rq/IEEE-Point-Counterpoint-Cockburn-2008.pdf?rlkey=4hkgrsvmin2s58l747p1d60py&dl=0。

號召行動，或最後的想法

當然，對於學習電腦科學、軟體工程、管理以及科技歷史的學生來說，若能納入這本書為閱讀材料，都能從中獲益。我希望這本書能啟發軟體業的其他人也寫下他們自己的歷史，進一步充實我們已有的見解。

我們人人都有故事能說，有些故事的確令人稱奇。

參考資料

- 湯姆・吉爾布，1976：《軟體度量》（*Software Metrics*）。Winthrop Publishers 出版。
- 馬文・明斯基，1986：《心智社會》（*Society of Mind*）。Simon & Schuster 出版。
- 大衛・A・張（Shiang, David A.），2008：《上帝不擲骰子》（*God Does Not Play Dice*）。Open Sesame Productions 出版。

Glossary of Terms

詞彙表

- **2001 太空漫遊（2001: A Space Odyssey）**：1968 年科幻史詩片，由亞瑟‧C‧克拉克（Arthur C. Clarke）執筆、史丹利‧庫柏力克（Stanley Kubrick）執導。片中太空船上的智慧電腦發瘋，把船員殺光到只剩最後一個，而這位倖存者切斷電腦功能，使電腦開始唱起〈黛西貝爾〉（Daisy Bell）。本片替接下來數十年的科幻電影設立了標竿。

- **ACM（Association of Computing Machinery，計算機協會）**：成立於 1947 年，是霍華德‧艾肯（Howard Aiken）在哈佛舉辦的「大規模數位計算機器」（Large Scale Digital Calculating Machinery）座談會意外引發的結果。

- **ARRA（Automatische Relais Rekenmachine Amsterdam，阿姆斯特丹自動繼電器計算機）1 & 2（1952）**：艾茲赫爾‧戴克斯特拉（Edsger Dijkstra）被雇用到荷蘭數學中心（Dutch Mathematical Center）處理的電腦的第一型與第二型。第一台是無法運作的電磁機械式，第二台使用真空管和順利運作。兩台電腦都叫做 ARRA，好掩飾第一次的失敗。這是二進位電腦，有兩個工作暫存器和可存 1,024 個 30 位元字組的磁鼓記憶體，每秒可執行約 40 個指令。

- **ARMAC（Automatische Rekenmachine MAthematisch Centrum，數學中心自動計算機）（1956）**：FERTA 的改良版，每秒能執行一千個指令，因為它使用一小塊磁芯記憶體當成磁鼓的緩衝區。這機器有 1,200 條真空管，消耗 10 千瓦電力。

- **ASR 33 電傳打字機（Teletype）**：自動傳送／接收 33 型（Automatic Send/Receive Model 33）電傳打字機是 1960 年代末一路到 1970 年代的主流電腦控制台。它每秒能處理十個字元，通常透過以位元組為基礎的序列位元流來傳輸。它有一個鍵盤、印表機、紙帶讀取機跟紙帶打孔機。它啟動時會不斷咆哮，列印跟打孔的時候聽來很像電鑽。紙帶讀寫是八欄寬，黃色的紙帶本身油膩膩的（我認為是要讓打孔機保持潤滑）。

- **ACE（Automatic Computing Engine，自動計算機器）（1950）**：由艾倫・圖靈（Alan Turing）在 1945 年設計，從來沒有真正做出來，但許多更小的衍生版如 DEUCE 倒是有實現。試作版 ACE（Pilot ACE）在 1950 年於英國國家物理實驗室（National Physical Laboratory）建造，有略少於一千條真空管，以及十二條水銀延遲線記憶體，每個能存 32 個 32 位元字組。

- **BCPL（Basic Combined Programming Language，基本組合程式設計語言）（1967）**：由馬丁・理察德（Martin Richards）和肯・湯普遜（Ken Thompson）開發，是 CPL（Cambridge Programming Language，劍橋程式設計語言）的衍生版。BCPL 是替 IBM 7094 設計，這也是世上第一支「Hello World」程式使用的語言。

- **布萊切利園（Bletchley Park）**：一座英國莊園宅邸，是英國密碼學校（Government Code and Cypher School）所在地，艾倫・圖靈和其他許多人就是在此於二戰期間破解德軍的謎式（Enigma）密碼。他們破解密碼所使用的「炸彈」（Bombe）電磁機械式電腦，以及用來破解德軍「鋸鰩」（sawfish）密碼的巨人（Colossus）真空管電腦都擺在這裡。

- **巨人：福賓計畫（Colossus: The Forbin Project）**：1970 年科幻片，講述一台美國和一台俄國超級電腦合作統治世界和奴役人類。

- **磁芯記憶體（core memory）**：在 1950 年代早期開始普及，並在 1960 年代幾乎被全面使用。磁芯是非常小的鐵氧環（以氧化鐵粉末和陶瓷混合而成）穿過網格式的電線。電線通電時，就能讓磁芯產生其中一個方向的

磁場，而相反方向的電流能消除磁場，並透過電磁感應在另一條電線上產生小幅電流，這可以增強和偵測為位元 0 或 1。每個位元的讀寫都僅需幾微秒，在當時算是非常快，且磁芯的數量幾乎沒有上限，所以你能做出好幾 MB 的隨機記憶體。在整個 1950 年代和大半 60 年代，磁芯記憶體十分昂貴，因為它的打造過程需要不少人工，有些電線得徒手穿過小小的磁芯。但後來這個過程被自動化，成本便從每位元一美元大跌到一分錢。

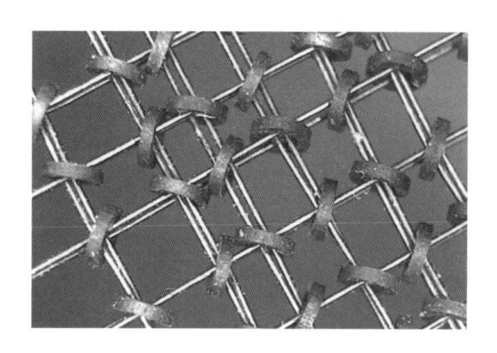

- **磁芯大戰（Core Wars）**：D. G. Jones 和 A. K. 杜德尼（A. K. Dewdney）創造的電腦遊戲（https://corewar.co.uk/），因 1984 年 3 月號的《科學人》而流行起來。這遊戲模擬一台簡單的電腦，兩支程式輪流執行一個指令，目標是要讓對手程式當掉。我在 1985 年以 C 語言替麥金塔電腦寫了一個版本（見 corewar.co.uk/cwmartin.htm）。

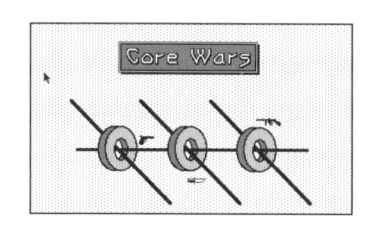

- **CP/M（Control Program/Monitor，控制程式／監看）**：1974 年由數位研究公司（Digital Research Inc.）發布，是第一個以軟碟機為基礎、針對微電腦設計的商用單人作業系統，特別是給 Intel 8080 使用。它有非常簡單的命令列介面，讓使用者能拷貝檔案、列出目錄和執行程式。

385

- **CVSD**（Continuously Variable Slope Delta Modulation，連續可變斜率增量調製）：在 1970 年提出，用來將語音編碼為序列位元流。若要替大約 3 KHz 以內的語音編碼，需要 16 至 24 kb/s 位元率。這種策略能使用幾個位元代表每個語音波長，每個位元代表波長的增（1）或減（0），而後續位元會以同樣的兩極化狀態增減之。於是，波長的斜率就可以連續改變。

- **DECnet**：迪吉多電腦公司（Digital Equipment Corporation）在 1975 年發佈 DECnet，這是用來把 PDP-11 電腦連接成網路的網路協定和軟體。當 PDP-11 和 VAX 電腦越來越受歡迎時，它從 1970 年代一路演進到 80 年代。最後它被「用於網際網路的 TCP/IP 協定」取代。

- **DECwriter**：由迪吉多電腦公司在 1970 年發表的鍵盤／印表機，當成迷你和微電腦的控制台。它使用點陣列印，每秒能在以鏈輪輸入的紙張上打 30 個字元。典型的紙張寬度是 80 字元。它列印時會發出令人滿足的「刷刷刷」聲。

- **DEUCE**（Digital Electronic Universal Computing Engine，數位電子通用計算機器）（**1955**）：由英國電器打造，是圖靈的 ACE 設計的精簡版，總共賣出 33 台。有 1,450 根真空管，其威廉士管記憶體可存 384 個 32 位元字組，而其磁鼓記憶體則能存 8K 個字組，存取時間分別為約 32 微秒以及 15 毫秒。I/O 主要是打孔卡。

- **磁碟記憶體**（**disk memory**）：塗著磁性層的薄碟片，通常會像餐廳的盤子一樣疊起來。碟片會旋轉，讀寫頭會在上面沿著半徑移動，能讀寫儲存在碟片表面同心圓磁軌裡的磁性資料。

- **網際網路公司熱潮**（**dotcom boom**）：1990 年代末，網際網路開始能夠用於商業，新創公司和創業投資一飛衝天。要弄到投資人的錢易如反掌，任何網際網路概念都能值個一億美元。然後熱潮突然結束，軟體市場重重崩潰。其實早在 2000 年中便已經有跡象，但 2001 年 9 月 11 日敲響了死亡喪鐘，整個世界從此回不去了。

- **磁鼓記憶體（drum memory）**：在磁碟之前的磁性記憶體形式，是表面塗有磁性層的金屬筒，在可移動的讀寫頭底下旋轉。讀寫頭能在磁鼓表面讀寫磁性資料，並沿著磁鼓長邊移動，所以資料是寫在磁鼓圓周的磁軌上。讀寫頭的排列方式可以是沿著磁鼓長邊，或是繞磁鼓圓周一圈。讀寫頭數量越多，存取時間就越快——多重讀寫頭確實能實現平行讀寫。後來磁鼓被磁碟取代，因為磁碟佔的空間少更多、通常也不會那麼重。

- **EDSAC（Electronic Delay Storage Auto-matic Calculator，延遲存儲電子自動計算器）**：受到約翰・馮紐曼（John von Neumann）的EDVAC草稿影響，由莫里斯・威爾克斯（Maurice Wilkes）在1949年於劍橋大學數學實驗室打造，很可能是世上第二台可自存程式的電腦。戴克斯特拉在劍橋修了威爾克斯的課，從這台機器受到極大啟發。它使用水銀延遲線儲存512個17位元字組，週期時間為1.5毫秒，做乘法需要四次週期。

- **ETS（Educational Testing Service，美國教育測驗服務社）**：1947年成立，位於紐約州普林斯頓，是全世界最大的教育測驗與評估機構。他們在1990年代早期雇用我擔任C++和物件導向開發顧問。最後他們雇用我和吉姆・紐奇克（Jim Newkirk）替NCARB撰寫軟體套件。

- **EDVAC（Electronic Discrete Variable Automatic Computer，離散變數自動電子計算機）**：由約翰・莫奇利（John Mauchly）和J・皮斯普・埃克特（J. Presper Eckert）在1944年以十萬美元的初始預算提案，在賓州大學摩爾電氣工程學院建造，並在1949年交給彈道研究實驗室。它使用水銀延遲線儲存1,024個44位元字組，平均加法時間為864微秒，乘法時間為2.9毫秒。它有5,937根真空管且重9噸。馮紐曼就是以這台電腦寫了他那份報告草稿——該報告大受歡迎，使得自存程式的整個概念被稱為「馮紐曼架構」。

- **電子郵件鏡像伺服器（email mirror）**：在1990年代，鏡像伺服器是一個email位址，你能發信給它，它會把訊息轉寄給鏡像伺服器上的所有人。

- 極限程式設計（eXtreme Programming，XP）：由肯特・貝克（Kent Beck）在 1990 年代中期發明，並透過他的書《解釋極限程式設計》（*eXtreme Programming eXplained*；Addison-Wesley 出版，1999）廣為流行。極限程式設計是定義最完善的敏捷開發流程，由大約十幾個原則組成，這些原則分成三類：商業、團隊與技術。這個開發流程介紹的重要概念包括測試驅動開發（test-driven development）、結對程式設計（pair programming）、持續整合（continuous integration）和更多。

- 費蘭提水星（Ferranti Mercury）（1957）：早期的商業電腦，能做浮點數運算，其磁芯記憶體可存 1,024 個 40 位元字組，外加四個備用磁鼓，每個可存 4,096 個字組。磁芯記憶體週期時間為 10 微秒，浮點數加法需 180 微秒，乘法則需 360 微秒。它有兩千根真空管和同樣數量的鍺二極體。整台電腦重 2,500 磅。

- FERTA（Fokkers Eerste Rekenmachine Type ARRA，ARRA 式福克一號計算機）（1955）：稍微改良的 ARRA 二型，記憶體擴充到 4,096 個 34 位元字組，儲存在磁鼓上，執行速度也加倍為每秒約一百條指令。

- 軟碟片（floppy disk）：最初由 IBM 在 1960 年代晚期發明，當作 System/370 的開機磁碟，而這種軟碟片最終被用在迷你電腦，以及尤其是 1980 年代的微電腦。一開始是一張薄薄的八吋聚酯薄膜碟片，上面塗著磁性氧化物，並包在塑膠套裡，使之能慢速旋轉和用讀寫頭存取。稍後的版本縮為 5.25 吋，接著是 3.5 吋。

詞彙表

- 原子鐵金剛（**Forbidden Planet**）：1956 年科幻片（也是我最喜歡的一部）。主人翁是具有英國管家人格的機器人羅比。

- **FTP**（**File Transfer Protocol**，檔案傳輸協定）：由阿布希·布尚（Abhay Bhushan）在 1971 年發明，是用來在網際網路傳輸檔案的軟體和協定。我在審閱《設計模式》（*Design Patterns*）一書時，就是用這個下載 PostScript 檔案。

- **GE DATANET-235**：1964 年問世。這台填滿房間的機器能直接定址 8K 個 20 位元字組。磁芯記憶體週期為 5 微秒。加法時間為 12 微秒，乘法和除法則是約 85 微秒。它負責擔任 DATANET-30 的後端和資料處理主力，程式設計主要靠組譯器。這也是達特茅斯分時系統用來跑 BASIC 時的後端機器。

- **GE DATANET-30**：1961 年問世，是最早設計給遠端通訊的機器之一。這台能填滿房間的電腦是通用電腦，但內部硬體支援 128 條非同步序列通訊埠，速率可達 2,400 bps。序列資料是由軟體一個一個位元組成，所以電腦的大部分運算威力都會用在這部分。幸好當時大多資料通訊不會快於 300 bps（每秒 30 個字元），因此仍有餘力進行其他任務。磁芯記憶體可以是 4K、8K 或 16K 個 18 位元字組，週期時間約為 7 微秒。程式設計主要是透過組譯器。這台電腦被達特茅斯分時系統當成執行 BASIC 的前端。

- **GE DATANET-635**：1963 年問世，這台能填滿房間的機器可定址 256K 個 36 位元字組，有八個索引暫存器和一個 72 位元累加暫存器。磁芯記憶體週期時間為 2 微秒。算術單元能處理固定位數和浮點數運算。它能執行 COBOL、FORTRAN 和組譯器。

- **GIER**（**Geodætisk Instituts Elektroniske Regnemaskine**，大地測量所電子計算機）（**1961**）：丹麥電腦，也是最早全電晶體化的電腦之一。磁芯記憶體可存約 5K 個 42 位元字組，磁鼓上則能存 60K 個。它能跑 ALGOL，加法時間為 49 微秒，重約一千磅。

- **Honeywell H200**：1963 年問世，這台能填滿房間的電腦是非常受歡迎的 IBM 1401 競爭者，其二進位架構跟 IBM 1401 相容，但快兩倍且有擴充的指令集。H200 以 6 位元表示字元，可做十進位算數，能執行 COBOL、FORTRAN 和 RPG（Report Program Generator，報表生成器程式語言）；它能定址 512K 個字元，週期時間約 1 微秒。

- **IBM 026** 打孔打字機（**Keypunch**）：1949 年問世，跟桌子一樣大，在超過二十年時間都是主流的鍵盤式打孔機。鍵盤有大寫字母、數字跟一些標點符號。卡片會自動從輸入漏斗拉進以鍵盤驅動的打孔機制，然後堆在輸出漏斗內。

（致 Uncle Bob……謝謝你多年來寫下的那些有趣作品！——珍妮佛[1]）

---

[1] 【譯者註】Jennifer M. Kohnke 是 Uncle Bob 一些書中的插圖畫家。

- **IBM 2314 磁碟記憶體（Disk Memory）**：2314 硬碟組是替 IBM System/360 設計的，但其他許多電腦廠商也做了相容的硬碟，在 1965 至 1978 年間使用。一組硬碟有 11 片碟片和 20 個讀寫面，重大約十磅，轉速通常是 2,400 rpm。記憶體容量相當於 40 MB。

- **IBM 701**：1952 年上市，總共造了約二十台。這台機器有四千根真空管，其威廉士管記憶體能儲存至多 4K 個 36 位元字組。記憶體週期時間約為 12 微秒，乘法和除法需要 456 微秒。每台電腦重兩萬五千磅，一個月租用成本約 14,000 美元。參閱電腦歷史文獻計畫（Computer History Archives Project，"CHAP"）：「電腦歷史，1953 年 IBM 701 罕見宣傳影片，IBM 700 系列主機的第一台，EDPM（點子資料處理機）」，2024 年 4 月 6 日發表於 YouTube：www.youtube.com/watch?v=fsdLxarwmTk。

- **IBM 704**：1954 年問世，總共生產 123 台，這間填滿房間的真空管電腦有可存 4K 個 36 位元字組的磁芯記憶體。它有三個索引暫存器、一個累加器和一個乘法／商數暫存器，能做固定小數位跟浮點數運算。浮點數加法時間為 83 微秒。FORTRAN 和 LISP 都是在這台機器上開發出來的。由於 IBM 704 安裝的真空管數量極大（可能幾千根），使得故障間隔時間低到只有八小時——這讓編譯大型 FORTRAN 程式變得很麻煩。

- **IBM 709**：1954 年上市，是 IBM 704 的改良版，但仍然使用真空管。磁芯記憶體可存 32K 個 36 位元字組，加法時間為 24 微秒，固定小數位乘法時間為 200 微秒。這台電腦很短命，因為它的電晶體版 7090 一年後就推出了。

- **IBM 7090/7094**：1959 年首次安裝，是 IBM 709 的電晶體版本，但仍然跟整個房間一樣大。它和 709 一樣，磁芯記憶體可存 32K 個 18 位元字組，週期時間為約 2 微秒，處理器也是 709 的六倍快。至於 7094 則比 7090 又快一倍。它們是 1960 年代早期的主流，電影《關鍵少數》（Hidden

Figures）描繪的也是這台電腦。它們生產了數千台，每一台售價約兩百萬美元。

- **IBM Selectric 打字機（typewriter）**：1961 年問世，成為好幾十年來商用打字機的主流，並被當成多數 IBM System/360/370 的控制台核心。它的打印頭是個半球體，有 88 個浮凸字元，而且會沿著紙張移動，而不是像更傳統的打字機是移動紙滾筒機架。

- **積體電路（Integrated Circuit，IC）**：雖然在 1940 年代末就發明了，這種裝置直到 1960 年代才在商業上普及。積體電路是一整塊矽「晶片」（chip），把許多電晶體和其他元件以微影製程疊印上去。早期這種技術能在幾平方毫米的空間放十幾個電晶體。十幾年過去，摩爾定律讓電晶體密度指數成長，如今每平方毫米的電晶體數量是數以億計了。提高的密度大幅降低了電晶體的成本和電力消耗。電腦在 1960 年代開始使用積體電路，如今筆電、桌機、手機和其他數位裝置，全都不能沒有積體電路。若沒有它們，我們現在的數位環境就不可能存在。

- **Intel 8080/8085**：由 Intel 在 1974 年推出的 8080 很快就成為產業的微電腦主流，銷量數以百萬計。8080 是一整塊積體電路，有大約六千個電晶體。它是 8 位元處理器，有 16 位元（64 KB）定址空間，時脈能設到 2 MHz，通常會連接到固態記憶體而不是磁芯記憶體。8085 僅僅幾個月後就推出，時脈能夠加倍，還多了幾個指令、內建序列 I/O 以及額外的中斷功能。

- **Intel 8086/80186/80286**：於 1978 年推出，是最早的 16 位元微處理器之一，晶片上有約兩萬九千個電晶體。記憶體位址可切換，使它能存取完整 1 MB 的記憶體空間。其時脈為 5 至 10 MHz。這是最初的 IBM PC 所使用的晶片。80186 在 1982 年推出，有 55,000 個電晶體，時脈可設在 6 至 25 MHz，原始目的是當作 I/O 控制器，所以內建了很多相關功能，包括 DMA（直接記憶體存取）控制器、時脈產生器和中斷線路。80286 也在 1982 年問世，有大約 12 萬個電晶體，並且內建記憶體管理硬體，使之能存取 16 MB 記憶體，因此很適合跑多元處理應用。80286 時脈可設在 4 至 25 MHz 之間。

- **JOHNNIAC**（John von Neumann Numerical Integrator and Automatic Calculator，馮紐曼數字整合與自動計算機）（**1953**）：由蘭德公司（RAND Corporation）建造的非常早期的電腦，用選數管（selectron tubes）儲存 1024 個 40 位元字組——這是一種靜電式儲存裝置，稍微類似威廉士管。這台電腦是簡單的單位址機器，有一個累加器，沒有索引暫存器，重五千磅。

- 侏儸紀公園（**Jurassic Park**）：麥可‧克萊頓（Michael Crichton）寫的一本好書，被史蒂芬‧史匹柏在 1993 年改編成非常棒的電影。科學家從困在琥珀中的蚊子抽取 DNA 來複製恐龍，結果恐龍逃出來開始大啖人肉。兩個小孩子駭進邪惡程式設計師丹尼斯‧納德利設定的「Unix 系統」[2]，救了所有的人。

- **LGP-30**（**Librascope General Purpose**，Librascope 通用功能電腦）（**1956**）：當時的現成電腦，用一個磁鼓儲存 4,096 個 31 位元字組。它有 113 根真空管和 1,450 個固態二極體[3]，是內建乘法與除法的單位址機器。時脈為 120 KHz，記憶體存取時間介於 2 至 17 毫秒。售價 47,000 美元。

- 太空歷險記（**Lost in Space**）：1965 年科幻電視劇，稍微根據《海角一樂園》（*The Swiss Family Robinson*）改編。一個家庭迷失在太空中，拼命想要回到家。片中的機器人道具是由打造《原子鐵金剛》機器人羅比的同一批工程師製作，它最著名的是在說「危險，威爾‧羅賓森」還有「無法計算」時會隨機揮舞波浪管般的手。

- **M365**：由泰瑞達公司（Teradyne Inc.）在 1960 年代晚期創造，是 18 位元單位址處理器電腦，令人想到 PDP-8。在 60 年代末，許多公司與其買人家的電腦，寧願自己做，泰瑞達也不例外。這台機器很棒，記憶體分頁大小是 4K，總記憶體容量則是半 MB ──但我們從來不會真的用到那麼多。喔，還有我真希望能找到它們的舊指令手冊，它們是藍色的，能塞進你的襯衫口袋。

---

[2] 【譯者註】電影中的「Unix 系統」是 Silicon Graphics 開發的 IRIX，這確實是基於 Unix 的圖形作業系統。主角們操作的是 IRIX 的 3D 式檔案瀏覽器。

[3] 二極體邏輯電路是一種製造 AND 和 OR 閘的糟糕方式──既耗電又敏感。

詞彙表

- **曼徹斯特嬰兒（Manchester Baby）**：小型和非常原始的真空管電腦，於1948年在曼徹斯特大學建造。本來是用來測試威廉士管的平台，可存32個32位元字組。雖然能力很有限，它可能是第一台能自存和執行程式的電子電腦。這個設計最終發展成曼徹斯特馬克一號（Manchester Mark I），然後是費蘭提馬克一號（Ferranti Mark I），後者是世上第一台正式銷售的電腦。

- **水銀延遲線記憶體（mercury delay line memory）**：非常早期的記憶體形式，在1940年代末到1950年代初使用。延遲線是一條非常長的水銀管，一端有擴音器，另一端有麥克風。位元會輸入擴音器，以聲波在水銀中傳遞，再由麥克風接收，然後以電子的方式回收到擴音器。聲波的速度和水銀的聲波阻抗取決於溫度，因此水銀管會維持在華氏104度（攝氏40度），好讓阻抗聲波吻合壓電擴音器跟麥克風的規格。在這種溫度下，聲波速度為1,450 m/s。一條八百磅重、長一公尺的延遲線或許能在不到一毫秒的間隔內儲存500位元。

- **蒙地卡羅分析法（Monte Carlo analysis）**：蒙地卡羅分析法的概念非常簡單。這個技巧的發明人之一斯坦尼斯瓦夫·烏拉姆（Stanislaw Ulam，馮紐曼最老和最要好的朋友之一）用「接龍」遊戲來形容它：他想知道在洗牌之後，能夠成功玩完的機率有多高。與其試著用組合數學來計算，你可以直接玩一百次接龍和統計成功次數。當然，烏拉姆並不是在試著解決接龍問題；他和約翰·馮紐曼用這個技巧來研究核分裂彈頭的中子散射效果。由於這研究屬於機密，他們就給它一個巧妙的代號：蒙地卡羅[4]。

---

[4] 【譯者註】蒙地卡羅指摩洛哥的蒙地卡羅賭場，烏拉姆的一位伯叔會跟親戚借錢和去那邊賭博。

- **MP/M-86**（**Multi-Programming Monitor Control Program**，多元程式監控程式）：由數位研究公司在 1981 年發布，是給 Intel 8086 微電腦使用的多使用者磁碟作業系統，能同時處理多重終端機和使用者，而且有非常簡單的命令列語言來拷貝檔案、列出目錄和執行程式。

- **NCARB**（**National Council of Architects Registry Board**，國家建築註冊委員會）：1919 年成立，是替美國建築師做測驗和發放執照的機構，這些執照在許多其他國家也被承認。NCARB 外包給 ETS 來開發評估軟體套件，而這軟體是我和吉姆·紐奇克（Jim Newkirk）以及另外幾個人在 1990 年代中期至末期寫的。

- **物件導向資料庫**（**object-oriented database**）：1989 年，物件導向資料庫系統宣言（Object-Oriented Database System Manifesto）發表[5]，描述了在磁碟上儲存物件的概念。這催生了 1990 年代興起的眾多物件資料庫。其主要概念和虛擬記憶體很像：物件或許會存在硬碟上，但程式可以直接存取它，就好像它存在 RAM 裡。當時發明了許多聰明的技巧來實現這件事，但是進入千禧年後，這種概念就逐漸淡忘了。

- **PAL-III 組譯器**（**Assembler**）：給 PDP-8 使用的紙帶組譯器，是愛德華·尤登（Ed Yourdon）還非常年輕、替迪吉多公司工作時寫的。

- **PDP-7**：由迪吉多公司在 1965 年推出，是以電晶體為基礎的迷你電腦，有單位址指令集，磁芯記憶體週期時間約為 2 微秒，可存 4K 至 64K 個 18 位元字組。內部時脈為 0.5 MHz。它能安裝一台硬碟、DECtape 磁帶機、ASR 33 電傳打字機、向量圖形顯示器，以及高速紙帶讀取機／打孔機。電腦重約 1,100 磅，大小像是餐廳冷藏櫃，售價 72,000 美元，總共賣出 120 台。

---

[5] 請見 www.sciencedirect.com/science/article/abs/pii/B9780444884336500204。

- **PDP-8**：由迪吉多公司在 1965 年推出，是 1960 年代晚期至 70 年代初的迷你電腦主流。它有許多不同的型號：最初的「Straight-8」以電晶體為基礎，磁芯記憶體可存 4K 個 12 位元字組，週期時間約 2 微秒，內部時脈則為 0.5 MHz。它主要使用組譯器來寫程式，但有一種類似 FORTRAN 的語言可用，以及一個很像 BASIC 的直譯器 FOCAL。它有過許多作業系統，最受歡迎的是 OS/8。這台基本機器會配備一台 ASR 33 電傳打字機，其他功能包括 DECtape、高速紙帶讀取和打孔機、原始的硬碟、可擴充到 32K 的記憶體，以及支援乘法與除法的硬體。最陽春的系統要價約 18,000 美元。總共售出超過五萬台。

我輩程式人
回顧從 Ada 到 AI 這條程式路，程式人如何改變世界的歷史與未來展望

- **PDP-11**：迪吉多公司在 1970 年推出第一台 PDP-11，最終售出約 60 萬台。這台電腦以積體電路為基礎，架構為 16 位元、以位元組定址，早期使用磁芯記憶體，但十年過去換成了固態記憶體。PDP-11 內有 64K 記憶體可直接定址，稍後的型號則可用記憶體切換方式存取更多容量。第一個型號為 PDP-11/20，售價 11,800 美元。後面有許多型號，一路來到 PDP-11/70，支援 4MB 固態記憶體，並有內建的記憶體保護、浮點數運算和非常快的 I/O。這些機器通常倚賴硬碟，並拿磁帶用於備份。

- 法老（**Pharaoh**）：我在 1970 年代於泰瑞達公司工作時，有個以 ALCOM 寫的遊戲叫做《法老》。我大幅改寫它，花了很多時間玩。我在 1987 年決定用 C 語言重寫，把它移植到我的 MAC 128K 上。我寫完後把它上傳到 CompuServe 還是哪邊，有小小流行了一下。大部分人討厭它，有些人喜歡它。你能在 www.macintoshrepository.org/5230-pharaoh 下載。在我寫下這段時，網路上有個好笑的 2018 年評論，由 Tanara Kuranov (Gamer Mouse) 分享：「Gamer Mouse - Pharaoh Review - Macintosh」。於 2018 年 2 月 20 日發表於 YouTube：https://www.youtube.com/watch?v=60euDIgZsDY。

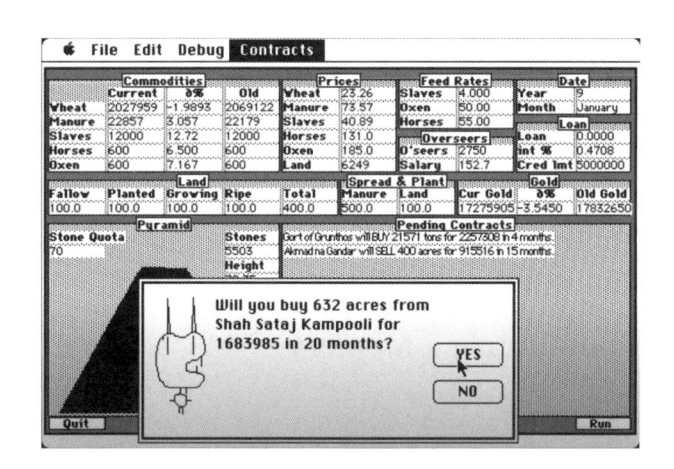

- 接線板（**plugboard**）：許多早期電腦的「程式設計」方式都是在特定面板上把電線接到正確的孔。想像看看電話交換機的接線板。複雜的電腦可能有上千條這種接線。

- **PostScript**：由 Adobe 在 1984 年發明，是所謂的「頁面描述語言」（page description language）。這種語言以 Forth 為基礎，是 1980 年代晚期至 90 年代從電腦把列印工作傳給雷射印表機的常用協定。電腦會先把列印工作轉成 PostScript 程式，再把它傳給印表機。印表機會執行這支程式，使印表機把頁面印出來。後來 PostScript 被 PDF（Portable Document Format，可攜式文件格式）取代。

- **RAM（Random-Access Memory，隨機存取記憶體）**：能直接定址和存取個別字組（位元）的儲存空間。威廉士管、磁芯和固態記憶體都是例子。延遲線、磁碟和磁鼓記憶體不是 RAM，因為存取時必須等資料挪到讀寫頭下方。如今所有電腦內部的記憶體都屬於 RAM。

- **統一軟體開發流程（Rational Unified Process，RUP）**：由瑞理公司（Rational Inc.）資助、受網際網路公司熱潮驅動的計畫，由葛來迪・布區（Grady Booch）、伊瓦爾・雅各布森（Ivar Jacobson）和吉姆・蘭寶（Jim Rumbaugh）（「三個好兄弟」（The Three Amigos））合作創造一個豐富、多樣化的軟體開發流程。瑞里公司在 1996 年開始推銷這個概念。RUP 最終被敏捷運動（主要是 Scrum 和極限程式設計）超越。

- **RK07 硬碟**：由迪吉多公司在 1976 年推出，是 PDP-11 常見的周邊裝置，使用可抽換的 14 吋雙碟組，每組可存約 27 MB。碟片轉速為 2400 rpm，存取時間約為 42 毫秒，當中大部分是平均 36 毫秒的搜尋時間。三個資料表面的每吋磁軌數為 384 條。硬碟機本身重量超過三百磅，大小和廚房洗碗機類似。

- **ROM（Read-Only Memory，唯讀記憶體）**：基本上就是不可修改的 RAM，多年來有許多不同版本，如今幾乎都是某種積體電路，內部連線要嘛是燒錄的，要嘛以程式修改。後者有時也叫 PROM，即可程式化（programmable）唯讀記憶體。有些 PROM 可藉由暴露在高強度紫外線來抹除內容。

- **ROSE**：葛來迪・布區在 1990 年寫下《物件導向設計及其應用》（*Object Oriented Design with Applications*）（Benjamin-Cummings 出版，2000），書中提出了一種用來描述物件導向設計的標記法。這個標記法變得非常受歡迎，於是布區的雇主瑞理公司決定做出一個 CASE（computer-aided software engineering，電腦輔助軟體工程）工具，讓程式設計師能在 SPARC 工作站上畫出這種設計。這個產品的名稱就叫 ROSE（玫瑰）。我在 1990 年代初以外包人員身分替 ROSE 團隊工作了一年。

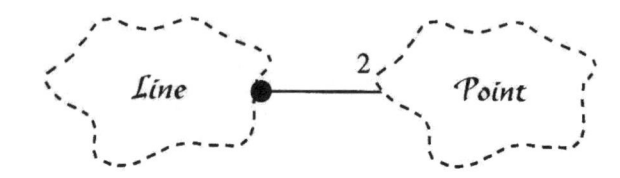

Line —— 2 —— *Point*

- **RS-232**：來自 1960 年的序列通訊電子標準，經常用來在電腦和資料終端機之間收發資料，或從電腦傳資料給印表機。這種標準通常會跟基於位元組或字元的序列通訊資料格式一起運用。

- **RSX-11M**：由迪吉多公司在 1974 年推出，是 PDP-11 很受歡迎的磁碟作業系統，能同時管理多重使用者終端機和使用者程序。它有個相對簡單的命令列語言叫做 MCR（Monitor Console Routine，監控控制台流程）。

- **霹靂五號（Short Circuit）**：1986 年科幻喜劇片，由艾麗・希迪（Aly Sheedy）、史提夫・古根伯格（Steve Guttenberg）和費雪・史帝夫（Fisher Stevens）主演。一台軍用機器人在電線短路後，突然產生了自我意識（唉）以及高道德標準（再唉）。

- **SPARC 工作站（SPARCstation）**：由昇陽電腦（Sun Microsystems）在 1989 年推出，是大小跟披薩盒一樣大的工作站電腦，為 90 年代最主要的軟體工作站。附帶鍵盤、滑鼠以及（通常是）十九吋彩色 CRT 螢幕。它跑的當然是 Unix。時脈從 20 MHz 起跳，最後慢慢提

高到 200 MHz。RAM 通常是 20 至 128 MB。處理器是 RISC（reduced instruction set computer，精簡指令集電腦）。

- **ST506/ST412**：Shugart（Seagate）科技公司在 1980 年推出 ST506，一年後則是 ST412。這是小型硬碟機，通常當成微電腦的周邊裝置，內含 5.25 吋碟片，轉速為 3,600 rpm，搜尋時間約 50 至 100 毫秒，讀寫速率約為 60 至 100 kb/s。ST506 可存 5 MB，ST412 則能存 10 MB，售價略高於一千美元，重約 12 磅。

- **SWAC（Standards Western Automatic Computer，標準美西自動計算機）（1950）**：由美國國家標準局打造和自用，有 2,300 根真空管，威廉士管記憶體可存 256 個 37 位元字組。加法時間為 64 微秒，乘法是 384 微秒。

- **T1 網路**：通訊系統（Transmission System）1，在 1962 年由貝爾實驗室推出，是長距離數位序列通訊技術。一條 T1 線路的位元傳輸率為 1.544 Mbit/s。它被用來傳送數位化的遠距離語音，單一一條 T1 可以多工方式分成 24 條頻道，每個各能傳送 64 kbit/s 語音。在 1980 年代末到 90 年代，企業很常會用 T1 接上網際網路，每個租用費要數千美元，但對大型組織

來說，這種高傳輸率很值得。到了 2000 年代，租用費下降到一千美元以下，而且沒多久就有其他選擇問世了。

- **薄膜記憶體（thin film memory）**：一部分運作原理類似磁芯記憶體，但磁性材質是用真空鍍膜方式以點狀鍍在薄玻璃板上，而導線和感應線則以印刷電路技術疊上去。薄膜記憶體速度快又可靠，但十分昂貴。

- **電晶體（transistor）**：由貝爾實驗室在 1940 年代晚期發明，是小型的固態裝置，能用類似真空管的方式控制電流。只要對輸入端小幅改變電流，輸出端的電流就會大幅變動，因此這種裝置能當成擴大器和開關。它們的小型體積和低能源損耗在 1950 年代末引發了電腦產業革命，並使得 1960 年代的迷你電腦得以誕生。它們通常是用半導體製成，比如矽或鍺。

- **UART（Universal Asynchronous Receiver/Transmitter，通用非同步收發傳輸器）**：一種電子裝置，可以把位元組大小的資料轉成能透過 RS-232 傳輸的序列流。輸入的序列資料會轉成個別字元，輸出的字元則會轉回一系列位元。

- **UML（Unified Modeling Language，統一塑模語言）**：由瑞理公司資助、受網際網路公司熱潮驅動的計畫，由葛來迪‧布區、伊瓦爾‧雅各布森和吉姆‧蘭寶（「三個好兄弟」）在 1990 年代中期合作開發。這是用來描繪軟體設計決策的豐富表示法，以方格取代了布區的雲朵圖。我仍然發現這種表示法偶爾能派上用場；當年它可火熱了，但現在退潮不少。

- **UNIVAC 1103**：1953 年問世，一部分由西摩・克雷（Seymour Cray）設計。這台機器是個龐然怪物，重達 19 噸，其威廉士管可存 1,024 個 36 位元字組。它也有一個磁鼓記憶體可存 16K 個字組，兩組記憶體都能直接定址。它是使用一補數來算數的二進位電腦，主要用組譯器寫程式，並有好幾種浮點數直譯器。

- **UNIVAC 1107**：大如房間、以電晶體為基礎的電腦，1962 年問世，總共售出 36 台。它有 128 個內部暫存器使用薄膜記憶體，速度比磁芯記憶體的 4 微秒週期時間快六倍。磁芯記憶體可存 65K 個 36 位元字組，磁鼓記憶體則能存 300K 個。它使用 FORTRAN IV 和組譯器來寫程式，重達幾乎三噸。

- **UNIVAC 1108**：大如房間、以電晶體為基礎的電腦，1964 年問世，總共生產了 296 台。它的內部暫存器使用積體電路，這些暫存器允許動態搬移程式位置，此外，有「保護記憶體的硬體」來在執行多元程式時維持安全。磁芯記憶體的週期時間是 1.2 微秒，至多可組合成四個櫃子大小的記憶體庫，每個可存 64K 個 36 位元字組。

- **Usenet/Netnews**：湯姆・特拉斯科特（Tom Truscott）和吉姆・艾利斯（Jim Ellis）在 1979 年發明的文字版社群網路。Usenet 用 NNTP（Network News Transport Protocol，網路新聞傳輸協定）傳到網路上，並用 UUCP（Unix 間複製協定）傳到網路外圍的撥接機器。上頭的主題會分成好幾百個新聞群組，使用者可以訂閱他們感興趣的主題。訂閱者能讀這些群組張貼的文章，並回覆或寫新文章。新的閱讀器軟體如 Emacs 能把文章和回覆以討論串形式顯示。戈德溫法則（Godwin's law）就是在 Usenet 時代發明的。我當時經常參與 comp.object 和 comp.lang.c++ 新聞群組。

- **UUCP（Unix to Unix Copy Protocol，Unix 間複製協定）**：一個電腦程式與協定套件，讓「以 Unix（和其他）為基礎的系統」透過電話線相互傳輸檔案。在 1980 年代末到大半 90 年代，網路外圍的撥接電腦就是用

這種方式存取電子郵件和 Usenet。這些機器會用排程任務定時撥接到有網路連線的電腦，將佇列中待處理的電郵和新聞用 UUCP 傳給該機器，再把所有傳來的電郵跟新聞下載回來。以前這樣透過 UUCP 相連的一長串電腦是很常見的，每台會把資料轉給下一台，直到抵達位在網路骨幹上的那台電腦。這些撥接關係大多是由朋友跟同事私下約定。

- **真空管（vacuum tube）**：1904 年由約翰・安布羅斯・弗萊明（John Ambrose Flemming）發明，這種簡單裝置能控制電流，只要對輸入端小幅改變電流，輸出端的電流就會大幅變動，因此這種裝置能當成擴大器和開關。管子內的一條小燈絲得加熱到發紅發燙，才能讓這裝置正常作用。這點使得真空管很脆弱、不可靠和消耗大量電力，大幅限制它們在電腦上的用途。電腦若擁有幾千根真空管，就意味著故障時間間隔會短於一天。

- **VAX 750/780/μ**：迪吉多公司在 1977 年推出 VAX 780，是能填滿房間、以積體電路為基礎的電腦系統。處理器是 32 位元，週期時間為 200 奈秒，一秒可執行 50 萬條指令。它有非常豐富的指令集。記憶體有硬體映射功能（hardware mapping），也允許虛擬記憶體分頁和交換。此機器被設計成處理多重使用者和多元程式任務，也是 IBM System/360 的直接對手。作業系統為 VMS，一種複雜的磁碟作業系統，支援虛擬記憶體管理和廣泛的 I/O 選項。接著，VAX 750 在 1980 年問世，是比 780 更小和更慢的版本，執行速度只有一半多一點。最後，μVAX 在 1984 年推出，速度再

次只有 750 的一半，這台小怪物能剛剛好擺在你的桌上（如果沒有任何周邊裝置的話），且能裝入 16 MB RAM。

- **VT100**：由迪吉多公司在 1978 年推出，這台 80×24 字元的單色陰極射線管顯示器加鍵盤在將近十年內都是迷你電腦跟微電腦的主流終端機。它重 20 磅，售價低於一千美元，售出了幾百萬台。

- **戰爭遊戲（WarGames）**：1983 年科幻片，講述馬修．柏德瑞克（Matthew Broderick）飾演的少年和他女友（艾麗．希迪（Ally Sheedy）飾演）駭進一台叫做 WOPR 的政府電腦（對，我知道，這個意象很……[6]），結果引發美國跟蘇聯之間的熱核戰。這兩個青少年得找到原本的程式設計師——他用過世的兒子「喬夏」（Joshua）當成 WOPR 的密碼——好說服 WOPR（或喬夏）停止戰爭。電影的結局是跟 WOPR 下井字旗。你可以把翻過去的白眼轉回來了。

- **Wator**：由 A. K. 杜德尼（Dewdney）在 1984 年 12 月號《科學人》構想和普及的電腦遊戲。這遊戲是簡單的獵物／被獵物模擬，讓魚和鯊魚在超環面的平面海洋裡活動。我用 C 語言替麥金塔寫過一個版本，並在

---

[6]【譯者註】WOPR 發音為 whopper，指大得意外的東西或瞞天大謊。

1984 年左右上傳到 BBS 還是 CompuServe。我寫過很多其他版本，最新的是《無瑕的程式碼 函數式設計篇：原則、模式與實踐》的最後一章，其原始碼可以在 github.com/unclebob/wator 下載。我的麥金塔 128K 原版則能在 www.macintoshrepository.org/3976-wator 找到。

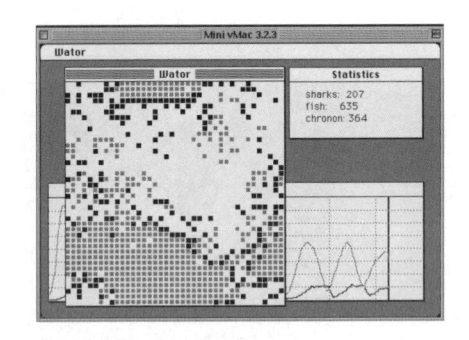

- 旋風（Whirlwind）：1951 年在麻省理工開發，是最早的即時運算電腦之一。它被設計來控制飛行模擬器，並有平行運算架構。磁芯記憶體就是為了這台機器發明的。它有五千根真空管和 1K 磁芯記憶體，字組為 16 位元。電腦重 10 噸，消耗 100 千瓦電力。

- 威廉士管（Williams tube）（陰極射線管）記憶體：你們有些人還記得 1950 跟 60 年代的黑白老電視機，其螢幕是陰極射線管（cathode ray tube，CRT）：裡面是一根真空管，後面有電子槍，前面則是有磷化物的螢幕。它透過改變電子槍附近的磁場或電場來讓電子束在螢幕上移動。電子束打中螢幕時，磷化物就會發亮。因此，只要用柵格的方式讓電子束快速掃過螢幕和調整強度，就能在螢幕上畫出圖形。電子束會在螢幕上留下一塊帶電的區域；電子束下次掃過同一個區域時，測量電子束的電流就能知道該區域是否帶電。於是，螢幕可以用來「記住」位元資訊。既然電子束能馬上導向螢幕的任何位置，這種記憶體的存取就是隨機的，而且比水銀延遲線快很多。不過，陰極射線管會隨時間劣化，而且一組只能儲存約兩千個位元。有些威廉士管會有看得見的螢幕，讓人們能第一手看到記憶體的內容。艾倫‧圖靈經常看這種螢幕來直接觀察他程式的執行結果。威

廉士管在 1940 年代末到 1950 年代初的機器上很常見，包括 IBM 701 和 UNIVAC 1103。

- **X1**（**1959**）：ARMAC 的後繼機，是完全電晶體化的電腦，可存至多 32K 個 27 位元字組。前 8K 位址空間是唯讀記憶體，包含開機程式和一個原始的組譯器。它也有一個索引暫存器。記憶體週期時間為 32 微秒，加法時間是 64 微秒。它因此每秒能執行超過一萬條指令。

Cast of Supporting Characters
演出配角陣容

- 威廉‧阿克曼（Ackermann, Wilhelm）（1896–1962）：德國數學家與邏輯學家，在哥廷根大學取得博士學位。他幫大衛‧希爾伯特（David Hilbert）寫下《數學邏輯原理》（*Principles of Mathematical Logic*）。他在電腦科學家當中最知名的成就或許是阿克曼函數（Ackermann function），有時被拿來當成速度基準。他在二戰期間留在德國，最後成了高中老師。

- 霍華德‧海瑟威‧艾肯（Aiken, Howard Hathaway）（1900–1973）：美國物理學家，在威斯康辛大學麥迪遜分校受教育，並在哈佛取得博士學位。他是哈佛馬克一號自動序列控制計算機（Harvard Mark I Automatic Sequence Controlled Calculator）的概念設計者。身為美國海軍預備役的中校，他說服海軍提供資金，並由 IBM 打造出這台怪物裝置，而且以艦長之姿管理（或應該說指揮）它，彷彿把這台電腦當成軍艦。葛麗絲‧霍普（Grace Hopper）就是在這台機器上學會寫程式。

- 喬治‧比德爾‧艾里爵士（Airy, Sir George Biddelll）（1801–1892）：英國數學家與天文學家，從 1826 至 1828 年擁有盧卡斯數學教授席位，並成為第七位皇家天文學家。他是查爾斯‧巴貝奇（Charles Babbage）的死對頭之一。

- 吉恩‧阿姆達爾（Amdahl, Gene）（1922–2015）：瑞典籍美國理論物理學家、電腦科學家和創業家。他在威斯康辛大學麥迪遜分校念研究所時，參與打造 WISC 電腦（Wisconsin Integrally Synchronized

Computer，威斯康辛整體同步計算機）。後來他加入 IBM 參與開發 704 和 709，並成為 System/360 的主架構師。他成立阿姆達爾公司（Amdahl Corp.）來跟 IBM 競爭，並在 1979 年將其銷售額提高到超過十億美元，後來也投入過幾個成功的新事業。他發明阿姆達爾定律（Amdahl's law）一詞，定義了平行運算優勢的極限。

- 肯特‧貝克（**Beck, Kent**）（**1961–**）：極限程式設計（eXtreme Programming，XP）的發明人，著有《解釋極限程式設計》（*eXtreme Programming eXplained*，Addison-Wesley 出版，1999）。他也發明了其他紀律，包括測試驅動開發（test-driven development，TDD）和測試且提交或恢復（test && commit || revert，TCR）。他是軟體業界勢不可擋的力量，寫了許多書籍、有多次演講和推廣過眾多有益的點子。他是 Hillside Group 的創始成員，並在 1990 年代大力支持設計模式運動。

- 亞歷山大‧格拉漢姆‧貝爾（**Bell, Alexander Graham**）（**1847–1922**）：移居波士頓的英國公民，發明了世上第一支實用電話（除非你相信《星艦迷航記》的契可夫少尉說的，所有東西都是在俄國發明的）。他將這個產品商業化，最終創立了貝爾電話公司。

- 羅伯特‧威廉‧貝默（**Bemer, Robert William**）（**1920–2004**）：美國空氣動力學家和電腦科學家，在道格拉斯飛機公司工作過一陣子。他在 IBM 發明 COMTRAN，這語言後來被併入 COBOL。他在 FORTRAN 的開發時代替約翰‧巴科斯（John Backus）做過事。他有時被認為是 ASCII 之父，而且因為提出分時系統的概念而差點被 IBM 開除。他在蘭德公司的時候，被克利斯登‧奈加特（Kristen Nygaard）說服提供一台 UNIVAC 1107 電腦，好交換發行 SIMULA 語言的權利。

- 埃德蒙‧卡利斯‧貝克萊（**Berkely, Edmund Callis**）（**1909–1988**）：美國電腦科學家，ACM（計算機協會）的共同創始人，第一本電腦雜誌《電腦與自動化》（*Computers and Automation*）創辦人，著有《巨無霸腦袋或會思考的機器》（*Giant Brains, or Machines That Think*，John Wiley and

Sons 出版，1949），以及電腦玩具 Geniac 及 Brainiac 的發明者。身為保德信保險（Prudential Insurance）的精算師，他在說服公司購買最早的 UNIVAC 電腦方面扮演了重要角色。他成為葛麗絲·霍普的好友，並寫了封「調停信」幫助她克服酒癮。

- 格里特·安·布勞烏（**Blaauw, Gerrit Anne**）（**1924–2018**）：荷蘭科學家，虔誠的基督徒，也是戴克斯特拉（Dijkstra）、艾肯和阿姆達爾的同事。他在荷蘭數學中心幫忙戴克斯特拉處理 ARRA 和 FERTA，並成為 IBM System/360 的關鍵設計者。他堅持使用 8 位元的位元組，也贏了爭論。

- 理查·米爾頓·布羅克（**Bloch, Richard Milton**）（**1921–2000**）：美國電腦程式設計師，和葛麗絲·霍普一起負責哈佛馬克一號。他成為雷神公司的電腦部門主管、Honeywell 技術營運副總、Auerbach 公司企業發展副總、奇異公司先進系統部副總、人工智慧公司（Artificial Intelligence Corporation）執行長和 Meiko Scientific 公司執行長。

- 科拉多·玻姆（**Böhm, Corrado**）（**1923–2017**）：義大利數學家和電腦科學家，和朱塞佩·賈可皮尼（Giuseppe Jacopini）共同寫下「流程圖、圖靈機和只有兩條組成規則的語言」（Flow Diagrams, Turing Machines, and Language with Only Two Formation Rules，《ACM 通訊》9, No. 5，1996 年五月），這篇論文幫助戴克斯特拉制定出結構化程式設計的規則。

- 葛來迪·布區（**Booch, Grady**）（**1955–**）：數本書的作者，當中最著名的是《物件導向設計及其應用》（*Object Oriented Design with Applications*，Benjamin Cummings 出版，1990）。他和伊瓦爾·雅各布森（Ivar Jacobson）及吉姆·蘭寶（Jim Rumbaugh）（合稱「三個好兄弟」（Three Amigos））創造了統一塑模語言（UML）和統一軟體開發流程（RUP）。他是瑞里公司的首席科學家，在 1995 年成為 ACM 會士，在 2003 年成為 IBM 會士，並在 2010 年成為 IEEE 會士。

- 喬治・布爾（**Boole, George**）（**1815–1864**）：自學成材的英國數學家、哲學家和邏輯學家，也是布林代數（Boolean algebra）的發明者。

- 安潔拉・布魯克斯（**Brooks, Angela**）（**1975–**）：我的第一個孩子，也是我過去十五年的忠實助手。

- 小佛瑞德雷克・菲利普斯・布魯克斯（**Brooks, Frederick Phillips Jr.**）（**1931–2022**）：美國物理學家和數學家，在哈佛接受霍華德・艾肯指導而取得博士學位。他在 1956 年加入 IBM，成為 System/360 電腦和 OS/360 軟體的開發經理。他發明了電腦架構（computer architecture）一詞。他也是《人月神話》（*The Mythical Man Month*，Addison-Wesley 出版，1975/1995）與另外幾本書的作者。他發明了布魯克斯法則（Brooks's Law）——「在一個已經進度落後的專案再增加人手只會更加落後」——以及第二系統效應（second system effect），指用一個膨脹和更複雜的系統來取代小型的單純系統通常會失敗。

- 喬治・戈登・拜倫勛爵（**Byron, Lord George Gordon**）（**1788–1824**）：勒芙蕾絲伯爵夫人愛達・金（Ada King）的父親，被認為是英國最偉大的浪漫詩人和諷刺作家之一。他十分多產，但以唐璜（Don Juan）一角和《希伯來語旋律》（*Hebrew Melodies*）最知名。他也是個超級大渾蛋，欺騙所有人：他妻子、他女兒、他其他情人、他的銀行家跟債主。我是說，這傢伙真是個人渣。他倒是有次跟瑪麗・雪萊（Mary Shelley）一起混，並啟發她寫下《科學怪人》，所以這大概就是靈感來源吧。

- 羅伯特・V・D・坎貝爾（**Campbell, Robert V. D.**）（**1916–?**）：在二次大戰期間是美國海軍少校，並被招募為哈佛馬克一號的第一位程式設計師。他和葛麗絲・霍普合作，稍後任職於雷神公司，然後成為寶來公司（Burroughs）研究主任。他在 1966 至 1984 年間在非營利機構 MITRE 替空軍做長期規劃。我找不到他的過世日期。

- 格奧爾格・康托爾（**Cantor, Georg**）（**1845–1918**）：俄國數學家，集合論（set theory）的主要貢獻者。他發明了超限數，但反而把時間拿來當個科學江湖郎中和汙染年輕人。大衛・希爾伯特固執地捍衛他。倫敦皇家學會最後給了他最高數學榮譽：西爾維斯特獎章（Sylvester Medal）。

- 阿隆佐・邱奇（**Church, Alonzo**）（**1903–1995**）：美國數學家和電腦科學家，以 λ 演算（Lambda calculus）最出名，他用來證明希爾伯特的第三個挑戰——證明數學是可判定——是不可能的。他比圖靈早了幾星期提出證明，之後也成為圖靈的指導教授。兩人提出邱奇—圖靈論題（Church–Turing thesis），證明 λ 演算和圖靈機在數學上是相等的，這些方法能計算任何可計算的函數。

- 吉姆・O・科普林（**Coplien, James O.**），「科普」（**Cope**）（**1955–**）：《進階 C++ 程式設計風格與典範》（*Advanced C++ Programming Styles and Idioms*）及許多其他書籍的作者，也是 Hillside Group 創始成員，在 1990 年代推廣設計模式社群。

- 沃德・坎寧安（**Cunningham, Ward**）（**1949–**）：人稱軟體顧問之父，是肯特・貝克的導師，也是敏捷開發、極限程式設計（XP）、結對程式設計、測試驅動開發（TDD）的早期支持者。他發明維基百科，以及最早的網路維基（c2.com）。他是個有滿滿點子的人，會免費分享出來，許多人則會接受和繼續發展下去。

- 查爾斯・達爾文（**Darwin, Charles**）（**1809–1882**）：英國科學家和自然主義者，在 1859 年的一篇論文提出物競天擇的進化論。稍後他出版了《物種起源》（*On the Origin of Species*），這本書撼動了全世界——至今也仍在特定領域帶來震撼。

- 查爾斯・R・迪卡洛（**DeCarlo, Charles R.**）（**1921–2004**）：義大利裔美國數學家和工程師，在大戰期間於美國海軍服役。他成為 IBM 行政主管，並加入 FORTRAN 研發團隊。最後他當上莎拉勞倫斯學院（Sarah Lawrence College）備受愛戴的校長。

- 奧古斯塔斯・笛摩根（De Morgan, Augustus）（1806–1871）：英國數學家和邏輯學家，提出數學歸納法（mathematical induction）一詞。他制定了笛摩根定律（De Morgan's laws），並對機率學有所貢獻。
- 查爾斯・狄更斯（Dickens, Charles）（1812–1870）：英國小說家，令他出名的小說包括《孤雛淚》、《尼古拉斯・尼克貝》（Nicholas Nickleby）、《塊肉餘生錄》、《雙城記》和《遠大前程》（Great Expectations）。但他筆下最著名的人物或許是艾比尼澤・史古基（Ebenezer Scrooge），《小氣財神》的英雄兼反派。
- 保羅・阿德里安・莫里斯・狄拉克（Dirac, Paul Adrien Maurice）（1902–1984）：英國理論物理學家和諾貝爾獎得主（當時史上最年輕的物理學獎獲頒者）。他是其中一位劍橋大學盧卡斯數學教授，並在愛因斯坦推薦下，於1931年加入普林斯頓高等研究院。他預測了反物質的存在，並制定描述費米子（fermion）的公式——這公式（$i\gamma \cdot \delta\psi = m\psi$）被銘刻在他位於西敏寺的紀念碑上，並被人們稱為世上最美麗的等式。他對量子力學有巨大影響，並發明量子電動力學（quantum electrodynamics，QED）一詞。人們認為他在物理學的影響力能與牛頓或愛因斯坦並論。他在1970年搬到佛羅里達，在佛羅里達州立大學教書。
- 小約翰・亞當・皮斯普・埃克特（Eckert, John Adam Presper Jr.）（1919–1995）：美國電氣工程師，和約翰・莫奇利（John Mauchly）共同設計了ENIAC以及UNIVAC I。他也和這人共同創立EMCC（Eckert-Mauchly Computer Corporation，埃克特—莫奇利電腦公司）並留在那裡，而公司被雷明頓蘭德（Remington Rand）收購，再被併入史派里公司（Sperry Corp.）和寶來公司，最後併入優利系統（Unisys）。他在1989年從優利系統退休，但繼續擔任顧問直到過世。他終其一生都主張，馮紐曼架構應該要叫做埃克特架構才對。

演出配角陣容

- 亞伯特・愛因斯坦（Einstein, Albert）（1879–1955）：生於德國、獲得諾貝爾獎的理論物理學家，以他的兩套相對論理論和公式 $E = mc^2$ 最為出名（後者其實是 $E^2 = (mc^2)^2 + (pc)^2$，但就別管了）。他在 1905 年發表了五篇傑出的論文（他的「奇蹟之年」），其中一篇是關於相對論的特殊理論，一篇證明原子的存在，另一篇則證明質子的存在和能量的量子化。他開始在 1930 年造訪美國，並在 1933 年意識到身為猶太人的他無法回到德國，於是就留在美國、最終接受普林斯頓的教職。他身為忠貞的和平主義者，卻署名了那封信請羅斯福總統製造原子彈，人生真是奇妙。

- 歐幾里得（Euclid）（約 300 BC）：古代希臘數學家，被認為是幾何學之父。他是《幾何原本》（*The Elements*）的作者，這套書透過五個原始假設的邏輯應用而衍生的定理模型，確立了幾何學的基礎。

- 麥可・法拉第（Faraday, Michael）（1791–1867）：自學成材的英國科學家，鑽研化學、電學和磁力領域。他的眾多發現中包括電磁感應作用，並發明了原始的電動馬達。傳說他把這種馬達展示給英國首相看，後者問他這有什麼用。法拉第回答他不知道，但「總有一天你能對它課稅」。

- 理查・費曼（Feynman, Richard）（1918–1988）：美國理論物理學家，對量子力學有很大的貢獻。他以演講和著作聞名，並在洛斯阿拉莫斯參與過曼哈頓計畫，擔任漢斯・貝特（Hans Bethe）的理論部門的組長。他和貝特發展出貝特—費曼方程式（Bethe–Feynman formula）來計算核分裂威力。他協助確立使用 IBM 打孔機器的計算系統（約翰・凱梅尼（John Kemeny）就在他的小組中做事），他也幫忙調查 1986 年挑戰者號太空梭災難的肇因。

- 肯・凡德（Finder, Ken）（約 1950–）：1976 年在泰瑞達公司（Teradyne）雇用我的人，在十年時間裡都是我的上司和導師。他教會我很多數學、工程學和為人處世的道理。他也發明了在 8085 COLT 上管理 ROM 晶片的向量設計，此外也負責管理 E.R. 產品的開發。

- 傑瑞・費茲派崔克（**Fitzpatrick, Jerry**）（約 **1960–**）：我在泰瑞達公司的好朋友兼同事，他替 E.R. 設計了「深音」技術，並寫了《軟體開發的不朽法則》（*Timeless Laws of Software Development*）（Software Renovation Corp. 出版，2017）。如今他是個軟體顧問。

- 馬丁・福勒（**Fowler, Martin**）（**1963–**）：我的朋友、同事，也是有成就的電腦科學家與作者。他是極限程式設計和敏捷開發的關鍵人物之一，並寫下大量影響力深遠的書，包括《重構：改善既有代碼的設計》（*Refactoring*）（Addison-Wesley 出版，1999），但我目前為止最喜歡的是《分析模式》（*Analysis Patterns*）（Addison-Wesley 出版，1997）。

- 艾倫・富爾默（**Fulmer, Allen**）（**1930–**）：美國教育家，在奧勒岡州立大學取得工程碩士和物理學學士。他是 ECP-18 跟 SPEDTAC（Stored Program Educational Digital Transistorized Automatic Computer，自存程式教育用數位電晶體化自動計算器）教育用電腦的發明者。他以奧勒岡州立大學教授的身分讓茱蒂・艾倫（Judith Allen）接觸到電腦程式設計，並讓她參與 ECP-18 的推廣事業。

- 庫爾特・弗雷德里希・哥德爾（**Gödel, Kurt Friedrich**）（**1906–1978**）：德國數學家和邏輯學家。他擊垮了希爾伯特的數學完備性與一致性概念。他在 1932 年搬到維也納，但被懷疑是猶太人同情者。奧地利在 1938 年被併入德國，他符合被徵召進德軍的條件，於是和妻子往東穿過俄國、日本、太平洋和美國，最終抵達普林斯頓。這樣繞了一大圈，但當時歐洲已經陷入戰火。他在普林斯頓跟愛因斯坦成為好友，並會經常一起散步。

- 克里斯蒂安・哥德巴赫（**Goldbach, Christian**）（**1690–1764**）：普魯士數學家、數字理論家和律師，跟歐拉（Euler）、萊布尼茲（Leibniz）和白努利（Bernoulli）都有往來，這些人對數學領域都有諸多貢獻。哥德巴赫如今在後人心目中最著名的成就是一個仍未完全證明的猜想，也就是所有大於 2 的自然偶數都是兩個質數之和。

- 理查‧郭德堡（Goldberg, Richard）（1924–2008）：美國數學家，在 IBM 與約翰‧巴科斯一起研發 FORTRAN。

- 赫爾曼‧海涅‧戈德斯坦（Goldstine, Herman Heine）（1913–2004）：美國電腦科學家，和約翰‧莫奇利合作提出 ENIAC 的構想，並在普林斯頓建造出來。他 1944 年在火車月台上巧遇馮紐曼，暗示了 ENIAC 的存在。他繼續參與 EDVAC 和普林斯頓高等研究院電腦的發展，然後在 1950 年代末加入 IBM，於 1969 年成為 IBM 會士。

- 小萊斯利‧理察‧格羅夫斯（Groves, Leslie Richard Jr.）（1896–1970）：美國陸軍（榮譽）中將，負責管理五角大廈的建造以及曼哈頓計畫。他因為他的「無禮、缺乏敏感度、傲慢、藐視規則、爭取不合時宜的升遷」而被艾森豪總統打入冷宮。他離開陸軍成為雷明頓蘭德公司的副總，負責收購 EMCC 公司及 UNIVAC 電腦。

- 洛伊絲‧B‧米契爾‧海布特（Haibt, Lois B. Mitchell）（1934–）：從瓦薩學院（Vassar）畢業，在貝爾實驗室做過暑期實習生。她加入 IBM 學習怎麼替 IBM 704 寫程式，替約翰‧巴科斯發展 FORTRAN，而且在結婚生子後成為第一個在家兼職的 IBM 員工。她後來斷斷續續替 IBM 工作，也當承包人員和顧問，目前定居芝加哥。

- 理察‧衛斯里‧漢明（Hamming, Richard Wesley）（1915–1998）：美國數學家和圖靈獎得主，跟丹尼斯‧里奇（Dennis Ritchie）、肯‧湯普遜（Ken Thompson）和布萊恩‧克尼漢（Brian Kernighan）同時在貝爾實驗室工作。他在洛斯阿拉莫斯參與過曼哈頓計畫，並協助設定 IBM 打孔卡計算機。稍後，他在貝爾實驗室發明一種用來在數位串流中自我修正的錯誤碼，又稱漢明碼（Hamming codes）。

- 維爾納‧卡爾‧海森堡（Heisenberg, Werner Karl）（1901–1976）：獲諾貝爾獎的德國理論物理學家，是量子力學的先驅，「不確定性原理」即以他命名。他曾與希爾伯特和馮紐曼一起待過哥廷根大學。雖然他被指控是個「白人猶太人」——表現得像個猶太人的亞利安人——他仍成為納

粹核子武器的首席科學家。他在 1939 年告訴希特勒，做出原子彈是可行的，但要花上許多年。納粹從來沒有積極發展核武。

- 哈蘭・洛威爾・赫利克（Herrick, Harlan Lowell）（1923?–1997）：美國數學家，在 IBM 任職三十年，和約翰・巴科斯合作開發第一個 FORTRAN 編譯器。

- 約翰・赫雪爾（Herschel, John）（1792–1871）：英國博學人士，也是巴貝奇的好友，擔任過皇家天文學會會長。他記錄了數千個雙星和許多星雲。他提倡了科學是一種歸納過程，而且是基於觀察。他在照相術有許多重要進展，命名了土星和天王星的許多衛星，也是最早在天文學使用儒略曆的人。

- 里奇・希基（Hickey, Rich）（1971–）：Clojure 語言的發明者，是許多研討會很受歡迎和深具影響力的演講者。在他的演講中，我最喜歡的是「吊床驅動開發」（Hammock Driven Development）[1]。我最初認識他是在 comp.lang.c++ 新聞群組，他後來成為 Cognitect 的技術長，然後在 Nubank 於 2020 年買下 Cognitect 後，成為 Nubank 的傑出工程師。他已經退休，但我敢說，我們還會聽到他的更多演講──說不定還會持續很長一段時間呢。

- 文生・佛斯特・霍普（Hopper, Vincent Foster）（1906–1976）：葛麗絲・霍普的丈夫，紐約大學英語研究教授，在二戰期間替美國陸軍航空隊效力。他是「巴朗教育書系」（Barron's）的顧問，以及幾本學術書籍的作者。

---

[1] ClojureTV，「吊床驅動開發──里奇・希基」（Hammock Driven Development - Rich Hickey），2012 年 12 月 16 日發表於 YouTube。www.youtube.com/watch?v=f84n5oFoZBc。【譯者註】大意上是開發軟體遇到問題時，先仔細想過問題，然後別急著做決定，走開去放空或睡覺（即「去躺在吊床上」），等潛意識想到答案或有新資訊的時候，再重新思考。

- 羅伯特・A・休斯（Hughes, Robert A.）（1925?–2007）：美國數學家，在勞倫斯利佛摩國家實驗室（Lawrence Livermore National Laboratory）幫忙把物理問題搬到 UNIVAC I 和 IBM 701 上。他也跟約翰・巴科斯合作開發 FORTRAN。

- 亞歷山大・馮・洪保德（Humboldt, Alexander von）（1769–1859）：德國博學人士和科學提倡者，著有《宇宙：描述宇宙物理的速寫》（*Cosmos: A Sketch of a Physical Description of the Universe*，德文：*Entwurf einer physischen Weltbeschreibung*），試圖將科學與文化結合為一。他的作品最終帶動對生態、環境主義甚至氣候變遷的研究。

- 克里斯・艾爾（Iyer, Kris），CK（1951–）：我在泰瑞達公司的好友跟同事，稍後變成我在清晰通訊（Clear Communications）的上司。他從1977年起在泰瑞達工作，我們兩個在 SAC 和 COLT 專案密切合作了幾年。我和他把 M365 COLT 移植到 8085 上。

- 朱塞佩・賈可皮尼（Jacopini, Giuseppe）（1936–2001）：和科拉多・玻姆合著「流程圖、圖靈機和只有兩條組成規則的語言」，這篇論文幫助戴克斯特拉制定出結構化程式設計的規則。

- 伊瓦爾・雅各布森（Jacobson, Ivar）（1939–）：《物件導向軟體工程：使用案例驅動途徑》（*Object-Oriented Software Engineering: A Use Case Driven Approach*）（Addison-Wesley 出版，1992）的第一位具名作者，並和葛來迪・布區以及吉姆・蘭寶（合稱「三個好兄弟」）創造出統一塑模語言（UML）和統一軟體開發流程（RUP）。他也在愛立信（Ericsson）發展電話技術。

- 史蒂芬・C・強生（Johnson, Stephen C.）（1944–）：美國電腦科學家，在貝爾實驗室工作超過二十年。他是 yacc 的作者（以高德納（Donald Knuth）的 LR 解析器為基礎）、lint 語法檢查工具和 spell 拼字檢查器的發明人。他還小時被父親帶去美國國家標準局，在那裡看到電

腦（跟房子一樣大，有可能是 SWAC），便對電腦很感興趣。後來他替幾間新創公司工作，並在開發 MATLAB 的前端部分扮演了關鍵角色。

- 艾倫・科提斯・凱（Kay, Alan Curtis）（1940–）：美國電腦科學家、爵士吉他手和劇場設計師，在全錄帕羅奧多研究中心（Xerox PARC）工作，並創造了 Smalltalk 語言。他發明「物件導向程式設計」一詞，並想出 Dynabook 平板電腦的概念（也就是如今我們所稱的 iPad）。他在視窗—圖示—滑鼠—指標（Windows-Icon-Mouse-Pointer，WIMP）介面的發展上也扮演了關鍵角色。

- 威廉・金，勒芙蕾絲伯爵（King, William, Earl of Lovelace）（1805–1893）：愛達・金・勒芙蕾絲的丈夫，鼓勵她跟巴貝奇合作研究，但對她嚴重的賭癮感到挫折。傳說愛達臨終時坦承有過外遇，他就離開了她。

- 費利克斯・克里斯汀・克萊因（Klein, Felix Christian）（1849–1925）：德國數學家，以其非歐幾里得幾何學和群論最為著名。他「發明」了克萊因瓶（Klein Bottle）——莫比烏斯帶（Möbius strip）的立體版本。他成立了哥廷根大學的數學研究機構，並招募大衛・希爾伯特，後者最後成為該機構的領袖。

- 安東尼・W・納普（Knapp, Anthony W.）（1941–）：得過獎的美國數學家，在達特茅斯學院替約翰・凱梅尼工作，並和托馬斯・卡茨（Thomas Kurtz）去奇異公司請求捐贈一套電腦系統，BASIC 語言和達特茅斯分時系統都會在這台電腦上開發。他在 1965 年於普林斯頓取得數學博士，並先後成為康乃爾大學和紐約州立大學石溪分校的教授。他在數學理論方面是多產的作家，其中一篇著作是關於橢圓曲線（elliptic curves），這成為一些加密技術、包括比特幣和 Nostr 去中心化社群協議所採用的基礎。

- 高德納（Knuth, Donald）（1938–）：美國電腦科學家，他寫下一套所有程式設計師都該擁有和閱讀的叢書：《電腦程式設計藝術》（*The Art of Computer Programming*，Addison-Wesley 出版，1968）。

- 鮑勃‧寇斯（**Koss, Bob**）（1956–）：1990 年代中期經驗豐富的 C++ 和物件導向設計教師，是 Object Mentor 公司的第三名員工。由於我們搭機到處跑去教課，我們第一次見面是在芝加哥歐海爾機場，而第一次就職面試是邊喝啤酒邊進行的。我和他一起經歷過很多好日子跟苦日子。他對我早期幾本書有過貢獻。

- 小 J‧霍康姆‧蘭寧（**Laning, J. Halcombe Jr.**）（1920–2012）：美國電腦科學家，和尼爾‧齊勒（Neil Zierler）合寫了個代數編譯器叫做喬治（George），給麻省理工的旋風（Whirlwind）電腦使用，而這語言啟發了巴科斯開發出 FORTRAN。蘭寧接著替阿波羅計畫發展太空導航系統，設計了登月艙導航電腦用的執行與等待清單作業系統。正是拜他的設計之賜，阿波羅十一任務靠著 1201 和 1202 錯誤而免於電腦當機、救了整個任務[2]。他接著成為麻省理工儀器實驗室的副助理主任。

- 伊曼紐‧拉斯克（**Lasker, Emanuel**）（1868–1941）：世界知名的德國西洋棋玩家和數學家，在哥廷根取得數學博士學位，希爾伯特是他的導師。他蟬聯世界西洋棋冠軍長達二十七年。他和他妻子——兩人都是猶太人——在 1933 年希特勒掌權後離開德國，接受蘇聯邀請定居在那裡。他們在 1937 年離開蘇聯搬到美國。人生真是奇妙。

- 奧古斯塔‧瑪麗亞‧李（**Leigh, Augusta Maria**）（1783–1851）：拜倫勛爵的同父異母姊姊，也是拜倫某些時候的情人。有些證據顯示她女兒伊莉莎白（Elizabeth）是這些幽會種下的果。

---

[2] 【譯者註】阿波羅導航電腦記憶體很小（磁芯記憶體可存 2,048 個 15 位元字組），因此許多資料必須寫入共用區，而記憶體不足時會觸發 1201 或 1202 錯誤，電腦會重開機、重啟重要程序和保留其資料。換言之，電腦原本就設計了能阻止重大錯誤發生的機制。阿波羅 11 登月艇下降時，其用來跟指揮艙會合的雷達因硬體錯誤啟動，導致記憶體「溢位」。

- 羅威爾・林斯壯（**Lindstrom, Lowell**）（**1963–**）：我在泰瑞達公司以及 Object Mentor 的好友兼同事，他在 1999 至 2007 年擔任 Object Mentor 的營業經理。

- 史丹利・李普曼（**Lippman, Stanley**）（**1950–2022**）：我開始讀《C++ 報告》時，他是該雜誌的編輯。他在 C++ 的最早期就跟比雅尼・史特勞斯特魯普（Bjarne Stroustrup）密切合作。他是數本書的作者，包括身為《The C++ Primer》的第一位作者——這本書在 1980 年代末期出版，現在已經出到第六版了。他稍後則替迪士尼、皮克斯和 NASA 工作。

- 查爾斯・萊爾（**Lyell, Charles**）（**1797–1875**）：蘇格蘭地質學家，寫了《地質學原理》（*Principles of Geology*）。他是漸進主義（gradualism）的擁護者，認為地球會在持續但緩慢的物理過程下慢慢變化。

- 魯道夫・馬丁（**Martin, Ludolph**）（**1923–1973**）：我父親，一間美國鋼鐵公司的富裕行政主管之子，在二戰期間以海軍醫護兵身分在太平洋服役，參與了關島和瓜達爾卡納爾島的戰事。他向上帝保證，他一安全返家就要把畢生奉獻給他人。他繼承的遺產是鋼鐵公司的股票，其盈餘多到足以支撐他的中上層階級生活習慣，所以跑去當了中學老師。結果鋼鐵公司在 1960 年代倒閉，讓他只能嘗試靠教師的薪水養家。這使他開始酗酒，但他稍後加入戒酒會和成功戰勝可怕的酒癮。他在五十歲時驟逝，沒留下多少東西。他留給我們的故事講述了一位富人跌到接近一貧如洗，但也有勇氣對抗無窮的挑戰和克服逆境。我每天在鏡中望向自己都會看見他的身影。

- 米迦・馬丁（**Martin, Micah**）（**1976–**）：我的第二個孩子，是 8th Light 公司以及 cleancoders.com 和 Clean Coders 工作室的共同創辦人。我在 1990 年代晚期雇用他當 Object Mentor 公司的學徒程式設計師。他稍後成為資深程式設計師和頗有成就的教師。

演出配角陣容

- 約翰・威廉・莫奇利（Mauchly, John William）（1907–1980）：美國物理學家，和 J・皮斯普・埃克特共同設計 ENICA 以及 UNIVAC I。他也是 ACM 創始成員及主席，以及莫奇利協會（Mauchly Associates）創立人，該協會對軟體產業帶來了關鍵路徑法（critical path method）。

- 約翰・麥卡錫（McCarthy, John）（1927–2011）：立陶宛／愛爾蘭裔美國數學家和電腦科學家，也是圖靈獎得主。他有點像是天才神童，在加州理工學院翹掉前兩年的課，最後因為沒有上體育課而被退學。他接著去陸軍待了一段時間，然後回來拿到數學學士。他在加州理工聽了馮紐曼的一場演講，改變了他的人生。他（有點不經意地）發明了 LISP 語言。

- 羅伯特・M・麥克盧爾（McClure, Robert M.）（生卒不詳）：在貝爾實驗室工作，是 TransMoGrifier（TMG）的發明者，這種早期編譯器很類似 yacc。TMG 的一種版本被用來打造 B 語言，而 B 語言隨時間變成了 C 語言。

- 馬康姆・道格拉斯・麥克羅伊（McIlroy, Malcom Douglas）（1932–）：美國數學家、工程師和程式設計師，在貝爾實驗室跟丹尼斯・里奇、肯・湯普遜和布萊恩・克尼漢共事。他是 PDP-7 版 Unix 非常早期的使用者。他發明了湯普遜拿來內建在 Unix 中的管線概念，稍後也參與 Snobol、PL/1 和 C++ 等語言的設計。

- 約翰・C・麥克弗森（McPherson, John C.）（1911–1999）：美國電氣工程師，在二戰期間於亞伯丁彈道實驗室幫忙設立打孔卡計算設施。他成為 IBM 工程部門主任以及副總，參與了 SSEC 電腦的規劃，並和約翰・巴科斯一起參與 FORTRAN 計畫。

- 路易吉・費德里科・梅納布雷（Menabrea, Luigi Frederico）（1809–1896）：義大利政治家、軍事將領、數學家。他年輕時在杜林聽了巴貝奇關於分析機的演講，最後由喬瓦尼・普拉納（Giovanni Plana）委託替該演講寫下筆記。這些筆記由愛達翻譯成英文，並加上她自己的著名附註。

- 阿爾伯特・羅納德・達席爾瓦・邁耶（Meyer, Albert Ronald da Silva）（1941–）：與丹尼斯・里奇一起念哈佛的博士生。他現在是麻省理工的「美國日立」電腦科學名譽教授。

- 伯特蘭・邁耶博士（Meyer, Bertrand Dr.）（1950–）：一位在幾間歐洲大學都有教職的法國學者，Eiffel 語言和契約式設計（Design by Contract）發明人。他著有《物件導向軟體建構》（*Object-Oriented Software Construction*，Prentice Hall 出版，1998），他也是開閉原則（open–closed principle）的始祖。他的作品對早期物件導向程式設計深具影響。

- 安娜・伊莎貝拉・謬班奇（Milbanke, Anne Isabella），安娜貝拉（Annabella）（1792–1860）：拜倫勳爵之妻，但為時短暫。她是教育改革家和慈善家，卻也是女兒愛達的糟糕母親。她有數學天分，被丈夫喊作他的「平行四邊形公主」。

- 赫爾曼・閔考斯基（Minkowski, Hermann）（1864–1909）：德國數學家與教授，也是愛因斯坦的教授之一。希爾伯特認為他是「最可靠的朋友」。他對廣義相對論有重大貢獻，並想出時間—空間的四度空間概念。

- 高登・摩爾（Moore, Gordon）（1929–2023）：Intel 的共同創立者和前董事長。他最著名的是在 1965 年提出的摩爾定律，也就是積體電路的密度在接下來十年會每年加倍。

- 老羅伯特・H・莫里斯（Morris, Robert H. Sr.）（1932–2011）：美國密碼學家和電腦科學家，和道格・麥克羅伊一起在貝爾實驗室工作。他是 PDP-7 版 Unix 最早的使用者之一。他替 Unix 寫了最初的加密功能，並和道格・麥克羅伊用 TMG 語言替 Multics 專案寫出早期版的 PL/1 語言（叫做 ELT）。

- 彼得・諾爾（Naur, Peter）（1928–2016）：丹麥天文學家和電腦科學家，在 2005 年贏得圖靈獎。他參與 ALGOL 60 的開發，並將約翰・巴科斯的語言表示法改頭換面，使其被 AOGOL 委員會接受。這個標記法叫 BNF，原意為巴科斯範式（Backus Normal Form），但被高德納改名為巴科斯─諾爾範式（Backus–Naur Form）。

- 克拉拉・丹・馮紐曼（von Neumann, Klára Dán）（1911–1963）：匈牙利美國籍數學家，約翰・馮紐曼之妻。她是最早真正的電腦程式設計師之一，在洛斯阿拉莫斯用 MANIAC I 做核子計算。她也用升級的 ENIAC 來替核子跟氣象應用做蒙地卡羅模擬。

- 彼得・蓋伯瑞・紐曼（Neumann, Peter Gabriel）（1932–）：美國數學家和電腦科學家，在貝爾實驗室工作，並幫忙發明了 Unix 這名稱（UNiplexed Information and Computing Service，單純資訊與計算服務）。

- 詹姆斯・紐奇克（Newkirk, James），吉姆（Jim）（~1962–）：我的好友和 1990 年代的生意夥伴。他是 NCARB 計畫的主要推手。我和他一起創立 Object Mentor 公司，在這之前則一起在泰瑞達跟清晰通訊公司工作。

- 阿馬莉・埃米・諾特（Noether, Amalie Emmy）（1882–1935）：德國猶太數學家，被愛因斯坦與其他人形容為數學史上最重要的女性。她最著名的成就是諾特定理（Noether's theorem），展示自然界的所有對稱性都遵守「守恆定律」。她是哥廷根數學系的領導人物，和希爾伯特與克萊因合作。1933 年納粹掌權後，她前往美國賓州的布林茅爾學院（Bryn Mawr College）。

- 羅伊・納特（Nutt, Roy）（1930–1990）：和約翰・巴科斯一起開發 FORTRAN 的程式設計師，是電腦科學公司（Computer Sciences Corporation，CSC）的共同創立人。

- 朱利葉斯‧羅伯特‧奧本海默（Oppenheimer, Julius Robert）（1904–1967）：美國物理學家，人稱原子彈之父。他是洛斯阿拉莫斯曼哈頓計畫的科學主任，在 1947 年成為普林斯頓高等研究院長，然後因為被懷疑有共產黨傾向，而被剝奪安全權限。
- 小約瑟夫‧法蘭克‧歐桑納（Ossanna, Joseph Frank Jr.）（1928–1977）：美國電氣工程師和電腦科學家，幫忙想出以採購文字處理設備的名義，來替 Unix 計畫買台 PDP-11。他寫了 nroff 和 troff，也是 Unix 非常早期的推廣者。
- 沃夫岡‧恩斯特‧包立（Pauli, Wolfgang Ernst）（1900–1958）：奧地利理論物理學家，諾貝爾獎得主，也是量子力學的早期貢獻者。他提出包立不相容原理（Pauli exclusion principle），但也以「包立效應」（Pauli effect）為人熟知，也就是實驗設備會偏偏選在包立本人在場的時候壞掉。他提出微中子的存在，但沒有命名。他是心理學家卡爾‧榮格（Carl Jung）的病人，後來成為他的合作者。他在 1940 年加入普林斯頓高等研究院。
- 羅伯特‧皮爾爵士（Peel, Sir Robert）（1788–1850）：當過兩次大英帝國首相（1834–1835 年及 1841–1846 年），也做過財政大臣和內政大臣。他是倫敦警察廳的創立人，因此被認為是英國現代治安之父。他有一次（1842 年）談到查爾斯‧巴貝奇時說：「我們到底要怎麼做才能擺脫巴貝奇先生跟他的計算機器？」
- 查爾斯‧A‧菲利普斯（Phillips, Charles A.）（1906–1985）：美國空軍上校，美國國防部資料系統研究組主任。他是 CODASYL（Conference on Data Systems and Languages，資料系統與語言會議）的第一任主席，該會議創造了 COBOL 語言。他發明了打孔卡的著名警語：「請勿折疊、戳破或毀損」（Do not fold, spindle, or mutilate）。

- 喬瓦尼・普拉納（Plana, Giovanni）（1781–1864）：義大利天文學家和數學家，是杜林大學天文學系所長。他邀請巴貝奇來展示他的分析機概念。他保證會出版演講的筆記，但因為個人因素，最終將責任轉給路易吉・梅納布雷。

- 菲利浦・詹姆士・普洛格（Plauger, Philip James），比爾（Bill）（1944–）：美國物理學家、電腦程式設計師、創業家和科幻小說家。他是 Whitesmith 公司的創辦人，據說在那裡「發明了」結對程式設計。他與布萊恩・克尼漢合著《程式設計風格的元素》（Elements of Programming Style，McGraw Hill 出版，1974）。

- 馬丁・理察德（Richards, Martin）（1940–）：劍橋大學的英國電腦科學家，和肯・湯普遜合作創造 BCPL 語言。

- 彼得・馬克・羅傑特（Roget, Peter Mark）（1779–1869）：英國醫生和神學家，《羅傑特索引典》（Roget's Thesaurus）的出版者。

- 詹姆斯・蘭寶（Rumbaugh, James）（1947–）：《物件導向塑模與設計》（Object-Oriented Modeling and Design）的第一位具名作者。該書描述了物件塑模技術（Object Modeling Technique，OMT）及其表示法，在 1990 年代很常用。他和葛來迪・布區與伊瓦爾・雅各布森（合稱「三個好兄弟」）合作創造了 UML（統一塑模語言）以及 RUP（統一軟體開發流程）。

- 伯特蘭・亞瑟・威廉・羅素（Russell, Bertrand Arthur William），第三任羅素伯爵（1872–1970）：英國數學家與哲學家，以羅素悖論（Russell's Paradox）最出名，這對於要用「純邏輯」把整個數學簡化為幾個假設和一組定理的努力構成了巨大挑戰。他和阿佛列・諾斯・懷海德（Alfred North Whitehead）合寫《數學原理》（Principia Mathematica），這本重要著作使用類型論獲得了一些成果。他贏得諾貝爾文學獎，大多數人生是和平主義者，在納粹興起時最初抱持的態度是姑息主義。但希特勒在 1943 年說服他，戰爭是兩害取其輕。人生真是奇妙。

- 大衛‧塞爾（Sayre, David）（1924–2012）：帶來重大突破的 X 光晶體學家，同調散射顯微術（diffraction imaging）的權威。他和約翰‧巴科斯合作開發 FORTRAN：巴科斯說他是該計畫的二號人物。他在 IBM 工作 34 年，在虛擬記憶體作業系統、X 光同調散射和顯微鏡學都是先驅。（這傢伙可不是省油的燈。）

- 道格拉斯‧施密特博士（Schmidt, Doug Dr.）（~1953–）：當過《C++ 報告》編輯一段時間，然後交棒給我。他在設計模式社群很活躍，也經常在軟體研討會演說。他是 ACE 框架（Adaptive Communication Environment，自適應通訊環境）的最初作者。後來他也展開了相當精彩的學術生涯（參見 www.dre.vanderbilt.edu/~schmidt/）。

- 埃爾溫‧魯道夫‧約瑟夫‧亞歷山大‧薛丁格（Schrödinger, Erwin Rudolf Josef Alexander）（1887–1961）：奧地利物理學家，對早期量子力學有重大貢獻，使他贏得了諾貝爾獎。在大眾文化，人們對於他最熟知的是發明「薛丁格的貓」（Schrödinger's Cat）矛盾。他在 1933 年因厭惡反猶太主義而離開德國，但由於他同時跟妻子和情婦同居，他很難在歐洲別的地方找到教職。他搬到奧地利，被迫放棄他對納粹主義的抵制。後來他被愛因斯坦質問時，又再度撤回了之前放棄反納粹主義的行為。最後他和妻子成功逃往義大利。

- 小羅伯特‧雷克斯‧希伯（Seeber, Robert Rex Jr.）（1910–1969）：美國發明家，替霍華德‧艾肯發展哈佛馬克一號，然後在 IBM 成為電腦架構師。他發明了 SSEC 電腦，並雇用約翰‧巴科斯，後者認為 SSEC 很酷。

- 瑪麗‧吳爾史東克拉芙特‧雪萊（Shelley, Mary Wollstonecraft）（1797–1851）：《科學怪人》作者，拜倫勳爵的朋友。

- 彼得‧B‧謝里丹（Sheridan, Peter B.）（?–1992）：IBM 的研究科學家，和約翰‧巴科斯一起開發 FORTRAN。

- 伊莉莎白‧史奈德‧霍伯頓（**Snyder, Elizabeth Holberton**），貝蒂（**Betty**）（**1917–2001**）：美國電腦科學家，原本是 ENIAC 程式設計師，被 EMCC 公司雇用和幫忙打造了 UNIVAC I。她發明合併排序法編譯器（SORT/MERGE compiler），並成為美國海軍應用數學實驗室的先進程式設計主管。她參與了 COBOL 語言定義，稍後則在國家標準局參與 F77 與 F90 版 FORTRAN 規格的制定。

- 瑪麗‧薩默維爾（**Somerville, Mary**）（**1780–1872**）：蘇格蘭科學家、作家和博學人士，安娜貝拉‧拜倫的朋友，並當過幾次安娜貝拉之女愛達的家教。就是她將愛達介紹給巴貝奇。她研究光和磁力的關係，以及行星的運動。她參與了透過天王星的軌道攝動現象（perturbations）來預測海王星存在的研究。她的名字被記載在《皇家學會報告》（*Proceedings of the Royal Society*）。她也是麥可‧法拉第的朋友，後者跟她合作了幾項實驗。

- 克里斯多福‧S‧斯特雷奇（**Strachey, Christopher S.**）（**1916–1975**）：英國電腦科學家，在二戰期間替標準電話和電纜公司（Standard Telephones and Cables）工作，使用差分分析器。他稍後開始對電腦產生興趣，替試做版 ACE 寫了個跳棋遊戲，但在限制如此大的環境下跑不起來。他 1951 年在圖靈幫忙下，成功在曼徹斯特馬克一號讓遊戲順利執行。他稍後讓費蘭提馬克一號唱出一些曲調，如〈天佑吾王〉和〈黑綿羊咩咩叫〉。1959 年他寫出了開創性的分時系統論文。

- 比雅尼‧史特勞斯特魯普（**Stroustrup, Bjarne**）（**1950–**）：丹麥數學家和電腦科學家，C++ 的發明者。他是在奧胡斯大學和劍橋念書時受到 SIMULA 67 的啟發。

- 利奧‧西拉德（**Szilard, Leo**）（**1898–1964**）：匈牙利物理學家和發明家，在 1933 年想出核分裂連鎖反應，並註冊了專利。他起草了一封信，和愛因斯坦投書給羅斯福總統，鼓勵後者發展原子彈。他認為只要展示這種武器的存在，就能說服德國與日本投降。

- 愛德華・泰勒（Teller, Edward）（1908–2003）：匈牙利籍美國猶太核子物理學家，氫彈之父，在萊比錫於海森堡指導下取得博士學位。他在1933年納粹掌權後離開德國，有兩年時間在英國和哥本哈根兩邊跑，然後搬到美國。奧本海默招募他到洛斯阿拉莫斯加入曼哈頓計畫。從來就不是和平主義者的他鼓吹使用核子力量用於和平和防衛用途。他是最早發現燃燒石化燃料有可能造成氣候變遷的人。他也開玩笑說，就是女星珍・芳達在三浬島電廠事故後抗議核能的運動，害得他在1979年心臟病發。這人真是個怪人。

- 斯坦尼斯瓦夫・馬爾欽・烏拉姆（Ulam, Stanislaw Marcin）（1909–1984）：波蘭猶太數學家、核子物理學家和電腦科學家。他和馮紐曼共同發明了蒙地卡羅分析法。他參與了曼哈頓計畫，而且是泰勒—烏拉姆式氫彈的共同設計者。就在納粹入侵波蘭的十一天前，他和十七歲的弟弟亞當（Adam）搭船逃往美國，他其餘家人都在猶太大屠殺遇害。

- 奧斯瓦爾德・維布倫（Veblen, Oswald）（1880–1960）：美國數學家、普林斯頓教授，幫忙組織了普林斯頓先進研究院，並著手尋找資金，以便將歐洲頂尖科學家招募到該院。他在這點極為成功，但希特勒其實也幫了大忙。他支持建造ENIAC的提案。

- 老托馬斯・約翰・華生（Watson, Thomas John Sr.）（1875–1956）：一個投機取巧的美國人，在投入幾個邪惡的事業後，成為計算製表記錄公司（Computing-Tabulating-Recording Company）一個部門的總裁，該公司在1924年改名為國際商業機器公司（International Business Machines，IBM）。如果你想讀讀有趣的故事，研究這位惡棍跟商業大亨的個案會是你的首選。

- 赫爾曼・克勞斯・胡戈・外爾（Weyl, Hermann Klaus Hugo）（1885–1955）：德國數學家與理論物理學家，在哥廷根接受大衛・希爾伯特指導而取得博士學位。他在蘇黎世是愛因斯坦和薛丁格的同事。

1930 年他從希爾伯特手中接手哥廷根大學的數學系，但在 1933 年納粹掌權後去了普林斯頓。他對數學和粒子物理學有許多重要貢獻。

- **查爾斯・惠斯登爵士（Wheatstone, Sir Charles）（1802–1875）**：英國科學家和發明家，專門研究電力，並是第一個測量出電流速度的人。他對許多領域都有貢獻，包括電報、光學儀器和電學理論。

- **阿佛列・諾斯・懷海德（Whitehead, Alfred North）（1861–1947）**：英國數學家和哲學家，跟伯特蘭・羅素合著《數學原理》。他在稍後的生涯更專注在形上學，而且支持一種概念，認為現實不是基於物質的存在，而是源自一連串的相關事件。

- **尤金・保羅・維格納（Wigner, Eugene Paul）（1902–1995）**：匈牙利裔美國理論物理學家和數學家，諾貝爾獎得主。他是希爾伯特在哥廷根的其中一位助手，並和赫爾曼・外爾將群論帶入物理學。他參與了那場讓愛因斯坦寫信鼓勵羅斯福總統建造原子彈的會議，稍後也加入曼哈頓計畫。他在 1930 年與馮紐曼一起接受普林斯頓的教職。

- **尼克勞斯・埃米爾・維爾特（Wirth, Nicklaus Emil）（1934–2024）**：瑞士電子工程師和電腦科學家，創造了 Pascal 程式語言，也寫了許多好書，當中我最喜歡的是《演算法 + 資料結構 = 程式》（*Algorithms + Data Structures = Programs*，Prentice Hall 出版，1976）。就是他在 1968 年把戴克斯特拉關於 GOTO 的文章標題改成「GOTO 敘述被認為有害」（Go To Statement Considered Harmful），並以讀者來函形式寄給《ACM 通訊》編輯出版（*Communications of the ACM*, vol. 11, no. 3, March 1968）。

- **阿德里安・范・韋恩加登（van Wijngaarden, Adriaan）（1916–1987）**：荷蘭機械工程師和數學家，在荷蘭數學中心打造早期電腦（ARRA、FERTA、ARMAC 和 X1）的那段時期擔任主任。他在劍橋的 EDSAC 課程見到戴克斯特拉和雇用他。他參與了 ALGOL 的定義，但沒有插手戴克斯特拉和宗內費爾德（Zonneveld）寫的編譯器。

- 愛德華・納什・尤登（Yourdon, Edward Nash）（1944–2016）：美國數學家、電腦科學家、軟體方法論者和電腦科學名人堂成員。他成立了尤登公司（Yourdon Inc.），這個顧問公司在1970和80年代推廣結構化程式設計、設計和分析技巧。

- 尼爾・齊勒（Zierler, Neil）（?–）：美國電腦科學家，和J・霍康姆・蘭寧寫出一個代數編譯器（名叫喬治），給麻省理工的旋風電腦使用，這語言啟發了巴科斯創造FORTRAN。他也在麻省理工參與LISP的開發。他目前在普林斯頓通訊研究中心研究應用數學。

- 傑考・安東・宗內費爾德（Zonneveld, Jacob Anton），亞普（Japp）（1924–2016）：荷蘭數學家與物理學家。他成為荷蘭數學中心的科學助理，並和戴克斯特拉合作開發出第一個可用的ALGOL 60編譯器。他稍後在飛利浦公司的自然實驗室（NatLab）主持一個軟體研究小組。

MEMO

MEMO

MEMO

MEMO

MEMO

MEMO